国家出版基金资助项目
现代数学中的著名定理纵横谈丛书
丛书主编　王梓坤

KANTOROVIČ INEQUALITY

# Kantorovič不等式

刘培杰数学工作室 编著

哈爾濱工業大學出版社
HARBIN INSTITUTE OF TECHNOLOGY PRESS

## 内容简介

本书详细介绍了 Kantorovič 不等式的相关知识及应用. 全书共分 4 章,读者可以较全面地了解这类问题的实质,并且还可以认识到它在其他学科中的应用.

本书可供从事这一数学分支相关学科的数学工作者、大学生以及数学爱好者研究.

**图书在版编目(CIP)数据**

Kantorovič 不等式/刘培杰数学工作室编著. —哈尔滨:哈尔滨工业大学出版社,2017.5
(现代数学中的著名定理纵横谈丛书)
ISBN 978-7-5603-6490-2

Ⅰ.①K… Ⅱ.①刘… Ⅲ.①不等式 Ⅳ.①O178

中国版本图书馆 CIP 数据核字(2017)第 042362 号

策划编辑 刘培杰 张永芹
责任编辑 张永芹 刘立娟
封面设计 孙茵艾
出版发行 哈尔滨工业大学出版社
社　　址 哈尔滨市南岗区复华四道街 10 号 邮编 150006
传　　真 0451-86414749
网　　址 http://hitpress.hit.edu.cn
印　　刷 哈尔滨市石桥印务有限公司
开　　本 787mm×960mm 1/16 印张 14.5 字数 149 千字
版　　次 2017 年 5 月第 1 版 2017 年 5 月第 1 次印刷
书　　号 ISBN 978-7-5603-6490-2
定　　价 88.00 元

---

⊙代序

## 读书的乐趣

你最喜爱什么——书籍.

你经常去哪里——书店.

你最大的乐趣是什么——读书.

这是友人提出的问题和我的回答.真的,我这一辈子算是和书籍,特别是好书结下了不解之缘.有人说,读书要费那么大的劲,又发不了财,读它做什么?我却至今不悔,不仅不悔,反而情趣越来越浓.想当年,我也曾爱打球,也曾爱下棋,对操琴也有兴趣,还登台伴奏过.但后来却都一一断交,“终身不复鼓琴”.那原因便是怕花费时间,玩物丧志,误了我的大事——求学.这当然过激了一些.剩下来唯有读书一事,自幼至今,无日少废,谓之书痴也可,谓之书橱也可,管它呢,人各有志,不可相强.我的一生大志,便是教书,而当教师,不多读书是不行的.

读好书是一种乐趣,一种情操;一种向全世界古往今来的伟人和名人求教的方法，一种和他们展开讨论的方式；一封出席各种活动、体验各种生活、结识各种人物的邀请信；一张迈进科学宫殿和未知世界的入场券；一股改造自己、丰富自己的强大力量．书籍是全人类有史以来共同创造的财富，是永不枯竭的智慧的源泉．失意时读书，可以使人重整旗鼓；得意时读书，可以使人头脑清醒；疑难时读书，可以得到解答或启示；年轻人读书，可明奋进之道；年老人读书，能知健神之理．浩浩乎！洋洋乎！如临大海，或波涛汹涌，或清风微拂，取之不尽，用之不竭．吾于读书，无疑义矣，三日不读，则头脑麻木，心摇摇无主．

## 潜能需要激发

我和书籍结缘，开始于一次非常偶然的机会．大概是八九岁吧，家里穷得揭不开锅，我每天从早到晚都要去田园里帮工．一天，偶然从旧木柜阴湿的角落里，找到一本蜡光纸的小书，自然很破了．屋内光线暗淡，又是黄昏时分，只好拿到大门外去看．封面已经脱落，扉页上写的是《薛仁贵征东》．管它呢，且往下看．第一回的标题已忘记，只是那首开卷诗不知为什么至今仍记忆犹新：

**日出遥遥一点红，飘飘四海影无踪．**

**三岁孩童千两价，保主跨海去征东．**

第一句指山东，二、三两句分别点出薛仁贵（雪、人贵）．那时识字很少，半看半猜，居然引起了我极大的兴趣，同时也教我认识了许多生字．这是我有生以来独立看的第一本书．尝到甜头以后，我便千方百计去找书，向小朋友借，到亲友家找，居然断断续续看了《薛丁山征西》《彭公案》《二度梅》等，樊梨花便成了我心中的女英雄.我真入迷了.从此,放牛也罢,车水也罢,我总要带一本书,还练出了边走田间小路边读书的本领,读得津津有味,不知人间别有他事.

当我们安静下来回想往事时,往往会发现一些偶然的小事却影响了自己的一生.如果不是找到那本《薛仁贵征东》,我的好学心也许激发不起来.我这一生,也许会走另一条路.人的潜能,好比一座汽油库,星星之火,可以使它雷声隆隆、光照天地;但若少了这粒火星,它便会成为一潭死水,永归沉寂.

**抄,总抄得起**

好不容易上了中学,做完功课还有点时间,便常光顾图书馆.好书借了实在舍不得还,但买不到也买不起,便下决心动手抄书.抄,总抄得起.我抄过林语堂写的《高级英文法》,抄过英文的《英文典大全》,还抄过《孙子兵法》,这本书实在爱得狠了,竟一口气抄了两份.人们虽知抄书之苦,未知抄书之益,抄完毫末俱见,一览无余,胜读十遍.

**始于精于一,返于精于博**

关于康有为的教学法,他的弟子梁启超说:“康先生之教,专标专精、涉猎二条,无专精则不能成,无涉猎则不能通也.”可见康有为强烈要求学生把专精和广博(即“涉猎”)相结合.

在先后次序上,我认为要从精于一开始.首先应集中精力学好专业,并在专业的科研中做出成绩,然后逐步扩大领域,力求多方面的精.年轻时,我曾精读杜布(J. L. Doob)的《随机过程论》,哈尔莫斯(P. R. Halmos)的《测度论》等世界数学名著,使我终身受益.简言之,即“始于精于一,返于精于博”.正如中国革命一样,必须先有一块根据地,站稳后再开创几块,最后连成一片.

## 丰富我文采,澡雪我精神

辛苦了一周,人相当疲劳了,每到星期六,我便到旧书店走走,这已成为生活中的一部分,多年如此.一次,偶然看到一套《纲鉴易知录》,编者之一便是选编《古文观止》的吴楚材.这部书提纲挈领地讲中国历史,上自盘古氏,直到明末,记事简明,文字古雅,又富于故事性,便把这部书从头到尾读了一遍.从此启发了我读史书的兴趣.

我爱读中国的古典小说,例如《三国演义》和《东周列国志》.我常对人说,这两部书简直是世界上政治阴谋诡计大全.即以近年来极时髦的人质问题(伊朗人质、劫机人质等),这些书中早就有了,秦始皇的父亲便是受害者,堪称"人质之父".

《庄子》超尘绝俗,不屑于名利.其中"秋水""解牛"诸篇,诚绝唱也.《论语》束身严谨,勇于面世,"己所不欲,勿施于人",有长者之风.司马迁的《报任少卿书》,读之我心两伤,既伤少卿,又伤司马;我不知道少卿是否收到这封信,希望有人做点研究.我也爱读鲁迅的杂文,果戈理、梅里美的小说.我非常敬重文天祥、秋瑾的人品,常记他们的诗句:"人生自古谁无死,留取丹心照汗青""休言女子非英物,夜夜龙泉壁上鸣".唐诗、宋词、《西厢记》《牡丹亭》,丰富我文采,澡雪我精神,其中精粹,实是人间神品.

读了邓拓的《燕山夜话》,既叹服其广博,也使我动了写《科学发现纵横谈》的心.不料这本小册子竟给我招来了上千封鼓励信.以后人们便写出了许许多多的“纵横谈”.

从学生时代起,我就喜读方法论方面的论著.我想,做什么事情都要讲究方法,追求效率、效果和效益,方法好能事半而功倍.我很留心一些著名科学家、文学家写的心得体会和经验.我曾惊讶为什么巴尔扎克在51年短短的一生中能写出上百本书,并从他的传记中去寻找答案.文史哲和科学的海洋无边无际,先哲们的明智之光沐浴着人们的心灵,我衷心感谢他们的恩惠.

## 读书的另一面

以上我谈了读书的好处,现在要回过头来说说事情的另一面.

读书要选择.世上有各种各样的书:有的不值一看,有的只值看20分钟,有的可看5年,有的可保存一辈子,有的将永远不朽.即使是不朽的超级名著,由于我们的精力与时间有限,也必须加以选择.决不要看坏书,对一般书,要学会速读.

读书要多思考.应该想想,作者说得对吗?完全吗?适合今天的情况吗?从书本中迅速获得效果的好办法是有的放矢地读书,带着问题去读,或偏重某一方面去读.这时我们的思维处于主动寻找的地位,就像猎人追找猎物一样主动,很快就能找到答案,或者发现书中的问题.

有的书浏览即止,有的要读出声来,有的要心头记住,有的要笔头记录.对重要的专业书或名著,要勤做笔记,“不动笔墨不读书”.动脑加动手,手脑并用,既可加深理解,又可避忘备查,特别是自己的灵感,更要及时抓住.清代章学诚在《文史通义》中说:“札记之功必不可少,如不札记,则无穷妙绪如雨珠落大海矣.”

许多大事业、大作品，都是长期积累和短期突击相结合的产物．涓涓不息，将成江河；无此涓涓，何来江河？

爱好读书是许多伟人的共同特性，不仅学者专家如此，一些大政治家、大军事家也如此．曹操、康熙、拿破仑、毛泽东都是手不释卷，嗜书如命的人．他们的巨大成就与毕生刻苦自学密切相关．

**王梓坤**

⊙

# 目录

**第 1 章　反向型不等式　//1**

1.1　从全国高中数学联赛试题谈反向不等式　//1

1.2　Kantorovič 不等式的矩阵形式　//42

1.3　Jensen 不等式的逆　//58

1.4　一个有关凸函数的不等式及其应用　//66

1.5　关于逆向 Hölder 不等式　//72

1.6　王一叶不等式　//78

1.7　DLLPS 不等式　//82

1.8　Kantorovič 不等式及其推广　//84

1.9　约束的 Kantorovič 不等式及统计应用　//93

1.10　优化中的 Kantorovič 不等式　//97

1.11　Bloomfield-Watson-Knott 不等式　//106

**第 2 章　Kantorovič 不等式的初等证明及应用　//109**

2.1　Mond-Pečarić 方法　//109

2.2　Furuta 方法　//114

2.3　Malamud 方法　//118

2.4　等式成立的条件　//124

2.5　Bourin 不等式　//128

2.6　Rennie 型不等式　//131

**第 3 章　Kantorovič 不等式在统计中的应用　//135**

3.1　Kantorovič 不等式的延拓与均方误差比效率　//135

3.2　一类新的 Kantorovič 型不等式及其在统计中的应用　//144

**第 4 章　双料冠军——Kantorovič　//156**

4.1　官方简介　//156

4.2　Kantorovič 自传　//159

4.3　经济学中的数学:成就、困难、前景　//164

**附录 I　瑞典皇家科学院拉格纳·本策尔教授讲话　//176**

**附录 II　Kantorovič 不等式的一个初等证明及一个应用　//179**

**附录 III　Kantorovič 不等式的初等证法　//187**

附录Ⅳ　关于变分不等式的 Kantorovič 定理//190
附录Ⅴ　Kantorovič 不等式的又一个应用　//201

参考文献　//206

编辑手记　//208

# 反向型不等式

# 第1章

## 1.1 从全国高中数学联赛试题谈反向不等式

### 1.1.1 从一道联赛试题的证明谈起

1998年全国高中数学联赛第二试的第二题为：

**试题1** 设 $a_1, a_2, \cdots, a_n, b_1, b_2, \cdots, b_n \in [1,2]$，且 $\sum_{i=1}^{n} a_i^2 = \sum_{i=1}^{n} b_i^2$，求证

$$\sum_{i=1}^{n} \frac{a_i^3}{b_i} \leqslant \frac{17}{10} \sum_{i=1}^{n} a_i^2$$

它的证明"起点很低"，是从一个简单的不等式开始的.

一般的，当正数 $x, y$ 的比 $\frac{y}{x} \in [m, M]$，$m > 0$ 时，有

$$(y - mx)(Mx - y) \geqslant 0$$

由此可得

$$(M+m)xy \geqslant y^2 + Mmx^2$$

现在取 $m=\frac{1}{2}, M=2, x=b_i, y=a_i$，可得

$$a_ib_i \geqslant \frac{2}{5}(a_i^2+b_i^2) \Rightarrow$$

$$\sum_{i=1}^{n} a_ib_i \geqslant \frac{2}{5}\left(\sum_{i=1}^{n} a_i^2 + \sum_{i=1}^{n} b_i^2\right) = \frac{4}{5}\sum_{i=1}^{n} a_i^2 \qquad (1)$$

再取 $x=\sqrt{a_ib_i}, y=\sqrt{\frac{a_i^3}{b_i}}$，得

$$\frac{5}{2}a_i^2 \geqslant a_ib_i + \frac{a_i^3}{b_i} \Rightarrow$$

$$\frac{5}{2}\sum_{i=1}^{n} a_i^2 \geqslant \sum_{i=1}^{n} a_ib_i + \sum_{i=1}^{n} \frac{a_i^3}{b_i} \qquad (2)$$

结合式(1)(2)得

$$\frac{5}{2}\sum_{i=1}^{n} a_i^2 \geqslant \frac{4}{5}\sum_{i=1}^{n} a_i^2 + \sum_{i=1}^{n} \frac{a_i^3}{b_i} \Rightarrow$$

$$\sum_{i=1}^{n} \frac{a_i^3}{b_i} \leqslant \frac{17}{10}\sum_{i=1}^{n} a_i^2$$

当且仅当 $n$ 为偶数，$a_1, a_2, \cdots, a_n$ 中有一半取 1，另一半取 2，$b_i=\frac{2}{a_i}, i=1,2,\cdots,n$ 时，等号成立.

这道试题具有“悠久”的历史背景，它与许多诸如 Schweitzer，Diaz-Metialf，Rennie 不等式相关，并且这些不等式都有一个共同的特点，它们都是所谓的反向不等式.

### 1.1.2 反向不等式

对于不等式 $2xy \leqslant x^2+y^2$ 大家都很熟悉，它不仅

在初等数学中应用很广泛，而且在高等数学中也有用，比如 Loukas Grafakos 只用到一个不等式 $2ab \leqslant a^2 + b^2$ 和恒等式

$$\sum_{\substack{n\in \mathbf{Z} \\ n\neq 0}} \frac{1}{n^2} = \frac{\pi^2}{3}$$

就给出了 Hilbert 不等式的一个初等证明

$$\left(\sum_{j\in \mathbf{Z}} \left| \sum_{\substack{n\in \mathbf{Z} \\ n\neq j}} \frac{a_n}{j-n} \right|^2\right)^{\frac{1}{2}} \leqslant \pi\left(\sum_{n\in \mathbf{Z}} |a_n|^2\right)^{\frac{1}{2}} \qquad (3)$$

这里 $a_n$ 是实平方可和的，并且证明了 $\pi$ 不能被更小的数代替.

Hilbert 首先证明了不等式(3) 的一个较弱的形式，在那里 $\pi$ 被换成一个较大的常数. 最初的证明用到了三角级数并首先出现在 1908 年 Weyl 的博士论文 *Singuläre Integralgleichungen mit besonderer Berücksichtigung des Fourierschen Integraltheorems* 中. 三年后，Schur 得到式(3) 的一个证明，指出 $\pi$ 是最佳常数. 在他的证明中，他用到了我们今天称为 Schur 引理的形式. 这个证明可在 Hardy, Littlewood, Pólya 合著的 *Inequalities* 一书中找到. 此后有许多其他的证明和推广.

下面给出不等式(3) 的一个初等证明，证明用到了序列的收敛性. 在介绍这个证明之前，我们对式(3) 做一点说明. 当 $\{a_n\}$ 是平方可求和时，并不能自动得出式(3) 左边收敛. 这个不等式表明只要式(3) 右边是有穷的，则其左边也是有穷的.

首先假设 $\{a_n\}$ 是紧支集，即除有限个 $n$ 外 $a_n = 0$. 下面我们证明式(3) 左边是有穷的，并且对这样的序列证明所需证的不等式. 展开式(3) 左边的平方，除去

已有说明的限制，所有下指数 $m,n,j$ 均从 $-\infty$ 到 $\infty$. 我们得到

$$\sum_{j}\sum_{n\neq j}\sum_{m\neq j}a_m a_n \frac{1}{(j-n)(j-m)}=$$
$$\sum_{n}\sum_{m}a_m a_n\sum_{j\neq n,m}\frac{1}{(j-n)(j-m)} \tag{4}$$

上面三个和中两个是对有穷指标集求和并且可互换求和次序. 在式(4) 中对所有 $m=n$ 求和显然等于

$$\sum_{n}a_n^2\sum_{j\neq n}\frac{1}{(j-n)^2}=\frac{\pi^2}{3}\sum_{n}a_n^2 \tag{5}$$

下面假定 $m\neq n$，在式(4) 中我们计算对 $j$ 求和，有

$$\sum_{j\neq m,n}\frac{1}{(j-n)(j-m)}=$$
$$\frac{1}{m-n}\sum_{j\neq m,n}\left(\frac{1}{j-m}-\frac{1}{j-n}\right)=$$
$$\frac{1}{m-n}\lim_{k\to\infty}\sum_{\substack{j\neq m,n\\ |j|\leqslant k}}\left(\frac{1}{j-m}-\frac{1}{j-n}\right)=$$
$$\frac{1}{m-n}\lim_{k\to\infty}\left[\left(\sum_{\substack{j\neq m\\ |j|\leqslant k}}\frac{1}{j-m}\right)-\frac{1}{n-m}-\right.$$
$$\left.\left(\sum_{\substack{j\neq n\\ |j|\leqslant k}}\frac{1}{j-n}\right)+\frac{1}{m-n}\right]=$$
$$\frac{2}{(m-n)^2}+\frac{1}{m-n}\lim_{k\to\infty}\left(\sum_{\substack{j\neq m\\ |j|\leqslant k}}\frac{1}{j-m}-\sum_{\substack{j\neq n\\ |j|\leqslant k}}\frac{1}{j-n}\right)=$$
$$\frac{2}{(m-n)^2} \tag{6}$$

当 $k\to\infty$ 时，上式中的表达式有极限 0. 由式(4)(6) 中对角线外部分恰好等于

$$\sum_{n}\sum_{m\neq n}a_n a_m\frac{2}{(m-n)^2} \tag{7}$$

利用不等式 $2a_m a_n\leqslant a_m^2+a_n^2$，则式(7) 能界以

$$\sum_n \sum_{m \neq n} \frac{a_n^2}{(m-n)^2} + \sum_m \sum_{n \neq m} \frac{a_m^2}{(m-n)^2} =$$
$$\frac{\pi^2}{3}\sum_n a_n^2 + \frac{\pi^2}{3}\sum_m a_m^2 = \frac{2\pi^2}{3}\sum_n a_n^2 \tag{8}$$

联合式(5)和式(7)的估计式(8),我们得到紧支集序列情形的不等式(3).通过简单的极限论证可得到对于一般平方可和序列的式(3).

我们现在转向证明 $\pi$ 是最佳常数.定义 $b_N$ 为式(8)除以 $\sum_n a_n^2$ 所得的数,这里 $\{a_n\}$ 是这样的序列:当 $|n| \leqslant N$ 时为 1,其余的为 0.估计式(8)表明 $b_N \leqslant \frac{2\pi^2}{3}$.通过简单的计算得

$$b_N \geqslant \frac{4N}{2N+1}\left[\sum_{k=1}^{N+1}\frac{1}{k^2}\right] + \frac{4(N-1)}{2N+1}\cdot$$
$$\left[\frac{1}{1^2} + \left(\frac{1}{1^2}+\frac{1}{2^2}\right) + \cdots + \left(\frac{1}{1^2}+\frac{1}{2^2}+\cdots+\frac{1}{(N-1)^2}\right)\right]\cdot\frac{1}{N-1}$$

再应用夹挤原理,我们得到当 $N \to \infty$ 时 $b_N$ 趋向于 $\frac{2\pi^2}{3}$.由式(5)和式(7),对于这样选择的 $\{a_n\}$,我们得到当 $N \to \infty$ 时式(3)左边和 $(\sum_n a_n^2)^{\frac{1}{2}}$ 的比收敛于 $\pi$.这就证明了 $\pi$ 是式(3)的最佳常数.

如果 $\{a_n\}$ 非零,那么不等式(3)为严格的.为了在紧支集非零序列情形下证明这一点,注意到式(8)是式(7)的严格界,这是因为对一些 $m$ 和 $n$, $2a_n a_m < a_n^2 + a_m^2$.对于一般的序列,因为通过求极限将破坏严格不等式,所以需要更进一步的论证.

到目前为止，对于 $l^p$ 不等式，$1 < p \neq 2 < \infty$ 的最佳常数确定问题尚未解决. Pichorides 对于相应的连续算子解决了这个问题.

我们提出一个问题：是否存在一个常数，使得对所有平方可和序列 $\{a_n\}$ 和有界序列 $\{\lambda_n\}$，下面的不等式成立

$$\left(\left|\sum_{j\in\mathbf{Z}}\sum_{\substack{j\in\mathbf{Z}\\ n\neq j}}\lambda_{j+n}\frac{a_n}{j-n}\right|\right)^{\frac{1}{2}} \leqslant C\sup|\lambda_j|\left(\sum_{n\in\mathbf{Z}}|a_n|^2\right)^{\frac{1}{2}} \tag{9}$$

若对所有 $n$，$\lambda_n = 1$，则式(9)变成式(3)并且可取 $C \geqslant \pi$.

但对于反向不等式 $xy \geqslant c_1x^2 + c_2y^2$，大家都很陌生，其实这一直是不等式研究的一个热点.

早在 1914 年，Schweitzer 就首先证明了一个反向不等式.

**Schweitzer 不等式**　若 $0 < m \leqslant a_n \leqslant M, k = 1,2,\cdots,n$，则有不等式

$$\left(\frac{1}{n}\sum_{k=1}^{n}a_k\right)\left(\frac{1}{n}\sum_{k=1}^{n}\frac{1}{a_k}\right) \leqslant \frac{(M+m)^2}{4Mm}$$

1925 年，Pólya 和 Szegö 进一步将其推广如下：

**Pólya-Szegö 不等式**　设 $0 < m_1 \leqslant a_k \leqslant M_1$，$0 < m_2 \leqslant b_k \leqslant M_2, k = 1,2,\cdots,n$，有

$$\frac{\left(\sum_{k=1}^{n}a_k^2\right)\left(\sum_{k=1}^{n}b_k^2\right)}{\left(\sum_{k=1}^{n}a_kb_k\right)^2} \leqslant \left(\frac{\sqrt{\frac{M_1M_2}{m_1m_2}}+\sqrt{\frac{m_1m_2}{M_1M_2}}}{2}\right)^2$$

当且仅当

$$K=\frac{\frac{M_1}{m_1}}{\frac{M_1}{m_1}+\frac{M_2}{m_2}}n,L=\frac{\frac{M_2}{m_2}}{\frac{M_1}{m_1}+\frac{M_2}{m_2}}n$$

是正整数，且数 $a_1,a_2,\cdots,a_n$ 中有 $K$ 个等于 $m_1$，$L=n-K$ 个等于 $M_1$，以及相应的数 $b_k$ 分别等于 $M_2$ 和 $m_2$ 时，等号成立.

1948 年，苏联数学家 Kantorovič 在 *Üspehi Mat. Nauk* 上发表的一篇论文 *Functional analysis and applied mathematics* 中又将其推广为：

**Kantorovič 不等式** 设 $0<m\leqslant\gamma_k\leqslant M,k=1,2,\cdots,n$，有不等式

$$(\sum_{k=1}^{n}\gamma_k\mu_k^2)\left(\sum_{k=1}^{n}\frac{1}{\gamma_k}\mu_k^2\right)\leqslant\frac{1}{4}\left(\sqrt{\frac{M}{m}}+\sqrt{\frac{m}{M}}\right)^2(\sum_{k=1}^{n}u_k^2)^2$$

值得一提的是，Kantorovič 是一位天才数学家，从小就显示出非凡的数学天赋，14 岁进入列宁格勒（今圣彼得堡）大学，并成为斯米尔诺夫等人主持的讨论班的积极参加者，20 岁开始担任教授工作，22 岁被正式任命为教授，23 岁未经答辩就被授予博士学位. 1949 年获苏联国家奖金，1959 年获列宁奖金，1975 年获诺贝尔经济学奖. 正是由于 Kantorovič 的杰出表现，所以提到反向不等式便首推 Kantorovič 不等式.

1959 年，Greub 和 Rheinboldt 证明了：

**Greub-Rheinboldt 不等式** 设 $0<m_1\leqslant a_k\leqslant M_1,0<m_2\leqslant b_k\leqslant M_2,k=1,2,\cdots,n$，则

$$(\sum_{k=1}^{n}a_k^2u_k^2)(\sum_{k=1}^{n}b_k^2u_k^2)\leqslant$$
$$\frac{(M_1M_2+m_1m_2)^2}{4m_1m_2M_1M_2}(\sum_{k=1}^{n}a_kb_ku_k^2)^2$$

### 1.1.3 Kantorovič 不等式的几种证法

一般的,在中学范围内,Kantorovič 不等式常被简化为如下形式:

设 $a_i > 0(i=1,2,\cdots,n)$,且 $\sum_{i=1}^{n} a_i = 1$,又 $0 < \lambda_1 \leqslant \lambda_2 \leqslant \cdots \leqslant \lambda_n$,则有

$$\left(\sum_{i=1}^{n} \lambda_i a_i\right)\left(\sum_{i=1}^{n} \frac{a_i}{\lambda_i}\right) \leqslant \frac{(\lambda_1+\lambda_n)^2}{4\lambda_1\lambda_n}$$

下面介绍几种简单的证法.

**证法 1** 构造二次函数

$$f(x) = \left(\sum_{i=1}^{n} \frac{a_i}{\lambda_i}\right)x^2 - \left(\frac{\lambda_1+\lambda_n}{\sqrt{\lambda_1\lambda_n}}\right)x + \left(\sum_{i=1}^{n} \lambda_i a_i\right)$$

则

$$\begin{aligned} f(\sqrt{\lambda_1\lambda_n}) = {} & \left(a_1\lambda_n + a_n\lambda_1 + \sum_{i=2}^{n-1} a_i \frac{\lambda_1\lambda_n}{\lambda_i}\right) - \\ & (\lambda_1+\lambda_n) + \left(a_1\lambda_1 + a_n\lambda_n + \sum_{i=2}^{n-1} a_i\lambda_i\right) = \\ & -(\lambda_1+\lambda_n)(a_2+a_3+\cdots+a_{n-1}) + \\ & \sum_{i=2}^{n-1}\left(\frac{\lambda_1\lambda_n+\lambda_i^2}{\lambda_i}\right)a_i = \\ & \sum_{i=2}^{n-1} \frac{(\lambda_1-\lambda_i)(\lambda_n-\lambda_i)}{\lambda_i} \leqslant 0 \end{aligned}$$

由于 $f(x)$ 的开口向上,故抛物线必与 $x$ 轴相交,从而判别式 $\Delta \geqslant 0$,故有

$$\left(\sum_{i=1}^{n} \lambda_i a_i\right)\left(\sum_{i=1}^{n} \frac{a_i}{\lambda_i}\right) \leqslant \frac{(\lambda_1+\lambda_n)^2}{4\lambda_1\lambda_n}$$

**证法 2** 要证原不等式成立,只需证不等式

$$2\sqrt{\left(\sum_{i=1}^{n} \lambda_i a_i\right)\left(\lambda_1\lambda_n \sum_{i=1}^{n} \frac{a_i}{\lambda_i}\right)} - (\lambda_1+\lambda_n) \leqslant 0$$

由平均值不等式，有

$$\begin{aligned}
\text{左边} &\leqslant \sum_{i=1}^{n}\lambda_i a_i + \lambda_1\lambda_n\sum_{i=1}^{n}\frac{a_i}{\lambda_i} - (\lambda_1+\lambda_n) = \\
&\left(\sum_{i=2}^{n-1}\lambda_i a_i + \lambda_1 a_1 + \lambda_n a_n\right) + \\
&\left(\lambda_n a_1 + \lambda_1 a_n + \lambda_1\lambda_n\sum_{i=2}^{n-1}\frac{a_i}{\lambda_i}\right) - (\lambda_1+\lambda_2) = \\
&\sum_{i=2}^{n-1}\frac{\lambda_1\lambda_n+\lambda_i^2}{\lambda_i}a_i - \\
&(\lambda_1+\lambda_n)(a_2+a_3+\cdots+a_{n-1}) = \\
&\sum_{i=2}^{n-1}\frac{(\lambda_1-\lambda_i)(\lambda_n-\lambda_i)}{\lambda_i}a_i \leqslant 0
\end{aligned}$$

故原不等式成立.

**证法 3**　由 $(\lambda_1-\lambda_i)(\lambda_n-\lambda_i)\leqslant 0$，有

$$(\lambda_1+\lambda_n)\lambda_i \geqslant \lambda_1\lambda_n+\lambda_i^2$$

两边同乘 $\frac{a_i}{\lambda_i}$ 后再求和，并注意到 $\sum_{i=1}^{n}a_i=1$，得

$$\lambda_1+\lambda_n \geqslant \lambda_1\lambda_n\sum_{i=1}^{n}\frac{a_i}{\lambda_i}+\sum_{i=1}^{n}\lambda_i a_i$$

两边同除以 $2\sqrt{\lambda_1\lambda_n}$ 后平方，并利用平均值不等式，得

$$\frac{(\lambda_1+\lambda_n)^2}{4\lambda_1\lambda_n} \geqslant \frac{1}{4}\left(\sqrt{\lambda_1\lambda_n}\sum_{i=1}^{n}\frac{a_i}{\lambda_i}+\frac{1}{\sqrt{\lambda_1\lambda_n}}\sum_{i=1}^{n}\lambda_i a_i\right)^2 \geqslant \left(\sum_{i=1}^{n}\frac{a_i}{\lambda_i}\right)\left(\sum_{i=1}^{n}\lambda_i a_i\right)$$

昆明师范学院的施恩伟给出如下简单证法：

**证法 4**　当 $\lambda_1=\lambda_n$ 时，结论显然成立. 当 $\lambda_1\neq\lambda_n$ 时，令 $a_i\lambda_i=u_i\lambda_1+v_i\lambda_n$，$i=1,2,\cdots,n$，易知 $u_i\geqslant 0$，$v_i\geqslant 0$，而且

$$a_i^2=(a_i\lambda_i)(a_i\lambda_i^{-1})=$$
$$u_i^2+u_iv_i\left(\frac{\lambda_1}{\lambda_n}+\frac{\lambda_n}{\lambda_1}\right)+v_i^2\geqslant$$
$$(u_i+v_i)^2$$

从而有 $a_i\geqslant u_i+v_i$，因此可得到

$$(u+v)^2\leqslant(\sum_{i=1}^n a_i)^2=1\quad(u=\sum_{i=1}^n u_i,v=\sum_{i=1}^n v_i)$$

所以

$$(\sum_{i=1}^n a_i\lambda_i)(\sum_{i=1}^n a_i\lambda_i^{-1})=$$
$$(\sum_{i=1}^n u_i\lambda_1+\sum_{i=1}^n v_i\lambda_n)(\sum_{i=1}^n u_i\lambda_1^{-1}+\sum_{i=1}^n v_i\lambda_n^{-1})=$$
$$u^2+uv\left(\frac{\lambda_1}{\lambda_n}+\frac{\lambda_n}{\lambda_1}\right)+v^2=$$
$$(u+v)^2+\frac{uv(\lambda_1-\lambda_n)^2}{\lambda_1\lambda_n}\leqslant$$
$$(u+v)^2+\frac{(u+v)^2}{4}\cdot\frac{(\lambda_1-\lambda_n)^2}{\lambda_1\lambda_n}\leqslant$$
$$\frac{(\lambda_1+\lambda_n)^2}{4\lambda_1\lambda_n}$$

Kantorovič 不等式的矩阵形式为：设 $\boldsymbol{Q}$ 为 $n\times n$ 阶正定矩阵，$a,A$ 为 $\boldsymbol{Q}$ 的最小及最大特征值，则对任一矢量 $\boldsymbol{X}$ 有

$$\frac{(\boldsymbol{X}^{\mathrm{T}}\boldsymbol{Q}\boldsymbol{X})(\boldsymbol{X}^{\mathrm{T}}\boldsymbol{Q}^{-1}\boldsymbol{X})}{(\boldsymbol{X}^{\mathrm{T}}\boldsymbol{X})^2}\leqslant\frac{(a+A)^2}{4aA}$$

### 1.1.4 三个竞赛试题

反向不等式最早出现在数学竞赛中是在 1977 年的美国第六届奥林匹克试题.

**试题 2** 如果 $a,b,c,d,e$ 是介于 $p$ 和 $q$ 之间的五个

正数，即 $0<p\leqslant a,b,c,d,e\leqslant q$，求证

$$(a+b+c+d+e)\left(\frac{1}{a}+\frac{1}{b}+\frac{1}{c}+\frac{1}{d}+\frac{1}{e}\right)\leqslant$$

$$25+6\left(\sqrt{\frac{p}{q}}-\sqrt{\frac{q}{p}}\right)^2$$

且确定何时等号成立.

这个题出得很好，因为它并不是 Schweitzer 不等式当 $n=5$ 时的特例. 当$n=5$ 时，Schweitzer 不等式为

$$\left[\frac{1}{5}(a+b+c+d+e)\right]\cdot$$

$$\left[\frac{1}{5}\left(\frac{1}{a}+\frac{1}{b}+\frac{1}{c}+\frac{1}{d}+\frac{1}{e}\right)\right]\leqslant\frac{(p+q)^2}{4pq}\Rightarrow$$

$$(a+b+c+d+e)\left(\frac{1}{a}+\frac{1}{b}+\frac{1}{c}+\frac{1}{d}+\frac{1}{e}\right)\leqslant$$

$$25\left[\frac{4pq+(p^2-2pq+q^2)}{4pq}\right]=$$

$$25+\frac{25}{4}\left(\sqrt{\frac{p}{q}}-\sqrt{\frac{q}{p}}\right)^2$$

而$\frac{25}{4}>6$，所以 Schweitzer 不等式在 $n=5$ 时弱于试题 2，所以必须做更细致的分析，我们在此介绍两种证法.

**证法1**　假定 $a,b,c,d$ 是给定的，那么要求 $e$ 使

$$(u+e)\left(v+\frac{1}{e}\right)=uv+1+ev+\frac{u}{e}$$

最大，其中

$$u=a+b+c+d$$

$$v=\frac{1}{a}+\frac{1}{b}+\frac{1}{c}+\frac{1}{d}$$

因为　$$ev+\frac{u}{e}=\left(\sqrt{ev}-\sqrt{\frac{u}{e}}\right)^2+2\sqrt{uv}$$

所以当$\sqrt{ev}=\sqrt{\frac{u}{e}}$,即$e=\sqrt{\frac{u}{v}}$时,上式取最小值,并且当$\sqrt{\frac{u}{v}}$开始逐渐增大或减小时,$ev+\frac{u}{e}$的值都单调递增,于是当$e=p$或$q$时,$ev+\frac{u}{e}$取到最大值.

同理可知,当$a,b,c,d,e$取极端值$p$或$q$时,$(a+b+c+d+e)\left(\frac{1}{a}+\frac{1}{b}+\frac{1}{c}+\frac{1}{d}+\frac{1}{e}\right)$取得它的最大值.

设$a,b,c,d,e$中有$k$个取值$p$和$5-k$个取值$q$,我们希望确定$k$使

$$(kp+(5-k)q)\left(\frac{k}{p}+\frac{5-k}{q}\right)$$

最大,这个式子等于

$$k^2+(5-k)^2+k(5-k)\left(\frac{p}{q}+\frac{q}{p}\right)=$$

$$k(5-k)\left(\sqrt{\frac{p}{q}}-\sqrt{\frac{q}{p}}\right)^2+25$$

当正整数$k=2$或3时,上式最大,所以

$$(a+b+c+d+e)\left(\frac{1}{a}+\frac{1}{b}+\frac{1}{c}+\frac{1}{d}+\frac{1}{e}\right)\leqslant$$

$$25+6\left(\sqrt{\frac{p}{q}}-\sqrt{\frac{q}{p}}\right)^2$$

当$a,b,c,d,e$中有两数或三数等于$p$,其余等于$q$时,等号就成立.

**证法2** 由 Lagrange 恒等式

$$(a_1^2+a_2^2+\cdots+a_n^2)(b_1^2+b_2^2+\cdots+b_n^2)=$$

$$(a_1b_1+a_2b_2+\cdots+a_nb_n)^2+\sum(a_ib_j-a_jb_i)^2$$

得

$$(a+b+c+d+e)\left(\frac{1}{a}+\frac{1}{b}+\frac{1}{c}+\frac{1}{d}+\frac{1}{e}\right)=$$

$$25+\sum\left(\sqrt{\frac{a}{b}}-\sqrt{\frac{b}{a}}\right)^2 \tag{10}$$

当 $A,B\geqslant 1$ 时,有

$$(A^2-1)(B^2-1)+\left(\frac{1}{A^2}-1\right)\left(\frac{1}{B^2}-1\right)\geqslant 0$$

从而

$$\left(A-\frac{1}{A}\right)^2+\left(B-\frac{1}{B}\right)^2\leqslant\left(AB-\frac{1}{AB}\right)^2$$

不妨设 $a\leqslant b\leqslant c\leqslant d\leqslant e$,运用上式得

$$\left(\sqrt{\frac{e}{d}}-\sqrt{\frac{d}{e}}\right)^2+\left(\sqrt{\frac{d}{a}}-\sqrt{\frac{a}{d}}\right)^2\leqslant\left(\sqrt{\frac{e}{a}}-\sqrt{\frac{a}{e}}\right)^2$$

$$\left(\sqrt{\frac{e}{c}}-\sqrt{\frac{c}{e}}\right)^2+\left(\sqrt{\frac{c}{a}}-\sqrt{\frac{a}{c}}\right)^2\leqslant\left(\sqrt{\frac{e}{a}}-\sqrt{\frac{a}{e}}\right)^2$$

$$\left(\sqrt{\frac{e}{b}}-\sqrt{\frac{b}{e}}\right)^2+\left(\sqrt{\frac{b}{a}}-\sqrt{\frac{a}{b}}\right)^2\leqslant\left(\sqrt{\frac{e}{a}}-\sqrt{\frac{a}{e}}\right)^2$$

$$\left(\sqrt{\frac{d}{c}}-\sqrt{\frac{c}{d}}\right)^2+\left(\sqrt{\frac{c}{b}}-\sqrt{\frac{b}{c}}\right)^2\leqslant\left(\sqrt{\frac{d}{b}}-\sqrt{\frac{b}{d}}\right)^2$$

从而式(10) 右边小于或等于 $25+6\left(\sqrt{\frac{q}{p}}-\sqrt{\frac{p}{q}}\right)^2$,当且仅当 $a,b,c,d,e$ 中有两个或三个取 $q$,其余取 $p$ 时,等号成立.

**证法 3**　利用凸函数理论,令

$$F(a,b,c,d,e)=(a+b+c+d+e)\cdot\left(\frac{1}{a}+\frac{1}{b}+\frac{1}{c}+\frac{1}{d}+\frac{1}{e}\right)$$

那么当 $a,b,c,d,e$ 中四个数固定时,$F(a,b,c,d,e)$ 是剩下的那个变量的下凸函数. 所以 $F(a,b,c,d,e)$ 是每

个变量的下凸函数，于是只有当 $a,b,c,d,e$ 取极端值 $p$ 和 $q$ 时 $F(a,b,c,d,e)$ 才能达到最大. 以下同证法 1.

以上三种证法都具有一般性，可以将试题 2 推广到一般情况：

设 $0 < p \leqslant a_k \leqslant q, k = 1,2,\cdots,n$，则

$$\left(\sum_{k=1}^{n} a_k\right)\left(\sum_{k=1}^{n} \frac{1}{a_k}\right) \leqslant$$

$$n^2 + \left[\frac{n}{2}\right]\left[\frac{n+1}{2}\right]\left(\sqrt{\frac{p}{q}} - \sqrt{\frac{q}{p}}\right)^2$$

**试题 3** 若数 $x_1, x_2, \cdots, x_n \in [a,b]$，其中 $0 < a < b$，证明：不等式

$$(x_1 + x_2 + \cdots + x_n)\left(\frac{1}{x_1} + \frac{1}{x_2} + \cdots + \frac{1}{x_n}\right) \leqslant$$

$$\frac{(a+b)^2}{4ab} n^2$$

(1978 年第十二届全苏数学奥林匹克九年级题 7)

这就是 Schweitzer 不等式的简单变形.

### 1.1.5 利用几何凸函数证明 Schweitzer 不等式

1992 年浙江电视大学海宁学院的张小明提出了几何凸函数的概念，并借此给出了一个新证明.

我们先介绍控制的概念：

**定义 1** 设向量 $\boldsymbol{x} = (x_1, x_2, \cdots, x_n) \in \mathbf{R}^n$，$x_{[1]}, x_{[2]}, \cdots, x_{[n]}$ 表示 $\boldsymbol{x}$ 中分量的递减重排，若对于 $\boldsymbol{x}, \boldsymbol{y} \in \mathbf{R}^n$，有

$$\sum_{i=1}^{k} x_{[i]} \geqslant \sum_{i=1}^{k} y_{[i]} \quad (k = 1,2,\cdots,n-1)$$

$$\sum_{i=1}^{n} x_{[i]} = \sum_{i=1}^{n} y_{[i]}$$

则称 $\boldsymbol{x}$ 控制 $\boldsymbol{y}$，记为 $\boldsymbol{x} \succ \boldsymbol{y}$.

再介绍几何凸概念：

**定义 2**　设 $f(x)$ 在区间 $I$ 上有定义，如果对于任意 $x_1, x_2 \in I$，有 $f(\sqrt{x_1 x_2}) \leqslant \sqrt{f(x_1) f(x_2)}$，那么称 $f(x)$ 在 $I$ 上是几何下凸的；若不等式反向，则称 $f(x)$ 在 $I$ 上是几何上凸的.

几何凸函数理论只有与控制不等式理论相结合，才能发挥巨大作用，为此还需引入以下定义：

**定义 3**　设 $\boldsymbol{x} = (x_1, x_2, \cdots, x_n) \in E \subseteq \mathbf{R}_+^n$，$\boldsymbol{y} = (y_1, y_2, \cdots, y_n) \in E$，把 $\boldsymbol{x}, \boldsymbol{y}$ 中的分量从大到小重排列后，记为 $(x_{[1]}, x_{[2]}, \cdots, x_{[n]})$ 和 $(y_{[1]}, y_{[2]}, \cdots, y_{[n]})$，若有

$$\begin{cases} \prod\limits_{i=1}^{k} x_{[i]} \geqslant \prod\limits_{i=1}^{k} y_{[i]}, k = 1, 2, \cdots, n-1 \\ x_1 x_2 \cdots x_n = y_1 y_2 \cdots y_n \end{cases}$$

则称 $(x_1, x_2, \cdots, x_n)$ 对数控制 $(y_1, y_2, \cdots, y_n)$，记为 $\ln \boldsymbol{x} \succ \ln \boldsymbol{y}$.

为证明 Schweitzer 不等式我们先证一个引理：

**引理**　存在自然数 $k_0$，$1 \leqslant k_0 \leqslant n-1$，使得

$$\ln\Big(\underbrace{M, \cdots, M}_{k_0 个}, \frac{s^n}{m^{n-k_0-1} M^{k_0}}, m, \cdots, m\Big) \succ \ln(a_1, a_2, \cdots, a_n)$$

**证明**　由于 $m^{n-1} M \leqslant s^n \leqslant m M^{n-1}$，$s^n$ 在递减数组 $\{m^{n-1} M, \cdots, m^{n-k} M^k, \cdots, m M^{n-1}\}$ 的两个数之间，设 $m^{n-k_0} M^{k_0} \leqslant s^n \leqslant m^{n-k_0-1} M^{k_0+1}$，往证

$$\ln\Big(\underbrace{M, \cdots, M}_{k_0 个}, \frac{s^n}{m^{n-k_0-1} M^{k_0}}, m, \cdots, m\Big) \succ \ln(a_1, a_2, \cdots, a_n)$$

不妨设 $M=a_1 \geqslant a_2 \geqslant \cdots \geqslant a_n = m > 0$，当 $i \leqslant k_0$ 时，显然有

$$M^i \geqslant a_1 a_2 \cdots a_i$$

当 $i = k_0 + 1$ 时，有

$$s^n = a_1 \cdots a_{k_0+1} \cdots a_n$$

$$s^n \geqslant a_1 \cdots a_{k_0+1} \cdots a_i m^{n-i}$$

$$\underbrace{M \cdots M}_{k_0\text{个}} \frac{s^n}{m^{n-k_0-1} M^{k_0}} \geqslant a_1 a_2 \cdots a_{k_0+1}$$

当 $i > k_0 + 1$ 时，有

$$s^n = a_1 \cdots a_{k_0+1} \cdots a_n$$

$$s^n \geqslant a_1 \cdots a_{k_0+1} m^{n-i}$$

$$\underbrace{M \cdots M}_{k_0\text{个}} \frac{s^n}{m^{n-k_0-1} M^{k_0}} m^{i-k_0-1} \geqslant a_1 \cdots a_{k_0+1} \cdots a_i$$

至此引理得证.

下面我们来证明 Schweitzer 不等式.

设 $0 < m \leqslant a_i \leqslant M, i = 1, 2, \cdots, n$，则

$$\left(\frac{1}{n}\sum_{i=1}^{n} a_i\right)\left(\frac{1}{n}\sum_{i=1}^{n}\frac{1}{a_i}\right) \leqslant \frac{(M+m)^2}{4Mm}$$

**证明** 不妨设 $m, M$ 为 $a_i (i = 1, 2, \cdots, n)$ 的最小值和最大值，因为 $a_i, \frac{1}{a_i} (i = 1, 2, \cdots, n)$ 都是几何凸函数，所以 $\sum_{i=1}^{n} a_i, \sum_{i=1}^{n}\frac{1}{a_i}$ 为几何凸函数，$\frac{1}{n}\sum_{i=1}^{n} a_i, \frac{1}{n}\sum_{i=1}^{n}\frac{1}{a_i}$ 为几何凸函数. 由引理知 $(\underbrace{M, \cdots, M}_{k_0\text{个}}, \frac{s^n}{m^{n-k_0-1} M^{k_0}}, m, \cdots, m)$ 对数控制 $(a_1, a_2, \cdots, a_n)$，所以

$$\left(\frac{1}{n}\sum_{i=1}^{n} a_i\right)\left(\frac{1}{n}\sum_{i=1}^{n}\frac{1}{a_i}\right) \leqslant$$

$$\frac{1}{n^2}\left[k_0M+(n-k_0-1)m+\frac{s^n}{m^{n-k_0-1}M^{k_0}}\right]\cdot$$
$$\left[\frac{k_0}{M}+\frac{n-k_0-1}{m}+\frac{m^{n-k_0-1}M^{k_0}}{s^n}\right]$$
$$\left(\frac{1}{n}\sum_{i=1}^{n}a_i\right)\left(\frac{1}{n}\sum_{i=1}^{n}\frac{1}{a_i}\right)\leqslant$$
$$\frac{1}{n^2}\Big[k_0^2+(n-k_0-1)^2+1+$$
$$k_0(n-k_0-1)\left(\frac{m}{M}+\frac{M}{m}\right)+\frac{s^n}{m^{n-k_0-1}M^{k_0}}\Big]\cdot$$
$$\left(\frac{k_0}{M}+\frac{n-k_0-1}{m}+\frac{m^{n-k_0-1}M^{k_0}}{s^n}\right)\cdot$$
$$[k_0M+(n-k_0-1)m]$$

因

$$f(t)=\frac{t}{m^{n-k_0-1}M^{k_0}}\left(\frac{k_0}{M}+\frac{n-k_0-1}{m}\right)+$$
$$\frac{m^{n-k_0-1}M^{k_0}}{t}[k_0M+(n-k_0-1)m]$$

在$(0,\infty)$上只有一个极小值，所以对于$f(s^n)$和$m^{n-k_0}M^{k_0}\leqslant s^n\leqslant m^{n-k_0-1}M^{k_0+1}$，有

$$f(s^n)\leqslant f(m^{n-k_0}M^{k_0})=$$
$$m\left(\frac{k_0}{M}+\frac{n-k_0-1}{m}\right)+$$
$$\frac{1}{m}[k_0M+(n-k_0-1)m]=$$
$$k_0\left(\frac{m}{M}+\frac{M}{m}\right)+2(n-k_0-1)$$

与

$$f(s^n)\leqslant f(m^{n-k_0-1}M^{k_0+1})=$$
$$M\left(\frac{k_0}{M}+\frac{n-k_0-1}{m}\right)+$$

$$\frac{1}{M}[k_0M+(n-k_0-1)m]=$$

$$(n-k_0-1)\left(\frac{m}{M}+\frac{M}{m}\right)+2k_0$$

之一成立,即有

$$\left(\frac{1}{n}\sum_{i=1}^{n}a_i\right)\left(\frac{1}{n}\sum_{i=1}^{n}\frac{1}{a_i}\right)\leqslant$$
$$\frac{1}{n^2}[k_0^2+(n-k_0-1)^2+1+$$
$$k_0(n-k_0-1)\left(\frac{m}{M}+\frac{M}{m}\right)+$$
$$k_0\left(\frac{m}{M}+\frac{M}{m}\right)+2(n-k_0-1)] \tag{11}$$

与

$$\left(\frac{1}{n}\sum_{i=1}^{n}a_i\right)\left(\frac{1}{n}\sum_{i=1}^{n}\frac{1}{a_i}\right)\leqslant$$
$$\frac{1}{n^2}\Big[k_0^2+(n-k_0-1)^2+1+$$
$$k_0(n-k_0-1)\left(\frac{m}{M}+\frac{M}{m}\right)+$$
$$(n-k_0-1)\left(\frac{m}{M}+\frac{M}{m}\right)+2k_0\Big] \tag{12}$$

之一成立.对于式(11),右边为 $k_0$ 的一元二次多项式,考虑其二次项系数 $-\left(\frac{m}{M}+\frac{M}{m}-2\right)$ 和一次项系数 $n\left(\frac{m}{M}+\frac{M}{m}-2\right)$;对于式(12),右边为 $k_0$ 的一元二次多项式,考虑其二次项系数 $-\left(\frac{m}{M}+\frac{M}{m}-2\right)$ 和一次项系数 $(n-2)\left(\frac{m}{M}+\frac{M}{m}-2\right)$,利用抛物线的极大值点的性

质，有

$$\left(\frac{1}{n}\sum_{i=1}^{n}a_i\right)\left(\frac{1}{n}\sum_{i=1}^{n}\frac{1}{a_i}\right)\leqslant$$

$$\frac{1}{n^2}\left[\left(\frac{n}{2}\right)^2+\left(n-\frac{n}{2}-1\right)^2+\right.$$

$$1+\frac{n}{2}\left(n-\frac{n}{2}-1\right)\left(\frac{m}{M}+\frac{M}{m}\right)+$$

$$\left.\frac{n}{2}\left(\frac{m}{M}+\frac{M}{m}\right)+2\left(n-\frac{n}{2}-1\right)\right]=$$

$$\frac{1}{2}+\frac{1}{4}\left(\frac{m}{M}+\frac{M}{m}\right)=\frac{(M+m)^2}{4Mm}$$

或

$$\left(\frac{1}{n}\sum_{i=1}^{n}a_i\right)\left(\frac{1}{n}\sum_{i=1}^{n}\frac{1}{a_i}\right)\leqslant$$

$$\frac{1}{n^2}\left[\left(\frac{n-2}{2}\right)^2+\left(n-\frac{n-2}{2}-1\right)^2+1+\right.$$

$$\frac{n-2}{2}\left(n-\frac{n-2}{2}-1\right)\left(\frac{m}{M}+\frac{M}{m}\right)+$$

$$\left.\left(n-\frac{n-2}{2}-1\right)\left(\frac{m}{M}+\frac{M}{m}\right)+2\left(\frac{n-2}{2}\right)\right]=$$

$$\frac{1}{2}+\frac{1}{4}\left(\frac{m}{M}+\frac{M}{m}\right)=\frac{(M+m)^2}{4Mm}$$

这就证明了所述不等式. 我们还可以把 Schweitzer 不等式加强为：

**定理 1**　设 $0<m\leqslant a_i\leqslant M, i=1,2,\cdots,n$，则当 $n$ 为偶数时，有

$$\left(\frac{1}{n}\sum_{i=1}^{n}a_i\right)\left(\frac{1}{n}\sum_{i=1}^{n}\frac{1}{a_i}\right)\leqslant\frac{(M+m)^2}{4Mm}$$

当 $n$ 为奇数时，有

$$\left(\frac{1}{n}\sum_{i=1}^{n}a_i\right)\left(\frac{1}{n}\sum_{i=1}^{n}\frac{1}{a_i}\right)\leqslant\frac{(M+m)^2}{4Mm}-\frac{(M-m)^2}{4n^2Mm}$$

**证明**　分析一下式(11)和式(12),当 $n$ 为奇数时,自然数 $k_0$ 取不到 $\frac{n}{2}$ 和 $\frac{n-2}{2}$,只能在 $\frac{n-1}{2}$ 处取到最大值,此时

$$\left(\frac{1}{n}\sum_{i=1}^{n}a_i\right)\left(\frac{1}{n}\sum_{i=1}^{n}\frac{1}{a_i}\right)\leqslant$$
$$\frac{1}{n^2}\left[\left(\frac{n-1}{2}\right)^2+\left(n-\frac{n-1}{2}-1\right)^2+1+\right.$$
$$\frac{n-1}{2}\left(n-\frac{n-1}{2}-1\right)\left(\frac{m}{M}+\frac{M}{m}\right)+$$
$$\left.\frac{n-1}{2}\left(\frac{m}{M}+\frac{M}{m}\right)+2\left(n-\frac{n-1}{2}-1\right)\right]=$$
$$\frac{1}{2}+\frac{1}{4}\left(\frac{m}{M}+\frac{M}{m}\right)+\frac{1}{2n^2}-\frac{1}{4n^2}\left(\frac{m}{M}+\frac{M}{m}\right)=$$
$$\frac{(M+m)^2}{4Mm}-\frac{(M-m)^2}{4n^2Mm}$$

或

$$\left(\frac{1}{n}\sum_{i=1}^{n}a_i\right)\left(\frac{1}{n}\sum_{i=1}^{n}\frac{1}{a_i}\right)\leqslant$$
$$\frac{1}{n^2}\left[\left(\frac{n-1}{2}\right)^2+\left(n-\frac{n-1}{2}-1\right)^2+\right.$$
$$1+\frac{n-1}{2}\left(n-\frac{n-1}{2}-1\right)\left(\frac{m}{M}+\frac{M}{m}\right)+$$
$$\left.\left(n-\frac{n-1}{2}-1\right)\left(\frac{m}{M}+\frac{M}{m}\right)+2\left(\frac{n-1}{2}\right)\right]=$$
$$\frac{1}{2}+\frac{1}{4}\left(\frac{m}{M}+\frac{M}{m}\right)+\frac{1}{2n^2}-\frac{1}{4n^2}\left(\frac{m}{M}+\frac{M}{m}\right)=$$
$$\frac{(M+m)^2}{4Mm}-\frac{(M-m)^2}{4n^2Mm}$$

命题得证.

### 1.1.6　Kantorovič 不等式特例的证明

**试题 4**　已知 $a_1,a_2,a_3\geqslant 0,a_1+a_2+a_3=1,0<\lambda_1<\lambda_2<\lambda_3$,求证:下面的不等式成立

$$(a_1\lambda_1+a_2\lambda_2+a_3\lambda_3)\left(\frac{a_1}{\lambda_1}+\frac{a_2}{\lambda_2}+\frac{a_3}{\lambda_3}\right)\leqslant \frac{(\lambda_1+\lambda_3)^2}{4\lambda_1\lambda_3}$$

（1979 年北京市高中竞赛第二试试题 5）

此题为 Kantorovič 不等式当 $n=3$ 时的特例,证明参见 1.1.3. 下面再介绍两种中学生更易于接受的证法.

**证法 1**　由 $a_1+a_2+a_3=1$ 得

$$a_2+a_3=1-a_1$$

$$a_1(a_2+a_3)=a_1(1-a_1)\leqslant \frac{1}{4}$$

所以

$$a_1a_2\leqslant \frac{1}{4}-a_3a_1$$

同理

$$a_2a_3\leqslant \frac{1}{4}-a_3a_1$$

另一方面

$$\frac{\lambda_1}{\lambda_3}+\frac{\lambda_3}{\lambda_1}-2=(\lambda_3-\lambda_1)\left(\frac{1}{\lambda_1}-\frac{1}{\lambda_3}\right)=$$

$$[(\lambda_3-\lambda_2)+(\lambda_2-\lambda_1)]\left[\left(\frac{1}{\lambda_1}-\frac{1}{\lambda_2}\right)+\left(\frac{1}{\lambda_2}-\frac{1}{\lambda_3}\right)\right]\geqslant$$

$$(\lambda_3-\lambda_2)\left(\frac{1}{\lambda_2}-\frac{1}{\lambda_3}\right)+(\lambda_2-\lambda_1)\left(\frac{1}{\lambda_1}-\frac{1}{\lambda_2}\right)$$

所以

$$\left(\frac{\lambda_2}{\lambda_1}+\frac{\lambda_1}{\lambda_2}-2\right)+\left(\frac{\lambda_3}{\lambda_2}+\frac{\lambda_2}{\lambda_3}-2\right)\leqslant \frac{\lambda_1}{\lambda_3}+\frac{\lambda_3}{\lambda_1}-2$$

于是

$$\frac{(\lambda_1+\lambda_3)^2}{4\lambda_1\lambda_3}-(a_1\lambda_1+a_2\lambda_2+a_3\lambda_3)\left(\frac{a_1}{\lambda_1}+\frac{a_2}{\lambda_2}+\frac{a_3}{\lambda_3}\right)=$$

$$\frac{(\lambda_1+\lambda_3)^2}{4\lambda_1\lambda_3}-\left[a_1^2+a_2^2+a_3^2+a_1a_2\left(\frac{\lambda_2}{\lambda_1}+\frac{\lambda_1}{\lambda_2}\right)+\right.$$

$$\left.a_2a_3\left(\frac{\lambda_3}{\lambda_2}+\frac{\lambda_2}{\lambda_3}\right)+a_3a_1\left(\frac{\lambda_1}{\lambda_3}+\frac{\lambda_3}{\lambda_1}\right)\right]=$$

$$\frac{(\lambda_1+\lambda_3)^2}{4\lambda_1\lambda_3}-\left[a_1^2+a_2^2+a_3^2+2a_1a_2+\right.$$

$$2a_2a_3+2a_3a_1+a_1a_2\left(\frac{\lambda_2}{\lambda_1}+\frac{\lambda_1}{\lambda_2}-2\right)+$$

$$\left.a_2a_3\left(\frac{\lambda_3}{\lambda_2}+\frac{\lambda_2}{\lambda_3}-2\right)+a_3a_1\left(\frac{\lambda_1}{\lambda_3}+\frac{\lambda_3}{\lambda_1}-2\right)\right]=$$

$$\frac{(\lambda_1+\lambda_3)^2}{4\lambda_1\lambda_3}-(a_1+a_2+a_3)^2-a_1a_2\left(\frac{\lambda_2}{\lambda_1}+\frac{\lambda_1}{\lambda_2}-2\right)-$$

$$a_2a_3\left(\frac{\lambda_3}{\lambda_2}+\frac{\lambda_2}{\lambda_3}-2\right)-a_3a_1\left(\frac{\lambda_1}{\lambda_3}+\frac{\lambda_3}{\lambda_1}-2\right)=$$

$$\frac{(\lambda_1+\lambda_3)^2}{4\lambda_1\lambda_3}-1-a_1a_2\left(\frac{\lambda_2}{\lambda_1}+\frac{\lambda_1}{\lambda_2}-2\right)-$$

$$a_2a_3\left(\frac{\lambda_3}{\lambda_2}+\frac{\lambda_2}{\lambda_3}-2\right)-a_3a_1\left(\frac{\lambda_1}{\lambda_3}+\frac{\lambda_3}{\lambda_1}-2\right)=$$

$$\frac{1}{4}\left(\frac{\lambda_1}{\lambda_3}+\frac{\lambda_3}{\lambda_1}-2\right)-a_1a_2\left(\frac{\lambda_2}{\lambda_1}+\frac{\lambda_1}{\lambda_2}-2\right)-$$

$$a_2a_3\left(\frac{\lambda_3}{\lambda_2}+\frac{\lambda_2}{\lambda_3}-2\right)-a_3a_1\left(\frac{\lambda_1}{\lambda_3}+\frac{\lambda_3}{\lambda_1}-2\right)\geqslant$$

$$\left(\frac{1}{4}-a_3a_1\right)\left(\frac{\lambda_1}{\lambda_3}+\frac{\lambda_3}{\lambda_1}-2\right)-\left(\frac{1}{4}-a_3a_1\right)\cdot$$

$$\left[\left(\frac{\lambda_2}{\lambda_1}+\frac{\lambda_1}{\lambda_2}-2\right)+\left(\frac{\lambda_3}{\lambda_2}+\frac{\lambda_2}{\lambda_3}-2\right)\right]\geqslant$$

$$\left(\frac{1}{4}-a_3a_1\right)\left(\frac{\lambda_1}{\lambda_3}+\frac{\lambda_3}{\lambda_1}-2\right)-$$

$$\left(\frac{1}{4}-a_3a_1\right)\left(\frac{\lambda_1}{\lambda_3}+\frac{\lambda_3}{\lambda_1}-2\right)=0$$

所以

$$(a_1\lambda_1+a_2\lambda_2+a_3\lambda_3)\left(\frac{a_1}{\lambda_1}+\frac{a_2}{\lambda_2}+\frac{a_3}{\lambda_3}\right)\leqslant\frac{(\lambda_1+\lambda_3)^2}{4\lambda_1\lambda_3}$$

成立.

证法1是演绎推证的,不便于推广为一般形式的证明,我们再介绍利用数学归纳法的证明:

**证法2**　(1) 当 $n=2$ 时,$a_1+a_2=1$,且 $0<\lambda_1\leqslant\lambda_2$,则

$$(\lambda_1a_1+\lambda_2a_2)\left(\frac{a_1}{\lambda_1}+\frac{a_2}{\lambda_2}\right)=$$

$$a_1^2+a_2^2+\frac{\lambda_1^2+\lambda_2^2}{\lambda_1\lambda_2}a_1a_2=$$

$$(a_1+a_2)^2+a_1a_2\left(\frac{\lambda_1^2+\lambda_2^2}{\lambda_1\lambda_2}-2\right)=$$

$$1+a_1a_2\ \frac{(\lambda_1-\lambda_2)^2}{\lambda_1\lambda_2}\leqslant$$

$$1+\frac{(\lambda_1-\lambda_2)^2}{4\lambda_1\lambda_2}=\frac{(\lambda_1+\lambda_2)^2}{4\lambda_1\lambda_2}$$

其中,因为 $(a_1+a_2)^2=1$,$a_1^2+a_2^2\geqslant 2a_1a_2$,所以

$$0<a_1a_2\leqslant\frac{1}{4}$$

即 $n=2$ 时,命题成立.

假设当 $n=k$ 时命题为真,今考虑 $n=k+1$ 的情形,下面分两种情况考虑:

i) 若 $\lambda_{k+1}=\lambda_k$,注意到

$$\left(\sum_{i=1}^{k+1}\lambda_ia_i\right)\left(\sum_{i=1}^{k+1}\frac{a_i}{\lambda_i}\right)=$$

$$\left(\sum_{i=1}^{k-1}\lambda_ia_i+\lambda_ka_k+\lambda_{k+1}a_{k+1}\right)\cdot$$

$$\left(\sum_{i=1}^{k-1}\frac{a_i}{\lambda_i}+\frac{a_k}{\lambda_k}+\frac{a_{k+1}}{\lambda_{k+1}}\right)=$$

$$\left[\sum_{i=1}^{k-1}\lambda_i a_i+\lambda_k(a_k+a_{k+1})\right]\cdot$$

$$\left[\sum_{i=1}^{k-1}\frac{a_i}{\lambda_i}+\frac{1}{\lambda_k}(a_k+a_{k+1})\right]$$

显然化为 $n=k$ 的情形，只需注意到这时 $a'_k=a_k+a_{k+1}$ 即可.

ii) 若 $\lambda_k<\lambda_{k+1}$ 且 $\lambda_k\neq\lambda_1$（否则可化为 i) 的情形），我们先来证明存在 $x$ 满足

$$\lambda_k\leqslant\lambda_1 x+(1-x)\lambda_{k+1} \tag{13}$$

$$\frac{1}{\lambda_k}=\frac{x}{\lambda_1}+\frac{1-x}{\lambda_{k+1}} \tag{14}$$

由式(14) 解得

$$x=\left(\frac{1}{\lambda_k}-\frac{1}{\lambda_{k+1}}\right)\Big/\left(\frac{1}{\lambda_1}-\frac{1}{\lambda_{k+1}}\right)=\frac{\lambda_1}{\lambda_k}\cdot\frac{\lambda_{k+1}-\lambda_k}{\lambda_{k+1}-\lambda_1}$$

又由式(13) 有

$$x(\lambda_1-\lambda_{k+1})\geqslant\lambda_k-\lambda_{k+1}$$

注意到 $\lambda_1-\lambda_{k+1}<0$，故有 $x\leqslant\dfrac{\lambda_k-\lambda_{k+1}}{\lambda_1-\lambda_{k+1}}$，因此 $\dfrac{\lambda_1}{\lambda_k}<1$，显然满足式(14) 的 $x$ 必满足式(13).

下面我们回到命题的证明

$$\left(\sum_{i=1}^{k+1}\lambda_i a_i\right)\left(\sum_{i=1}^{k+1}\frac{a_i}{\lambda_i}\right)=$$

$$\left(\sum_{i=2}^{k-1}\lambda_i a_i+\lambda_1 a_1+\lambda_k a_k+\lambda_{k+1}a_{k+1}\right)\cdot$$

$$\left(\sum_{i=2}^{k-1}\frac{a_i}{\lambda_i}+\frac{a_1}{\lambda_1}+\frac{a_k}{\lambda_k}+\frac{a_{k+1}}{\lambda_{k+1}}\right)\leqslant$$

$$\left\{\sum_{i=2}^{k-1}\lambda_i a_i+\lambda_1 a_1+[\lambda_1 x+\lambda_{k+1}(1-x)]a_k+\lambda_{k+1}a_{k+1}\right\}\cdot$$

$$\left\{\sum_{i=2}^{k-1}\frac{a_i}{\lambda_i}+\frac{a_1}{\lambda_1}+\left[\frac{x}{\lambda_1}+\frac{1-x}{\lambda_{k+1}}\right]a_k+\frac{a_{k+1}}{\lambda_{k+1}}\right\}=$$

$$\left\{\sum_{i=2}^{k-1}\lambda_i a_i+\lambda_1(a_1+xa_k)+\lambda_{k+1}[(1-x)a_k+a_{k+1}]\right\}\cdot$$

$$\left\{\sum_{i=2}^{k-1}\frac{a_i}{\lambda_i}+\frac{1}{\lambda_1}(a_1+xa_k)+\frac{1}{\lambda_{k+1}}[(1-x)a_k+a_{k+1}]\right\}$$

此时又可化为 $n=k$ 的情形.

综上,当 $n=k+1$ 时命题亦真,根据归纳假设可知

$$\left(\sum_{i=1}^{n}\lambda_i a_i\right)\left(\sum_{i=1}^{n}\frac{a_i}{\lambda_i}\right)\leqslant\frac{(\lambda_1+\lambda_n)^2}{4\lambda_1\lambda_n}$$

成立.

为了强调数学各分支之间的联系,我们给出下面的几何证法:

**证法 3**　如图 1 所示,在平面直角坐标系中,设点 $A_i$ 的坐标为 $\left(\lambda_i,\frac{1}{\lambda_i}\right)(i=1,2,\cdots,n)$.

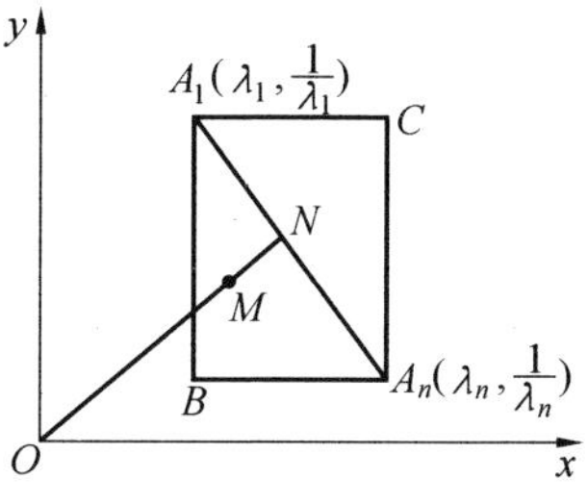


图 1

又设 $M$ 的坐标为 $\left(\sum_{i=1}^{n}\lambda_i a_i,\sum_{i=1}^{n}\frac{a_i}{\lambda_i}\right)$,由于

$$\lambda_1\leqslant x_M=\sum_{i=1}^{n}\lambda_i a_i\leqslant\lambda_n$$

$$\frac{1}{\lambda_1}\geqslant y_M=\sum_{i=1}^{n}\frac{a_i}{\lambda_i}\geqslant\frac{1}{\lambda_n}$$

故$M(x_M,y_M)$在各边平行于坐标轴的矩形 $A_1BA_nC$ 内. 直线 $A_1A_n$ 的方程是

$$\frac{y-\frac{1}{\lambda_1}}{\frac{1}{\lambda_n}-\frac{1}{\lambda_1}}-\frac{x-\lambda_1}{\lambda_n-\lambda_1}=0$$

因为 $O(0,0)$,$M(x_M,y_M)$ 代入方程左边符号皆为正,所以$O$,$M$在$A_1A_n$同侧. 又$M$在$\mathrm{Rt}\triangle A_1BA_n$内,联结 $OM$ 并延长交$A_1A_n$于$N$,显然有 $x_My_M\leqslant x_Ny_N$. 再令$\frac{A_nN}{NA_1}=m$,则

$$x_N=\frac{\lambda_n+m\lambda_1}{1+m},y_N=\frac{\frac{1}{\lambda_n}+\frac{m}{\lambda_1}}{1+m}$$

故

$$\begin{aligned}x_Ny_N&=\frac{\lambda_n+m\lambda_1}{1+m}\cdot\frac{\frac{1}{\lambda_n}+\frac{m}{\lambda_1}}{1+m}=\\&\frac{1}{\lambda_1\lambda_n(1+m)^2}(\lambda_n+m\lambda_1)(\lambda_1+m\lambda_n)\leqslant\\&\frac{1}{\lambda_1\lambda_n(1+m)^2}\left(\frac{\lambda_n+m\lambda_1+\lambda_1+m\lambda_n}{2}\right)^2=\\&\frac{(\lambda_1+\lambda_n)^2}{4\lambda_1\lambda_n}\end{aligned}$$

由此得 $x_My_M\leqslant\frac{(\lambda_1+\lambda_n)^2}{4\lambda_1\lambda_n}$. 证毕.

另外在《数学的实践与认识》(1985) 上昆明师范学院的施恩伟还给出了一个初等证法.

此类不等式在数学竞赛中有许多应用. 上海大学

数学系的冷岗松教授在数学新星网(www.nsmath.cn)《冷岗松专栏》专门写过一篇题为《关于正齐次不等式》的文章.

什么样子的不等式称为齐次不等式呢？引用 Hardy 等人的一句话作为回答：若一个不等式的两边均为某些变量组的同次齐次函数，则称此不等式为齐次不等式.

或许有人要进一步问：什么是齐次函数呢？回答是：若函数 $f(x_1,x_2,\cdots,x_n)$ 满足对任意因子 $\lambda$，存在实数 $k$，使得

$$f(\lambda x_1,\lambda x_2,\cdots,\lambda x_n)=\lambda^k f(x_1,x_2,\cdots,x_n)$$

则称此函数 $f$ 为关于变量 $x_1,x_2,\cdots,x_n$ 的 $k$ 次齐次函数.

中学里见得最多的是这样一类齐次不等式：将关于非负变元(正变元)$x_1,x_2,\cdots,x_n$ 的不等式中的所有变元 $x_i$ 均换为 $\alpha x_i$($\alpha$ 为任意正数)，而不等式不变. 称这一类不等式为正齐次不等式.

对于正齐次不等式，常常可以对这些变量做“正规化”处理，即对这些变量加上另外的限制，而使证明简化. 这些处理方法可称为齐次化分析.

下面举几个齐次化分析的应用的例子.

**例1**(范数不等式)　设 $a_1,a_2,\cdots,a_n$ 为非负实数，若 $0<r<s$，则

$$\left(\sum_{i=1}^{n}a_i^s\right)^{\frac{1}{s}}\leqslant\left(\sum_{i=1}^{n}a_i^r\right)^{\frac{1}{r}} \tag{15}$$

当且仅当 $a_1,a_2,\cdots,a_n$ 中至少有 $n-1$ 个为 0 时，上式等号成立.

**证明**　注意到，对任意的正数 $\alpha$，用 $\alpha a_i$($i=1$,

$2,\cdots,n$) 替代 $a_i$,式(15) 不变.故式(15) 为一个正齐次不等式.

不妨设

$$\sum_{i=1}^{n} a_i^r = 1 \tag{16}$$

因此,要证明式(15) 成立只要证

$$\sum_{i=1}^{n} a_i^s \leqslant 1 \tag{17}$$

事实上,由式(16) 知 $a_i^r \leqslant 1$.

又由 $0 < r < s$,知

$$a_i^s = (a_i^r)^{\frac{s}{r}} \leqslant (a_i^r)^1 = a_i^r$$

故

$$\sum_{i=1}^{n} a_i^s \leqslant \sum_{i=1}^{n} a_i^r = 1$$

因此,式(17) 得证.

**注** 式(15) 为什么称为范数不等式呢?这是因为对任何 $\boldsymbol{x} = (x_1, x_2, \cdots, x_n) \in \mathbf{R}^n$,$\boldsymbol{x}$ 的 $p$ 范数可定义为

$$\| \boldsymbol{x} \|_p = \left(\sum_{i=1}^{n} | x_i |^p\right)^{\frac{1}{p}}$$

当 $p \geqslant 1$ 时,$\| \boldsymbol{x} \|_p$ 就是通常意义下的范数;不等式(15) 就说明当 $p > 0$ 时,$\| \boldsymbol{x} \|_p$ 是 $p$ 的减函数.

例 2 是著名的 Kantorovič 不等式(俗称反向 Cauchy 不等式).

**例 2** 设实数 $0 < x_1 < x_2 < \cdots < x_n$,$\lambda_i \geqslant 0$ $(i = 1, 2, \cdots, n)$,且 $\sum_{i=1}^{n} \lambda_i = 1$,则

$$\left(\sum_{i=1}^{n} \lambda_i x_i\right)\left(\sum_{i=1}^{n} \lambda_i x_i^{-1}\right) \leqslant A^2 G^{-2} \tag{18}$$

其中　$A=\frac{1}{2}(x_1+x_n), G=(x_1x_n)^{\frac{1}{2}}$

**证明**　注意到，不等式是齐次的，因此，不妨设 $G=1$，这样便有 $x_n=\frac{1}{x_1}$.

则对任何 $x\in[x_1,x_n]=\left[x_1,\frac{1}{x_1}\right]$，有

$$x+\frac{1}{x}\leqslant x_1+\frac{1}{x_1}$$

故

$$\sum_{i=1}^{n}\lambda_i x_i+\sum_{i=1}^{n}\lambda_i x_i^{-1}=\sum_{i=1}^{n}\lambda_i\left(x_i+\frac{1}{x_i}\right)\leqslant x_1+\frac{1}{x_1}=2A$$

再对上式左边利用均值不等式可得式(18).

例3是著名的Carleman不等式的一个加强，它是Holland发表在 *A strengthening of the Carleman-Hardy-Pólya inequality* 中的结果.

所谓的Carleman不等式是指：设 $a_1,a_2,\cdots,a_n$ 为非负实数，则

$$\sum_{i=1}^{n}\sqrt[i]{a_1a_2\cdots a_i}<\mathrm{e}\sum_{i=1}^{n}a_i \tag{19}$$

**例3**　给定整数 $n\geqslant 2$，设 $a_1,a_2,\cdots,a_n$ 为正实数，证明

$$\left(\frac{\sum_{j=1}^{n}\sqrt[j]{a_1a_2\cdots a_j}}{\sum_{j=1}^{n}a_j}\right)^{\frac{1}{n}}+\frac{\sqrt[n]{a_1a_2\cdots a_n}}{\sum_{j=1}^{n}\sqrt[j]{a_1a_2\cdots a_j}}\leqslant\frac{n+1}{n} \tag{20}$$

**证明**　记 $\sqrt[j]{a_1a_2\cdots a_j}=x_j(j=1,2,\cdots,n)$，并令

$x_0=1$，则

$$a_j=\frac{x_j^j}{x_{j-1}^{j-1}}\quad(j=1,2,\cdots,n)$$

由于式(20)左边关于 $a_1,a_2,\cdots,a_n$ 为齐次的，故不妨设

$$\sum_{j=1}^{n}x_j=\sum_{j=1}^{n}\sqrt[j]{a_1a_2\cdots a_j}=1$$

此时，式(20)等价于

$$\left(\sum_{j=1}^{n}\frac{x_j^j}{x_{j-1}^{j-1}}\right)^{-\frac{1}{n}}+x_n\leqslant\frac{n+1}{n}\tag{21}$$

下证式(21)成立.

易知，函数 $f(x)=x^{-\frac{1}{n}}$ 在区间 $(0,\infty)$ 上为凸函数，故

$$\left(\sum_{j=1}^{n}\frac{x_j^j}{x_{j-1}^{j-1}}\right)^{-\frac{1}{n}}-\left(\sum_{j=1}^{n}x_j\cdot\frac{x_j^{j-1}}{x_{j-1}^{j-1}}\right)^{-\frac{1}{n}}\leqslant$$

$$\sum_{j=1}^{n}x_j\left(\frac{x_j^{j-1}}{x_{j-1}^{j-1}}\right)^{-\frac{1}{n}}=\quad\text{（加权 Jensen 不等式）}$$

$$\sum_{j=1}^{n}(x_{j-1})^{\frac{j-1}{n}}(x_j)^{1-\frac{j-1}{n}}\leqslant$$

$$\sum_{j=1}^{n}\left[\frac{j-1}{n}x_{j-1}+\left(1-\frac{j-1}{n}\right)x_j\right]=\quad\text{（加权均值不等式）}$$

$$\frac{n+1}{n}\sum_{j=1}^{n}x_j+\sum_{j=1}^{n}\left(\frac{j-1}{n}x_{j-1}-\frac{j}{n}x_j\right)=$$

$$\frac{n+1}{n}-x_n$$

这就是式(21).

最后，请读者考虑一下，为什么式(20)是式(19)的加强？

对齐次不等式的正规化处理，大多数情形下仅限

于正不等式(即非负变量的不等式). 对于实变量,须谨慎.

**例 4**　设 $a_1,a_2,\cdots,a_n,b_1,b_2,\cdots,b_n\in\mathbf{R}$,令

$$c_i=|ab_i+a_ib-a_ib_i|\quad(i=1,2,\cdots,n)$$

其中

$$a=\frac{1}{n}\sum_{i=1}^{n}a_i,b=\frac{1}{n}\sum_{i=1}^{n}b_i$$

证明:$(\sum_{i=1}^{n}c_i)^2\leqslant(\sum_{i=1}^{n}a_i^2)(\sum_{i=1}^{n}b_i^2)$.

2012 年,冷岗松教授给中国国家集训队提供了一道测试题,其实例 4 就是那道测试题的实数版本.

测试题为:

设 $x_1,x_2,\cdots,x_n,y_1,y_2,\cdots,y_n$ 均为模等于 1 的复数,令

$$z_i=xy_i+yx_i-x_iy_i\quad(i=1,2,\cdots,n)$$

其中

$$x=\frac{1}{n}\sum_{i=1}^{n}x_i,y=\frac{1}{n}\sum_{i=1}^{n}y_i$$

证明:$\sum_{i=1}^{n}|z_i|\leqslant n$.

例 4 的难度不高,仅是全国联赛中等难度水平,但有些同学在求解时却错误用了齐次性. 由于不等式关于 $a_1,a_2,\cdots,a_n$ 和 $b_1,b_2,\cdots,b_n$ 均为齐次的,因此,不妨设 $\sum_{i=1}^{n}a_i=1$ 及 $\sum_{i=1}^{n}b_i=1$,在这些条件下证完了这个问题. 实际上,该问题中关键的是 $\sum_{i=1}^{n}a_i=\sum_{i=1}^{n}b_i=0$ 的情形.

对于例 4,下面的证明是优雅的.

**证明**　令

$$x_i = a_i - a, y_i = b_i - b \quad (i = 1, 2, \cdots, n)$$

则
$$\sum_{i=1}^{n} x_i = 0, \sum_{i=1}^{n} y_i = 0$$

故

$$c_i = | ab_i + a_i b - a_i b_i | = | ab - x_i y_i | \leqslant | ab | + | x_i y_i |$$

由 Cauchy 不等式得

$$\begin{aligned}(\sum_{i=1}^{n} c_i)^2 \leqslant (n | ab | + \sum_{i=1}^{n} | x_i y_i |)^2 \leqslant \\ (n | a |^2 + \sum_{i=1}^{n} | x_i |^2) \cdot \\ (n | b |^2 + \sum_{i=1}^{n} | y_i |^2) = \\ [\sum_{i=1}^{n} (a + x_i)^2][\sum_{i=1}^{n} (b + y_i)^2] = \\ (\sum_{i=1}^{n} a_i^2)(\sum_{i=1}^{n} b_i^2)\end{aligned}$$

**注**　此证法对复数情形也完全适用.

### 1.1.7　一道集训队试题

在 1.1.1 中试题 1 的系数 $\frac{17}{10}$ 是怎么求得的？它是最小的吗？其实早在 1996 年中国数学奥林匹克国家集训队试题中已解决了这个问题.

**试题 5**　求最小正数 $\lambda$，使对任意 $n \geqslant 2$ 和 $a_i, b_i \in [1,2] (i = 1, 2, \cdots, n)$ 且 $b_1, b_2, \cdots, b_n$ 是 $a_1, a_2, \cdots, a_n$ 的一个排列，都有

$$\sum_{i=1}^{n} \frac{a_i^3}{b_i} \leqslant \lambda \cdot \sum_{i=1}^{n} a_i^2$$

（1996年国家集训队试题）

**解**　由于$\frac{1}{2}\leqslant\frac{a_i}{b_i}\leqslant 2$,从而

$$\left(\frac{1}{2}b_i-a_i\right)(2b_i-a_i)\leqslant 0\Rightarrow$$

$$b_i^2+a_i^2\leqslant\frac{5}{2}a_ib_i\Rightarrow$$

$$\sum_{i=1}^{n}a_ib_i\geqslant\frac{2}{5}(\sum_{i=1}^{n}a_i^2+\sum_{i=1}^{n}b_i^2)=\frac{4}{5}\sum_{i=1}^{n}a_i^2 \quad (22)$$

由于 $a_i^2=\sqrt{\frac{a_i^3}{b_i}}\cdot\sqrt{a_ib_i}$,且

$$\sqrt{\frac{a_i^3}{b_i}}\cdot\frac{1}{\sqrt{a_ib_i}}=\frac{a_i}{b_i}\in\left[\frac{1}{2},2\right]$$

利用1.1.6中的式(13),仍有

$$\sum_{i=1}^{n}a_i^2=\sum_{i=1}^{n}\sqrt{\frac{a_i^3}{b_i}}\cdot\sqrt{a_ib_i}\geqslant$$

$$\frac{2}{5}\left(\sum_{i-1}^{n}\frac{a_i^3}{b_i}+\sum_{i-1}^{n}a_ib_i\right)\geqslant$$

$$\frac{2}{5}\sum_{i=1}^{n}\frac{a_i^3}{b_i}+\frac{2}{5}\cdot\frac{4}{5}\sum_{i=1}^{n}a_i^2$$

由此可得

$$\sum_{i=1}^{n}\frac{a_i^3}{b_i}\leqslant\frac{17}{10}\sum_{i=1}^{n}a_i^2 \quad (23)$$

当 $n=2k$ 时,取

$$a_1=a_2=\cdots=a_k=1$$

$$a_{k+1}=a_{k+2}=\cdots=a_n=2$$

$$b_i=\frac{2}{a_i}$$

则

$$\sum_{i=1}^{n}\frac{a_i^3}{b_i}=\frac{17}{10}\sum_{i=1}^{n}a_i^2$$

于是当 $n=2k$ 时，所求的 $\lambda=\frac{17}{10}$.

当 $n=2k+1(k\in\mathbf{N})$ 时，不妨设 $a_1\geqslant a_2\geqslant\cdots\geqslant a_n$，由排序不等式，不妨设

$$b_i=a_{n+1-i}\quad(i=1,2,\cdots,n)$$

由式(23)可得

$$\sum_{i=1}^{k}\frac{a_i^3}{b_i}+\sum_{i=k+2}^{2k+1}\frac{a_i^3}{b_i}\leqslant\frac{17}{10}\left(\sum_{i=1}^{k}a_i^2+\sum_{i=k+2}^{2k+1}a_i^2\right)$$

所以

$$\sum_{i=1}^{n}\frac{a_i^3}{b_i}\leqslant\frac{17}{10}\left(\sum_{i=1}^{k}a_i^2+\sum_{i=k+2}^{2k+1}a_i^2\right)+a_{k+1}^2\tag{24}$$

原题转化为求 $m$，使得

$$\sum_{i=1}^{n}\frac{a_i^3}{b_i}\leqslant m\sum_{i=1}^{n}a_i^2\quad\left(m\in\left(1,\frac{17}{10}\right)\right)$$

由式(24)，得

$$\sum_{i=1}^{n}\frac{a_i^3}{b_i}\leqslant m\sum_{i=1}^{n}a_i^2+\left(\frac{17}{10}-m\right)\left(\sum_{i=1}^{k}a_i^2+\sum_{i=k+2}^{2k+1}a_i^2\right)-(m-1)a_{k+1}^2\tag{25}$$

因为

$$a_{k+1}^2\geqslant\frac{1}{4}a_i^2\quad(1\leqslant i\leqslant k)$$

$$a_{k+1}^2\geqslant a_j^2\quad(k+2\leqslant j\leqslant n)$$

所以

$$a_{k+1}^2\geqslant\frac{1}{5k}\left(\sum_{i=1}^{k}a_i^2+\sum_{i=k+2}^{2k+1}a_i^2\right)$$

代回式(25)得

$$\sum_{i=1}^{n}\frac{a_i^3}{b_i}\leqslant m\sum_{i=1}^{n}a_i^2+\left(\frac{17}{10}-m-\frac{m-1}{5k}\right)\cdot\left(\sum_{i=1}^{k}a_i^2+\sum_{i=k+2}^{n}a_i^2\right)$$

令$\frac{17}{10}-m-\frac{m-1}{5k}=0$，得 $m=\frac{17k+2}{10k+2}$，故

$$\sum_{i=1}^{n}\frac{a_i^3}{b_i}\leqslant\frac{17k+2}{10k+2}\sum_{i=1}^{n}a_i^2$$

当 $a_1=a_2=\cdots=a_{k+1}=1,a_{k+2}=a_{k+3}=\cdots=a_n=2,b_i=\frac{2}{a_i}$ 时取等号，即

$$\lambda_{\min}=\frac{17\cdot\left[\frac{n}{2}\right]+1+(-1)^{n+1}}{10\cdot\left[\frac{n}{2}\right]+1+(-1)^{n+1}}\quad(n\geqslant 2,n\in\mathbf{N})$$

### 1.1.8　反向不等式的进一步加强与推广

邵剑波将反向不等式中 Pólya-Szegö 不等式进一步推广为：

**邵剑波不等式**　设 $0<m_1\leqslant a_i\leqslant M_1,0<m_2\leqslant b_i\leqslant M_2,i=1,2,\cdots,n$，则

$$\left(\sqrt{\frac{m_2M_2}{m_1M_1}}\sum_{i=1}^{n}a_i^2\right)+\left(\sqrt{\frac{m_1M_1}{m_2M_2}}\sum_{i=1}^{n}b_i^2\right)\leqslant\left(\sqrt{\frac{M_1M_2}{m_1m_2}}+\sqrt{\frac{m_1m_2}{M_1M_2}}\right)\sum_{i=1}^{n}a_ib_i\tag{26}$$

当且仅当有 $k$ 个 $a_i$ 与 $m_1$ 重合，其余 $l=n-k$ 个 $a_i$ 与 $M_1$ 重合，而相应的 $b_i$ 分别与 $M_2,m_2$ 重合时，不等式取等号.

**证明**　因为 $m_1\leqslant a_i\leqslant M_1,m_2\leqslant b_i\leqslant M_2$，所以 $\frac{m_1}{M_2}\leqslant\frac{a_i}{b_i}\leqslant\frac{M_1}{m_2}(i=1,2,\cdots,n)$，于是有

$$\sum_{i=1}^{n}[m_2M_2a_i^2-(m_1m_2+M_1M_2)a_ib_i+m_1M_1b_i^2]=\sum_{i=1}^{n}m_2M_2b_i^2\left(\frac{a_i}{b_i}-\frac{M_1}{m_2}\right)\left(\frac{a_i}{b_i}-\frac{m_1}{M_2}\right)\leqslant 0$$

即

$$m_2M_2\sum_{i=1}^{n}a_i^2+m_1M_1\sum_{i=1}^{n}b_i^2\leqslant(m_1m_2+M_1M_2)\sum_{i=1}^{n}a_ib_i$$

上式两边同除以$\sqrt{m_1m_2M_1M_2}$,即得式(26).

显然,当式(26)取等号时,有

$$\left(\frac{a_i}{b_i}-\frac{M_1}{m_2}\right)\left(\frac{a_i}{b_i}-\frac{m_1}{M_2}\right)=0\quad(i=1,2,\cdots,n)$$

设有$k$个$\frac{a_i}{b_i}$与$\frac{m_1}{M_2}$重合,其余$l=n-k$个与$\frac{M_1}{m_2}$重合,由$\frac{a_i}{b_i}=\frac{m_1}{M_2}$得$1\leqslant\frac{a_i}{m_1}=\frac{b_i}{M_2}\leqslant 1$,故$a_i=m_1,b_i=M_2$,即有$k$个$a_i$与$m_1$重合,$k$个$b_i$与$M_2$重合,同样,其余$l$个$a_i$与$M_1$重合,$l$个$b_i$与$m_2$重合.

反之,当有$k$个$a_i$与$m_1$重合,其余$n-k$个$a_i$与$M_1$重合,而相应的$b_i$分别与$M_2$,$m_2$重合时,式(26)等号显然成立.

因为

$$2\sqrt{\sum_{i=1}^{n}a_i^2\sum_{i=1}^{n}b_i^2}\leqslant\sqrt{\frac{m_2M_2}{m_1M_1}}\sum_{i=1}^{n}a_i^2+\sqrt{\frac{m_1M_1}{m_2M_2}}\sum_{i=1}^{n}b_i^2$$

所以由式(26)可得

$$2\sqrt{\sum_{i=1}^{n}a_i^2\sum_{i=1}^{n}b_i^2}\leqslant\left(\sqrt{\frac{M_1M_2}{m_1m_2}}+\sqrt{\frac{m_1m_2}{M_1M_2}}\right)\sum_{i=1}^{n}a_ib_i$$

上式两边平方并变形.

1963年,Diaz和Metcalf证明了:

**Diaz-Metcalf不等式**　设$a_i\neq 0$和$b_i(i=1,2,\cdots,n)$为实数,且

$$m\leqslant\frac{b_i}{a_i}\leqslant M\quad(i=1,2,\cdots,n)\tag{27}$$

则有

$$\sum_{i=1}^{n} b_i^2 + mM\sum_{i=1}^{n} a_i^2 \leqslant (M+m)\sum_{i=1}^{n} a_i b_i \qquad (28)$$

其中当且仅当式(27)中 $n$ 个不等式的每一个至少有一边取等号时式(28)中等号才成立,即对每一个 $i$,或者 $b_i = ma_i$,或者 $b_i = Ma_i$.

**证明**　由式(27)知

$$\left(\frac{b_i}{a_i} - m\right)\left(M - \frac{b_i}{a_i}\right)a_i^2 \geqslant 0$$

令 $i=1,2,\cdots,n$,然后将此 $n$ 个不等式相加,得

$$\sum_{i=1}^{n}(b_i - ma_i)(Ma_i - b_i) \geqslant 0 \qquad (29)$$

即

$$\sum_{i=1}^{n}[b_i^2 - (M+m)a_i b_i + mMa_i^2] \leqslant 0$$

由此即得式(28).

特别的,在式(28)中令 $m=\frac{m_2}{M_1}$,$M=\frac{M_2}{m_1}$($m_1$,$m_2$,$M_1$,$M_2$ 表示的意义与邵剑波不等式相同),得

$$\left(\frac{M_2}{m_1} + \frac{m_2}{M_1}\right)\sum_{i=1}^{n} a_i b_i \leqslant \sum_{i=1}^{n} b_i^2 + \frac{m_2}{M_1}\cdot\frac{M_2}{m_1}\sum_{i=1}^{n} a_i^2$$

将此不等式与

$$\left[\left(\sum_{i=1}^{n} b_i^2\right)^{\frac{1}{2}} - \left(\frac{m_2}{M_1}\cdot\frac{M_2}{m_1}\sum_{i=1}^{n} a_i^2\right)^{\frac{1}{2}}\right]^2 \geqslant 0$$

相加并整理,得

$$\frac{\left(\sum_{i=1}^{n} a_i^2\right)\left(\sum_{i=1}^{n} b_i^2\right)}{\left(\sum_{i=1}^{n} a_i b_i\right)^2} \leqslant \frac{1}{4}\,\frac{M_1 m_1}{M_2 m_2}\left(\frac{M_1 M_2 + m_1 m_2}{M_1 m_1}\right)^2$$

由

$$\frac{1}{4}\left(\sqrt{\frac{M_1 M_2}{m_1 m_2}} + \sqrt{\frac{m_1 m_2}{M_1 M_2}}\right)^2 =$$

$$\frac{1}{4}\cdot\frac{M_1m_1}{M_2m_2}\left(\frac{M_1M_2+m_1m_2}{M_1m_1}\right)^2$$

故 Pólya-Szegö 不等式成立.

Specht 还证明了如下更一般的结论：

**Specht 不等式** 若记

$$M\,n^{[r]}(a,p)=\left(\sum_{k=1}^{n}p_ka_k^r\right)^{\frac{1}{r}}$$

其中 $\sum_{k=1}^{n}p_k=1$，则

$$\frac{Mn^{[s]}(a,p)}{Mn^{[r]}(a,p)}\leqslant\left(\frac{r}{q^r-1}\right)^{\frac{1}{s}}\left(\frac{q^s-1}{s}\right)^{\frac{1}{r}}\left(\frac{q^s-q^r}{s-r}\right)^{\frac{1}{s}-\frac{1}{r}}$$

这里 $0<m\leqslant a_k\leqslant M(k=1,2,\cdots,n)$，$q=\frac{M}{m}$，$s>r$，$sr\neq 0$. 对 $s=1$ 和 $r=-1$，Specht 不等式变为 Kantorovič 不等式.

1964 年，Goldman 从下面的 Goldman 不等式推出了 Specht 不等式.

**Goldman 不等式** 若 $sr<0$，则

$$(M^s-m^s)Mn^{[r]}(a,p)^r-(M^r-m^r)Mn^{[s]}(a,p)^s\leqslant M^sm^r-M^rm^s$$

对 $sr>0$，反向不等式成立.

1963 年 Rennie，1964 年 Marshall，Olkin 又分别证明了 Goldman 不等式.

当 $s=1$ 和 $r=1$ 时，Goldman 不等式变成：

**Rennie 不等式**

$$\sum_{k=1}^{n}p_ka_k+mM\sum_{k=1}^{n}\frac{p_k}{a_k}\leqslant m+M$$

1964 年，Metcalf 证明了 Rennie 不等式等价于 Diaz-Metcalf 不等式.

### 1.1.9　推广到复数和积分形式

1963 年,Diaz 和 Metcalf 证明了如下复数下的反向不等式:

**定理 2**　设 $a_k \neq 0$ 和 $b_k(k=1,2,\cdots,n)$ 是满足

$$m \leqslant \operatorname{Re}\frac{b_k}{a_k}+\operatorname{Im}\frac{b_k}{a_k} \leqslant M \quad (k=1,2,\cdots,n) \tag{30}$$

$$m \leqslant \operatorname{Re}\frac{b_k}{a_k}-\operatorname{Im}\frac{b_k}{a_k} \leqslant M \quad (k=1,2,\cdots,n) \tag{31}$$

的复数,则有

$$\sum_{k=1}^{n} |b_k|^2+mM\sum_{k=1}^{n} |a_k|^2 \leqslant (M+m)\operatorname{Re}\sum_{k=1}^{n} a_k\bar{b}_k \leqslant |M+m| \left|\sum_{k=1}^{n} a_k\bar{b}_k\right|$$

**定理 3**　设复数 $a_k \neq 0, b_k(k=1,2,\cdots,n)$,$m$ 和 $M$ 满足

$$\operatorname{Re} m+\operatorname{Im} m \leqslant \operatorname{Re}\frac{b_k}{a_k}+\operatorname{Im}\frac{b_k}{a_k} \leqslant \operatorname{Re} M+\operatorname{Im} M \quad (k=1,2,\cdots,n)$$

$$\operatorname{Re} m-\operatorname{Im} m \leqslant \operatorname{Re}\frac{b_k}{a_k}-\operatorname{Im}\frac{b_k}{a_k} \leqslant \operatorname{Re} M-\operatorname{Im} M \quad (k=1,2,\cdots,n)$$

则

$$\sum_{k=1}^{n} |b_k|^2+(\operatorname{Re}(m\overline{M}))\sum_{k=1}^{n} |a_k|^2 \leqslant \operatorname{Re}\left((M+m)\sum_{k=1}^{n} a_k\bar{b}_k\right) \leqslant |M+m| \left|\sum_{k=1}^{n} a_k\bar{b}_k\right|$$

反向不等式大多伴随着积分形式,下面我们列举几个.

**定理 4** 若函数 $x \mapsto f(x)$ 和 $x \mapsto \frac{1}{f(x)}$ 在 $[a,b]$ 上可积，并在 $[a,b]$ 上 $0 < m \leqslant f(x) \leqslant M$，则

$$\int_a^b f(x)\mathrm{d}x \int_a^b \frac{1}{f(x)}\mathrm{d}x \leqslant \frac{(M+m)^2}{4Mm}(b-a)^2$$

**定理 5** 设 $f$ 和 $g$ 是 $[a,b]$ 上的实值平方可积函数，假设对几乎处处的 $x \in [a,b]$，有

$$m \leqslant \frac{g(x)}{f(x)} \leqslant M, f(x) \neq 0$$

$$\int_a^b g(x)^2\mathrm{d}x + Mm\int_a^b f(x)^2\mathrm{d}x \leqslant$$

$$(M+m)\int_a^b f(x)g(x)\mathrm{d}x$$

**定理 6** 设函数 $x \mapsto f(x)^p$ 和 $x \mapsto g(x)^q$（其中 $\frac{1}{p}+\frac{1}{q}=1, p>1$）是 $[a,b]$ 上可积的正函数，并设在 $[a,b]$ 上，有

$$0 < m_1 \leqslant f(x) \leqslant M_1 < \infty$$

$$0 < m_2 \leqslant g(x) \leqslant M_2 < \infty$$

则

$$\left(\int_a^b f(x)^p\mathrm{d}x\right)^{\frac{1}{p}}\left(\int_a^b g(x)^q\mathrm{d}x\right)^{\frac{1}{q}} \leqslant$$

$$C_p\int_a^b f(x)g(x)\mathrm{d}x$$

这里

$C_p =$

$$\frac{M_1^p M_2^q - m_1^p m_2^q}{(pm_2M_2(M_1M_2^{q-1}-m_1m_2^{q-1}))^{\frac{1}{p}}(qm_1M_1(M_2M_1^{p-1}-m_2m_1^{p-1}))^{\frac{1}{q}}}$$

**Nehari 不等式** 设 $f_1, f_2, \cdots, f_n$ 是实区间 $[a,b]$ 上的实值非负凹函数，若 $p_k > 0(k=1,2,\cdots,n)$ 和

$p_1^{-1}+p_2^{-1}+\cdots+p_n^{-1}=1$,则

$$\prod_{k=1}^{n}\left(\int_a^b f_k(x)^{p_k}\mathrm{d}x\right)^{p_k^{-1}}\leqslant C_n\int_a^b\left(\prod_{k=1}^{n}f_k(x)\right)\mathrm{d}x$$

这里
$$C_n=\frac{(n+1)!}{\left(\left[\frac{n}{2}\right]!\right)^2\prod_{k=1}^{n}(p_k+1)^{\frac{1}{p_k}}}$$

其中等号成立,当且仅当对于 $\left[\frac{n}{2}\right]$ 个下标 $k$, $f_k(x)=x$;对于其他下标 $k$, $f_k(x)=1-x$.

设 $f:(0,\infty)\to[0,1]$ 为单调减函数,满足 $I(f)=\int_0^\infty f(x)\mathrm{d}x$ 收敛,以 $M$ 表示这类函数的集,由 $f,g\in M$,数性积 $(f,g)=I(fg)$ 收敛,Cauchy-Schwarz 不等式以及 $0\leqslant f(x)\leqslant 1$,推知

$$(f,g)\leqslant\min\{I(f),I(g),(f,f)^{\frac{1}{2}},(g,g)^{\frac{1}{2}}\}\quad(f,g\in M)$$

1977 年,Zagier 得到了反向不等式

$$(f,g)\geqslant\frac{(f,f)(g,g)}{\max\{I(f),I(g)\}}\quad(f,g\in M)$$

1995 年第 10 期《美国数学月刊》发表了一个更为一般的结果

$$(f,g)\geqslant\frac{(f,F)(g,G)}{\max\{I(F),I(G)\}}$$

其中 $f$ 与 $g$ 为$[0,\infty)$上非负单调减函数. 对任何可积函数(不必单调),函数 $F,G$ 为任何可积函数(不必单调)$(0,\infty)\to[0,1]$.

这个不等式在经济学中用于已知两部分人的各自数量、平均收入及各自的 Gini 系数,要估计总体的 Gini 系数.

此外在 Hilbert 空间、Banach 空间还有许多推广,

已超出我们考虑的范围，不一一介绍.

关于 Kantorovič 不等式的一些有趣的推广可参见 1969 年 Beck 发表在 *Monatsh. Math.* (73，289 ～ 308) 上的文章.

## 1.2 Kantorovič 不等式的矩阵形式

在前面，我们证明了如下的 Kantorovič 不等式

$$\frac{\boldsymbol{x}^*\boldsymbol{A}\boldsymbol{x}\boldsymbol{x}^*\boldsymbol{A}^{-1}\boldsymbol{x}}{(\boldsymbol{x}^*\boldsymbol{x})^2}\leqslant\frac{(\lambda_1+\lambda_n)^2}{4\lambda_1\lambda_n}$$

其中 $\boldsymbol{A}$ 为 $n\times n$ 正定 Hermite 阵，$\lambda_1$ 和 $\lambda_n$ 分别为 $\boldsymbol{A}$ 的最大和最小特征值. 若 $\boldsymbol{x}^*\boldsymbol{x}=1$，则上面的不等式可以改写为

$$\boldsymbol{x}^*\boldsymbol{A}^{-1}\boldsymbol{x}\leqslant\frac{(\lambda_1+\lambda_n)^2}{4\lambda_1\lambda_n}(\boldsymbol{x}^*\boldsymbol{A}\boldsymbol{x})^{-1}$$

Marshall 和 Olkin(1990) 把这个不等式推广到 $\boldsymbol{x}$ 为矩阵的情形. 为了证明他们的结果，我们需要如下引理.

**引理 1** 设 $a>0$，则对任意的 $x\in[a,b]$，总有

$$\frac{1}{x}\leqslant\frac{a+b}{ab}-\frac{x}{ab}\tag{1}$$

**证明** 因为函数 $f(x)=x^{-1}$ 是 $[a,b]$ 上的凸函数，所以对任意的 $\alpha\in[0,1]$，有

$$f(\alpha a+(1-\alpha)b)\leqslant\alpha f(a)+(1-\alpha)f(b)$$

即

$$\frac{1}{\alpha a+(1-\alpha)b}\leqslant\frac{\alpha}{a}+\frac{1-\alpha}{b}\tag{2}$$

注意到，对任意 $x\in[a,b]$，总存在 $\alpha\in[0,1]$，将 $x$ 表为 $x=\alpha a+(1-\alpha)b$，由此解得

$$\alpha = \frac{x-b}{a-b}$$

代入式(2) 的右边，整理便得到式(1) 的右边. 证毕.

**定理 1**　设 $\boldsymbol{A}$ 为 $n\times n$ 正定 Hermite 阵，$\boldsymbol{X}$ 为 $n\times t$ 矩阵，满足 $\boldsymbol{X}^*\boldsymbol{X}=\boldsymbol{I}_t$，则

$$\boldsymbol{X}^*\boldsymbol{A}^{-1}\boldsymbol{X} \leqslant \frac{(\lambda_1+\lambda_n)^2}{4\lambda_1\lambda_n}(\boldsymbol{X}^*\boldsymbol{A}\boldsymbol{X})^{-1} \tag{3}$$

其中 $\lambda_1$ 和 $\lambda_n$ 分别为 $\boldsymbol{A}$ 的最大和最小特征值.

**证明**　将 $\boldsymbol{A}$ 分解为 $\boldsymbol{A}=\boldsymbol{U}\boldsymbol{\Lambda}\boldsymbol{U}^*$，这里 $\boldsymbol{U}$ 为 $n\times n$ 酉阵，$\boldsymbol{\Lambda}=\mathrm{diag}(\lambda_1,\lambda_2,\cdots,\lambda_n)$，$\lambda_1\geqslant\lambda_2\geqslant\cdots\geqslant\lambda_n>0$. 应用引理 1 得

$$\frac{1}{\lambda_i}\leqslant\frac{\lambda_1+\lambda_n}{\lambda_1\lambda_n}-\frac{\lambda_i}{\lambda_1\lambda_n}\quad (i=1,2,\cdots,n)$$

于是
$$\boldsymbol{\Lambda}^{-1}\leqslant\frac{\lambda_1+\lambda_n}{\lambda_1\lambda_n}\boldsymbol{I}_n-\frac{1}{\lambda_1\lambda_n}\boldsymbol{\Lambda}$$

用 $\boldsymbol{X}^*\boldsymbol{U}$ 和 $\boldsymbol{U}^*\boldsymbol{X}$ 分别左乘和右乘上式两边，我们得到

$$\boldsymbol{X}^*\boldsymbol{A}^{-1}\boldsymbol{X}\leqslant\frac{\lambda_1+\lambda_n}{\lambda_1\lambda_n}\boldsymbol{I}_n-\frac{1}{\lambda_1\lambda_n}\boldsymbol{X}^*\boldsymbol{A}\boldsymbol{X}$$

上式右边可以改写为

$$\frac{(\lambda_1+\lambda_n)^2}{4\lambda_1\lambda_n}(\boldsymbol{X}^*\boldsymbol{A}\boldsymbol{X})^{-1}-\frac{1}{\lambda_1\lambda_n}\cdot$$
$$\left[\frac{(\lambda_1+\lambda_n)^2}{4}(\boldsymbol{X}^*\boldsymbol{A}\boldsymbol{X})^{-1}-(\lambda_1+\lambda_n)\boldsymbol{I}_n+\boldsymbol{X}^*\boldsymbol{A}\boldsymbol{X}\right]=$$
$$\frac{(\lambda_1+\lambda_n)^2}{4\lambda_1\lambda_n}(\boldsymbol{X}^*\boldsymbol{A}\boldsymbol{X})^{-1}-\frac{1}{\lambda_1\lambda_n}\cdot$$
$$\left(\frac{\lambda_1+\lambda_n}{2}(\boldsymbol{X}^*\boldsymbol{A}\boldsymbol{X})^{-\frac{1}{2}}-(\boldsymbol{X}^*\boldsymbol{A}\boldsymbol{X})^{\frac{1}{2}}\right)^2\leqslant$$
$$\frac{(\lambda_1+\lambda_n)^2}{4\lambda_1\lambda_n}(\boldsymbol{X}^*\boldsymbol{A}\boldsymbol{X})^{-1}$$

证毕.

在上面的定理中，$\boldsymbol{X}$ 的列向量是任意 $t$ 个标准正交化向量. 如果我们对它们加上一些约束条件，那么不等式(3) 还可以改进，也就是说，我们能够用更小的因子代替 $\frac{(\lambda_1+\lambda_n)^2}{4\lambda_1\lambda_n}$. 这就是下面的定理 2，它是由邵军等人证明的.

**定理 2** 设 $\lambda_1 \geqslant \lambda_2 \geqslant \cdots \geqslant \lambda_n$ 为 $n \times n$ 实对称正定阵 $\boldsymbol{A}$ 的特征值，$\boldsymbol{\varphi}_1, \boldsymbol{\varphi}_2, \cdots, \boldsymbol{\varphi}_n$ 为对应的标准正交化特征向量，$\boldsymbol{X}$ 为 $n \times t$ 矩阵，满足 $\boldsymbol{X}^{\mathrm{T}}\boldsymbol{X}=\boldsymbol{I}_t$. 若存在 $1 \leqslant i_1 < i_2 < \cdots < i_k \leqslant n$，使得 $\mathscr{M}(\boldsymbol{X}) \subseteq \mathscr{M}(\boldsymbol{\varphi}_{i_1}, \boldsymbol{\varphi}_{i_2}, \cdots, \boldsymbol{\varphi}_{i_k})$，则

$$\boldsymbol{X}^{\mathrm{T}}\boldsymbol{A}^{-1}\boldsymbol{X} \leqslant \frac{(\lambda_{i_1}+\lambda_{i_k})^2}{4\lambda_{i_1}\lambda_{i_k}}(\boldsymbol{X}^{\mathrm{T}}\boldsymbol{A}\boldsymbol{X})^{-1} \tag{4}$$

将作为一个更一般定理的推论而导出. 因为这个更一般定理的证明需要使用线性模型参数估计相对效率的概念，所以我们留在以后来讨论.

**注** 对任意 $1 \leqslant i_1 < i_2 < \cdots < i_k \leqslant n$，容易验证

$$\frac{(\lambda_{i_1}+\lambda_{i_k})^2}{4\lambda_{i_1}\lambda_{i_k}} \leqslant \frac{(\lambda_1+\lambda_n)^2}{4\lambda_1\lambda_n} \tag{5}$$

所以，式(4) 是对式(3) 的一个改进. 但需说明，这个改进仅在条件 $\mathscr{M}(\boldsymbol{X}) \subseteq \mathscr{M}(\boldsymbol{\varphi}_{i_1}, \boldsymbol{\varphi}_{i_2}, \cdots, \boldsymbol{\varphi}_{i_k})$ 成立时才成立.

### 1.2.1 亚正定矩阵及 Kantorovič 不等式

中南工业大学数学系彭秀平教授 1999 年给出了 Kantorovič 不等式在亚正定概念下的推广及改进形式.

设 $\boldsymbol{A}$ 为 $n$ 阶实对称亚正定矩阵，其特征值为 $\lambda_i$ $(i=1,2,\cdots,n)$ 且 $0<\lambda_1 \leqslant \lambda_2 \leqslant \cdots \leqslant \lambda_n$，则对任一 $n$ 元非零实向量 $\boldsymbol{x}=(x_1, x_2, \cdots, x_n)$ 有

$$\frac{(\boldsymbol{xAx}^{\mathrm{T}})(\boldsymbol{xA}^{-1}\boldsymbol{x}^{\mathrm{T}})}{(\boldsymbol{xx}^{\mathrm{T}})^2} \leqslant \frac{(\lambda_1+\lambda_n)^2}{4\lambda_1\lambda_n} \tag{6}$$

此即Kantorovič不等式. 显然,当$\boldsymbol{A}$为Hermite正定矩阵及$\boldsymbol{x}$为任何非零复向量时,类似可有

$$\frac{(\boldsymbol{xAx}^{*})(\boldsymbol{xA}^{-1}\boldsymbol{x}^{*})}{(\boldsymbol{xx}^{*})^2} \leqslant \frac{(\lambda_1+\lambda_n)^2}{4\lambda_1\lambda_n} \tag{7}$$

本小节拟给出(6)及(7)在亚正定概念下的推广及改进形式,并约定:

det $\boldsymbol{A}$表示矩阵$\boldsymbol{A}$的行列式,$|a|$表示复数$a$的模,$\boldsymbol{A}^*$表示复矩阵$\boldsymbol{A}$的共轭转置阵,$\mathbf{R}^n$,$\mathbf{C}^n$分别表示$n$元实行向量集及复行向量集,$\mathbf{R}^{n\times n}$,$\mathbf{C}^{n\times n}$分别表示$n$阶实方阵集及$n$阶复方阵集.

首先介绍一下实矩阵中的结论.

**定义1**　设$\boldsymbol{A}\in\mathbf{R}^{n\times n}$(不一定对称),若对于任何$\mathbf{0}\neq\boldsymbol{x}\in\mathbf{R}^n$,恒有$\boldsymbol{xAx}^{\mathrm{T}}>0$,则称$\boldsymbol{A}$为亚正定矩阵.

**引理2**　设$\boldsymbol{A}\in\mathbf{R}^{n\times n}$,则$\boldsymbol{A}$为亚正定阵的充要条件是$\dfrac{\boldsymbol{A}+\boldsymbol{A}^{\mathrm{T}}}{2}$是实对称正定阵.

**引理3**　设$\boldsymbol{A}\in\mathbf{R}^{n\times n}$,则$\boldsymbol{A}$为亚正定阵的充要条件是,存在非异实方阵$\boldsymbol{P}$,使

$$\boldsymbol{A}=\boldsymbol{P}\mathrm{diag}(\boldsymbol{A}_1,\boldsymbol{A}_2,\cdots,\boldsymbol{A}_s,\underbrace{1,\cdots,1}_{n-2s\text{个}})\boldsymbol{P}^{\mathrm{T}} \tag{8}$$

其中$\boldsymbol{A}_i=\begin{pmatrix}1 & a_i\\ -a_i & 1\end{pmatrix}$$(i=1,2,\cdots,n;2s\leqslant n)$为二阶实方阵.

**引理4**　设$\boldsymbol{A}\in\mathbf{R}^{n\times n}$,若$\boldsymbol{A}$为亚正定阵,则$\boldsymbol{A}$非异且$\boldsymbol{A}^{-1}$也为亚正定阵.

**定理3**　若$\boldsymbol{A}$为亚正定阵,则对任何$\mathbf{0}\neq\boldsymbol{x}\in\mathbf{R}^n$,恒有

$$\frac{\lambda_1\lambda_2\cdots\lambda_n}{\det \boldsymbol{A}}\boldsymbol{x}\left(\frac{\boldsymbol{A}+\boldsymbol{A}^{\mathrm{T}}}{2}\right)^{-1}\boldsymbol{x}^{\mathrm{T}} \leqslant \boldsymbol{x}\,\frac{\boldsymbol{A}^{-1}+(\boldsymbol{A}^{-1})^{\mathrm{T}}}{2}\boldsymbol{x}^{\mathrm{T}} \leqslant \boldsymbol{x}\left(\frac{\boldsymbol{A}+\boldsymbol{A}^{\mathrm{T}}}{2}\right)^{-1}\boldsymbol{x}^{\mathrm{T}} \quad (9)$$

其中 $\lambda_1,\lambda_2,\cdots,\lambda_n$ 为对称矩阵$\frac{\boldsymbol{A}+\boldsymbol{A}^{\mathrm{T}}}{2}$的特征值.

**证明** 因为 $\boldsymbol{A}$ 为亚正定阵,由引理 3 知有非异矩阵 $\boldsymbol{P}$,使 $\boldsymbol{A}$ 可表示为(8)的形式,从而

$$\boldsymbol{A}^{\mathrm{T}}=\boldsymbol{P}\mathrm{diag}(\boldsymbol{A}_1^{\mathrm{T}},\boldsymbol{A}_2^{\mathrm{T}},\cdots,\boldsymbol{A}_s^{\mathrm{T}})\boldsymbol{P}^{\mathrm{T}}$$

$$\boldsymbol{A}^{-1}=(\boldsymbol{P}^{-1})^{\mathrm{T}}\mathrm{diag}\left(\frac{\boldsymbol{A}_1^{\mathrm{T}}}{1+a_1^2},\frac{\boldsymbol{A}_2^{\mathrm{T}}}{1+a_2^2},\cdots,\frac{\boldsymbol{A}_s^{\mathrm{T}}}{1+a_s^2},1,\cdots,1\right)\boldsymbol{P}^{-1}$$

所以

$$\frac{\boldsymbol{A}+\boldsymbol{A}^{\mathrm{T}}}{2}=\boldsymbol{P}\boldsymbol{P}^{\mathrm{T}}$$

$$\left(\frac{\boldsymbol{A}+\boldsymbol{A}^{\mathrm{T}}}{2}\right)^{-1}=(\boldsymbol{P}^{-1})^{\mathrm{T}}\boldsymbol{P}^{-1}$$

$$\frac{\boldsymbol{A}^{-1}+(\boldsymbol{A}^{-1})^{\mathrm{T}}}{2}=$$

$$(\boldsymbol{P}^{-1})^{\mathrm{T}}\mathrm{diag}\left(\frac{\boldsymbol{I}_2}{1+a_1^2},\frac{\boldsymbol{I}_2}{1+a_2^2},\cdots,\frac{\boldsymbol{I}_2}{1+a_s^2},1,\cdots,1\right)\boldsymbol{P}^{-1}$$

令 $\boldsymbol{x}(\boldsymbol{P}^{-1})^{\mathrm{T}}=\boldsymbol{y}$,则 $\boldsymbol{0}\neq\boldsymbol{y}\in\mathbf{R}^n$,且

$$\boldsymbol{x}\,\frac{\boldsymbol{A}^{-1}+(\boldsymbol{A}^{-1})^{\mathrm{T}}}{2}\boldsymbol{x}^{\mathrm{T}}=$$

$$\boldsymbol{y}\mathrm{diag}\left(\frac{\boldsymbol{I}_2}{1+a_1^2},\frac{\boldsymbol{I}_2}{1+a_2^2},\cdots,\frac{\boldsymbol{I}_2}{1+a_s^2},1,\cdots,1\right)\boldsymbol{y}^{\mathrm{T}}=$$

$$\sum_{i=1}^{s}\frac{y_{2i-1}^2+y_{2i}^2}{1+a_i^2}+\sum_{i=2s+1}^{n}y_i^2\leqslant\sum_{i=1}^{n}y_i^2=$$

$$\boldsymbol{y}\boldsymbol{y}^{\mathrm{T}}=\boldsymbol{x}(\boldsymbol{P}^{-1})^{\mathrm{T}}\boldsymbol{P}^{-1}\boldsymbol{x}^{\mathrm{T}}=\boldsymbol{x}\left(\frac{\boldsymbol{A}+\boldsymbol{A}^{\mathrm{T}}}{2}\right)^{-1}\boldsymbol{x}^{\mathrm{T}}$$

即式(9)中右端不等式成立.

再由式(8)知

$$\det \boldsymbol{A}=(\det \boldsymbol{P})^2\prod_{i=1}^{s}(1+a_i^2)$$

从而
$$\prod_{i=1}^{s}(1+a_i^2)=\frac{\det \boldsymbol{A}}{(\det \boldsymbol{P})^2}$$

所以

$$\boldsymbol{x}\frac{\boldsymbol{A}^{-1}+(\boldsymbol{A}^{-1})^{\mathrm{T}}}{2}\boldsymbol{x}^{\mathrm{T}}=$$

$$\sum_{i=1}^{s}\frac{y_{2i-1}^2+y_{2i}^2}{1+a_i^2}+\sum_{i=2s+1}^{n}y_i^2=$$

$$\frac{1}{\prod_{i=1}^{s}(1+a_i^2)}\left[\sum_{j=1}^{s}(y_{2j-1}^2+y_{2j}^2)\frac{\prod_{i=1}^{s}(1+a_i^2)}{1+a_j^2}+\right.$$

$$\left.\sum_{j=2s+1}^{n}y_j^2\prod_{i=1}^{s}(1+a_i^2)\right]\geqslant$$

$$\frac{1}{\prod_{i=1}^{s}(1+a_i^2)}\sum_{i=1}^{n}y_j^2=\frac{(\det \boldsymbol{P})^2}{\det \boldsymbol{A}}\sum_{i=1}^{n}y_j^2$$

而 $(\det \boldsymbol{P})^2=\det(\boldsymbol{P}\boldsymbol{P}^{\mathrm{T}})=\det\frac{\boldsymbol{A}+\boldsymbol{A}^{\mathrm{T}}}{2}=\lambda_1\lambda_2\cdots\lambda_n$

$$\sum_{j=1}^{n}y_j^2=\boldsymbol{x}\left(\frac{\boldsymbol{A}+\boldsymbol{A}^{\mathrm{T}}}{2}\right)^{-1}\boldsymbol{x}^{\mathrm{T}}$$

所以式(9)的左边不等式成立.

**定理 4**　若 $\boldsymbol{A}$ 为亚正定矩阵,则对任何 $\boldsymbol{0}\neq\boldsymbol{x}\in\mathbf{R}^n$,恒有

$$\frac{\lambda_1\lambda_2\cdots\lambda_n}{\det \boldsymbol{A}}\leqslant\frac{(\boldsymbol{x}\boldsymbol{A}\boldsymbol{x}^{\mathrm{T}})(\boldsymbol{x}\boldsymbol{A}^{-1}\boldsymbol{x}^{\mathrm{T}})}{(\boldsymbol{x}\boldsymbol{x}^{\mathrm{T}})^2}\leqslant\frac{(\lambda_1+\lambda_n)^2}{4\lambda_1\lambda_n}\quad(10)$$

这里 $\lambda_i(i=1,2,\cdots,n)$ 的意义同定理 3,且 $0<\lambda_1\leqslant\lambda_2\leqslant\cdots\leqslant\lambda_n$.

**证明** 易知，对任何 $\boldsymbol{x} \in \mathbf{R}^n$，总有

$$\boldsymbol{x}\boldsymbol{A}\boldsymbol{x}^{\mathrm{T}} = \boldsymbol{x}\,\frac{\boldsymbol{A}+\boldsymbol{A}^{\mathrm{T}}}{2}\,\boldsymbol{x}^{\mathrm{T}},\ \boldsymbol{x}\boldsymbol{A}^{-1}\boldsymbol{x}^{\mathrm{T}} = \boldsymbol{x}\,\frac{\boldsymbol{A}^{-1}+(\boldsymbol{A}^{-1})^{\mathrm{T}}}{2}\,\boldsymbol{x}^{\mathrm{T}}$$

所以，当 $\boldsymbol{x} \neq \mathbf{0}$ 时

$$\frac{(\boldsymbol{x}\boldsymbol{A}\boldsymbol{x}^{\mathrm{T}})(\boldsymbol{x}\boldsymbol{A}^{-1}\boldsymbol{x}^{\mathrm{T}})}{(\boldsymbol{x}\boldsymbol{x}^{\mathrm{T}})^2} = \frac{\left(\boldsymbol{x}\,\frac{\boldsymbol{A}+\boldsymbol{A}^{\mathrm{T}}}{2}\,\boldsymbol{x}^{\mathrm{T}}\right)\left[\boldsymbol{x}\,\frac{\boldsymbol{A}^{-1}+(\boldsymbol{A}^{-1})^{\mathrm{T}}}{2}\,\boldsymbol{x}^{\mathrm{T}}\right]}{(\boldsymbol{x}\boldsymbol{x}^{\mathrm{T}})^2}$$

从而由引理 2、定理 3 及(6) 知

$$\frac{(\boldsymbol{x}\boldsymbol{A}\boldsymbol{x}^{\mathrm{T}})(\boldsymbol{x}\boldsymbol{A}^{-1}\boldsymbol{x}^{\mathrm{T}})}{(\boldsymbol{x}\boldsymbol{x}^{\mathrm{T}})^2} = \frac{\left(\boldsymbol{x}\,\frac{\boldsymbol{A}+\boldsymbol{A}^{\mathrm{T}}}{2}\,\boldsymbol{x}^{\mathrm{T}}\right)\left[\boldsymbol{x}\left(\frac{\boldsymbol{A}+\boldsymbol{A}^{\mathrm{T}}}{2}\right)^{-1}\boldsymbol{x}^{\mathrm{T}}\right]}{(\boldsymbol{x}\boldsymbol{x}^{\mathrm{T}})^2} \leqslant \frac{(\lambda_1+\lambda_n)^2}{4\lambda_1\lambda_n} \tag{11}$$

且

$$\frac{(\boldsymbol{x}\boldsymbol{A}\boldsymbol{x}^{\mathrm{T}})(\boldsymbol{x}\boldsymbol{A}^{-1}\boldsymbol{x}^{\mathrm{T}})}{(\boldsymbol{x}\boldsymbol{x}^{\mathrm{T}})^2} \geqslant \frac{\lambda_1\lambda_2\cdots\lambda_n}{\det \boldsymbol{A}}\,\frac{\left(\boldsymbol{x}\,\frac{\boldsymbol{A}+\boldsymbol{A}^{\mathrm{T}}}{2}\,\boldsymbol{x}^{\mathrm{T}}\right)\left[\boldsymbol{x}\left(\frac{\boldsymbol{A}+\boldsymbol{A}^{\mathrm{T}}}{2}\right)^{-1}\boldsymbol{x}^{\mathrm{T}}\right]}{(\boldsymbol{x}\boldsymbol{x}^{\mathrm{T}})^2}$$

由于$\frac{\boldsymbol{A}+\boldsymbol{A}^{\mathrm{T}}}{2}$为实对称正定矩阵，故有正交矩阵 $\boldsymbol{U}$，使

$$\frac{\boldsymbol{A}+\boldsymbol{A}^{\mathrm{T}}}{2} = \boldsymbol{U}\mathrm{diag}\,\boldsymbol{U}(\lambda_1,\lambda_2,\cdots,\lambda_n)\boldsymbol{U}^{\mathrm{T}}$$

$$\left(\frac{\boldsymbol{A}+\boldsymbol{A}^{\mathrm{T}}}{2}\right)^{-1} = \boldsymbol{U}\mathrm{diag}\,\boldsymbol{U}(\lambda_1^{-1},\lambda_2^{-1},\cdots,\lambda_n^{-1})\boldsymbol{U}^{\mathrm{T}}$$

令

$$\boldsymbol{x}\boldsymbol{U} = \boldsymbol{y} = (y_1,y_2,\cdots,y_n),\ b_i = \frac{y_i^2}{\boldsymbol{y}\boldsymbol{y}^{\mathrm{T}}}\quad (i=1,2,\cdots,n)$$

则 $b_i\geqslant 0$ 且 $\sum\limits_{i=1}^{n}b_i=1$. 由加权算术一几何平均不等式知

$$\frac{\left(x\frac{A+A^{\mathrm{T}}}{2}x^{\mathrm{T}}\right)\left[x\left(\frac{A+A^{\mathrm{T}}}{2}\right)^{-1}x^{\mathrm{T}}\right]}{(xx^{\mathrm{T}})^2}=$$

$$\frac{\sum\limits_{i=1}^{n}y_i^2\lambda_i\sum\limits_{i=1}^{n}y_i^2\lambda_i^{-1}}{(yy^{\mathrm{T}})^2}=\sum_{i=1}^{n}b_i\lambda_i\sum_{i=1}^{n}b_i\lambda_i^{-1}=$$

$$\prod_{i=1}^{n}\lambda_i^{b_i}\prod_{i=1}^{n}\lambda_i^{-b_i}=\prod_{i=1}^{n}\lambda_i^{b_i-b_i}=1$$

所以

$$\frac{(xAx^{\mathrm{T}})(xA^{-1}x^{\mathrm{T}})}{(xx^{\mathrm{T}})^2}=\frac{\lambda_1\lambda_2\cdots\lambda_n}{\det A} \tag{12}$$

综合(11)(12)知(10)成立.

下面介绍一下复矩阵中的结论.

**定义2** 设 $A\in\mathbf{C}^{n\times n}$,若对于任何 $0\neq x\in\mathbf{C}^n$,总有 $\mathrm{Re}(xAx^*)>0$,则称 $A$ 为复亚正定矩阵.

**引理5** 当 $A\in\mathbf{C}^{n\times n}$ 时,对于任何 $x\in\mathbf{C}^n$,总有

$$\mathrm{Re}(xAx^*)=x\frac{A+A^*}{2}x^*$$

从而 $A$ 为复亚正定矩阵的充要条件是 $\frac{A+A^*}{2}$ 为 Hermite 正定矩阵.

**引理6** $A\in\mathbf{C}^{n\times n}$ 为复亚正定矩阵的充要条件是存在非异复方阵 $P$ 及实数 $\alpha_1,\alpha_2,\cdots,\alpha_n$,使

$$A=P\mathrm{diag}(1+\mathrm{i}\alpha_1,1+\mathrm{i}\alpha_2,\cdots,1+\mathrm{i}\alpha_n)P^* \tag{13}$$

其中 i 为虚数单位.

**定理5** 设 $A$ 为复亚正定矩阵,则对任何 $0\neq x\in\mathbf{C}^n$,恒有

$$\frac{(\lambda_1\lambda_2\cdots\lambda_n)^2}{|\det \boldsymbol{A}|^2}\boldsymbol{x}\left(\frac{\boldsymbol{A}+\boldsymbol{A}^*}{2}\right)^{-1}\boldsymbol{x}^* \leqslant$$

$$\boldsymbol{x}\frac{\boldsymbol{A}^{-1}+(\boldsymbol{A}^{-1})^*}{2}\boldsymbol{x}^* \leqslant$$

$$\boldsymbol{x}\left(\frac{\boldsymbol{A}+\boldsymbol{A}^*}{2}\right)^{-1}\boldsymbol{x}^* \qquad (14)$$

其中 $\lambda_1,\lambda_2,\cdots,\lambda_n$ 为 $\frac{\boldsymbol{A}+\boldsymbol{A}^*}{2}$ 的特征值.

**证明**　$\boldsymbol{A}$ 为复亚正定矩阵,由引理 6 知,有非异复矩阵 $\boldsymbol{P}$,使 $\boldsymbol{A}$ 可表示为(13) 的形式,则

$$\boldsymbol{A}^* = \boldsymbol{P}\mathrm{diag}(1-\mathrm{i}\alpha_1, 1-\mathrm{i}\alpha_2,\cdots,1-\mathrm{i}\alpha_n)\boldsymbol{P}^*$$

$$\boldsymbol{A}^{-1} = (\boldsymbol{P}^{-1})^*\,\mathrm{diag}\left(\frac{1-\mathrm{i}\alpha_1}{1+\alpha_1^2},\frac{1-\mathrm{i}\alpha_2}{1+\alpha_2^2},\cdots,\frac{1-\mathrm{i}\alpha_n}{1+\alpha_n^2}\right)\boldsymbol{P}^{-1}$$

$$(\boldsymbol{A}^{-1})^* = (\boldsymbol{P}^{-1})^*\,\mathrm{diag}\left(\frac{1+\mathrm{i}\alpha_1}{1+\alpha_1^2},\frac{1+\mathrm{i}\alpha_2}{1+\alpha_2^2},\cdots,\frac{1+\mathrm{i}\alpha_n}{1+\alpha_n^2}\right)\boldsymbol{P}^{-1}$$

仿定理 3 的证明方法,利用引理 5,6 并注意到

$$|\det \boldsymbol{A}|^2 = |\det \boldsymbol{P}\boldsymbol{P}^*|^2 \cdot \prod_{j=1}^{n}(1+\alpha_j^2)$$

及
$$\mathrm{Re}\,\det(\boldsymbol{P}\boldsymbol{P}^*) = \det\frac{\boldsymbol{A}+\boldsymbol{A}^*}{2} = \lambda_1\lambda_2\cdots\lambda_n$$

即可得(14).

**定理 6**　设 $\boldsymbol{A}$ 为复亚正定矩阵,则对任何 $\boldsymbol{0}\neq \boldsymbol{x}\in \mathbf{C}^n$,恒有

$$\frac{(\lambda_1\lambda_2\cdots\lambda_n)^2}{|\det \boldsymbol{A}|^2} \leqslant \frac{\mathrm{Re}(\boldsymbol{x}\boldsymbol{A}\boldsymbol{x}^*)\mathrm{Re}(\boldsymbol{x}\boldsymbol{A}^{-1}\boldsymbol{x}^*)}{(\boldsymbol{x}\boldsymbol{x}^*)^2} \leqslant \frac{(\lambda_1+\lambda_n)^2}{4\lambda_1\lambda_n} \qquad (15)$$

其中 $\lambda_1,\lambda_2,\cdots,\lambda_n$ 的意义同定理 5,且 $0<\lambda_1\leqslant\lambda_2\leqslant\cdots\leqslant\lambda_n$.

**证明**　利用引理 5、不等式(7)、定理 5 及加权平

均不等式,仿定理 4 的方法可证.

由定理 4 的证明过程易知,不等式(6) 可改进为

$$1 \leqslant \frac{(\boldsymbol{x}\boldsymbol{A}\boldsymbol{x}^{\mathrm{T}})(\boldsymbol{x}\boldsymbol{A}^{-1}\boldsymbol{x}^{\mathrm{T}})}{(\boldsymbol{x}\boldsymbol{x}^{\mathrm{T}})^2} \leqslant \frac{(\lambda_1+\lambda_n)^2}{4\lambda_1\lambda_n} \qquad (16)$$

但由定理 3 的证明过程中可见,式(10) 左端的

$$\frac{\lambda_1\lambda_2\cdots\lambda_n}{\det \boldsymbol{A}} \leqslant \frac{1}{\prod_{i=1}^{s}(1+a_i^2)} \leqslant 1$$

等号仅当 $\det \boldsymbol{A}=\lambda_1+\lambda_2+\cdots+\lambda_n$,即 $\boldsymbol{A}$ 为对称正定矩阵时成立.

能否将(10) 进一步改进成(16) 的形式? 答案是否定的. 事实上,设 $\boldsymbol{A}=\begin{pmatrix}2 & 3\\ 0 & 2\end{pmatrix}$,易知 $\boldsymbol{A}$ 为二阶实亚正定矩阵,$\boldsymbol{A}^{-1}=\begin{pmatrix}\frac{1}{2} & -\frac{3}{4}\\ 0 & \frac{1}{2}\end{pmatrix}$. 取 $\boldsymbol{x}=(1,1)$,不难算出

$$\frac{(\boldsymbol{x}\boldsymbol{A}\boldsymbol{x}^{\mathrm{T}})(\boldsymbol{x}\boldsymbol{A}^{-1}\boldsymbol{x}^{\mathrm{T}})}{(\boldsymbol{x}\boldsymbol{x}^{\mathrm{T}})^2} = \frac{7}{16} < 1$$

这说明(10) 不可能强化成(16) 的形式. 同样(15) 的左端也不能强化为 1.

### 1.2.2 关于实亚正定阵的 Cauchy-Schwarz 不等式和 Wielandt 不等式

江苏技术师范学院(今江苏理工学院) 基础部的刘建忠教授 2009 年研究了实亚正定阵的 Cauchy-Schwarz 不等式和 Wielandt 不等式的矩阵形式. 利用矩阵 Schur 补的方法,获得了正定矩阵的相关结果,并且推广到实亚正定阵的情形.

文献[1]给出了一般化的矩阵正定概念，文献[2，3]称之为亚正定阵，近年来文献中对亚正定理论已有许多讨论，得到了许多较深入的结果. 本小节在 $n$ 阶实方阵集合上很自然地引进亚正定意义下的预序关系，利用 Schur 补的方法得到了在此预序关系下关于实亚正定阵的 Cauchy-Schwarz 不等式和 Wielandt 不等式的矩阵形式. 当相关矩阵为实对称正定阵时，由本小节的结果可导出文献[4，5]中的结论，因此本小节的结果是文献[4，5]中相关结论的进一步推广.

实亚正定、亚半正定阵的定义可参见文献[2，3]. 以下用 $\boldsymbol{A}^{\mathrm{T}}$ 表示 $\boldsymbol{A}$ 的转置，$MR(n)$ 表示 $n$ 阶实方阵所成的集合；$PR^{+}(n)$，$PR_{0}^{+}(n)$ 分别表示 $n$ 阶实对称正定阵，$n$ 阶实对称半正定阵所成的集合；$SR^{+}(n)$，$SR_{0}^{+}(n)$ 分别表示 $n$ 阶实亚正定阵，$n$ 阶实亚半正定阵所成的集合. 本小节多处用到以下简单事实：若 $\boldsymbol{A}\in MR(n)$，$\boldsymbol{x}\in\mathbf{R}^{n}$，则 $\boldsymbol{x}^{\mathrm{T}}\boldsymbol{A}\boldsymbol{x}=\boldsymbol{x}^{\mathrm{T}}\boldsymbol{A}^{\mathrm{T}}\boldsymbol{x}$.

任给 $\boldsymbol{A},\boldsymbol{B}\in MR(n)$，用 $\boldsymbol{A}\geqslant\boldsymbol{B}$，$\boldsymbol{A}>\boldsymbol{B}$ 分别表示 $\boldsymbol{A}-\boldsymbol{B}\in PR_{0}^{+}(n)$，$\boldsymbol{A}-\boldsymbol{B}\in PR^{+}(n)$；$\boldsymbol{A}\succeq\boldsymbol{B}$，$\boldsymbol{A}\succ\boldsymbol{B}$ 分别表示 $\boldsymbol{A}-\boldsymbol{B}\in SR_{0}^{+}(n)$，$\boldsymbol{A}-\boldsymbol{B}\in SR^{+}(n)$. 显然关系“$\geqslant$”具有自反性、反对称性、传递性，因此为 $MR(n)$ 上的偏序关系；“$\succeq$”具有自反性、传递性，因此为 $MR(n)$ 上的预序关系. 特别的，$\boldsymbol{A}\succeq\boldsymbol{0}$，$\boldsymbol{A}\succ\boldsymbol{0}$ 分别表示 $\boldsymbol{A}\in SR_{0}^{+}(n)$，$\boldsymbol{A}\in SR^{+}(n)$.

显然关系“$\succeq$”具有以下性质：

(1) $\boldsymbol{A}\succeq\boldsymbol{B}$ 的充要条件是 $\boldsymbol{A}+\boldsymbol{A}^{\mathrm{T}}\geqslant\boldsymbol{B}+\boldsymbol{B}^{\mathrm{T}}$.

(2) 若 $\boldsymbol{A}\succeq\boldsymbol{B}$，则对任一 $n\times k$ 实矩阵 $\boldsymbol{P}$，$\boldsymbol{P}^{\mathrm{T}}\boldsymbol{A}\boldsymbol{P}\succeq\boldsymbol{P}^{\mathrm{T}}\boldsymbol{B}\boldsymbol{P}$.

(3) 当 $\boldsymbol{A}-\boldsymbol{B}$ 为对称阵时，$\boldsymbol{A}\succeq\boldsymbol{B}$ 等价于 $\boldsymbol{A}\geqslant\boldsymbol{B}$.

(4) 若 $\boldsymbol{A} \geq \boldsymbol{B}$，则 $\boldsymbol{A}^{\mathrm{T}} \geq \boldsymbol{B}, \boldsymbol{A} \geq \boldsymbol{B}^{\mathrm{T}}, \boldsymbol{A}^{\mathrm{T}} \geq \boldsymbol{B}^{\mathrm{T}}$.

(5) 若 $\boldsymbol{A} \geq \boldsymbol{B}, \boldsymbol{C} \geq \boldsymbol{D}$，则 $\boldsymbol{A}+\boldsymbol{C} \geq \boldsymbol{B}+\boldsymbol{D}$.

任给 $\boldsymbol{A}=\begin{pmatrix}\boldsymbol{A}_{11} & \boldsymbol{A}_{12} \\ \boldsymbol{A}_{21} & \boldsymbol{A}_{22}\end{pmatrix} \in MR(n)$，按通常的记号，以 $\dfrac{\boldsymbol{A}}{\boldsymbol{A}_{11}}=\boldsymbol{A}_{22}-\boldsymbol{A}_{21}\boldsymbol{A}_{11}^{+}\boldsymbol{A}_{12}$ 表示 $\boldsymbol{A}_{11}$ 在 $\boldsymbol{A}$ 中的 Schur 补，其中 $\boldsymbol{A}_{11}, \boldsymbol{A}_{22}$ 分别为 $k, n-k$ 阶方阵，$\boldsymbol{A}_{11}^{+}$ 表示 $\boldsymbol{A}_{11}$ 的 Moore-Penrose 广义逆.

**引理 7**　设 $\boldsymbol{A}=\begin{pmatrix}\boldsymbol{A}_{11} & \boldsymbol{A}_{12} \\ \boldsymbol{A}_{21} & \boldsymbol{A}_{22}\end{pmatrix} \in SR_0^{+}(n)$，且 $\boldsymbol{A}_{11}$ 可逆，则 $\dfrac{\boldsymbol{A}}{\boldsymbol{A}_{11}} \geq \boldsymbol{0}$，即 $\boldsymbol{A}_{21}\boldsymbol{A}_{11}^{-1}\boldsymbol{A}_{12} \leq \boldsymbol{A}_{22}$.

**证明**　令 $\boldsymbol{P}=\begin{pmatrix}\boldsymbol{I}_k & -(\boldsymbol{A}_{11}^{-1})^{\mathrm{T}}\boldsymbol{A}_{21}^{\mathrm{T}} \\ \boldsymbol{0} & \boldsymbol{I}_{n-k}\end{pmatrix}$，经简单计算可知

$$\boldsymbol{P}^{\mathrm{T}}\boldsymbol{A}\boldsymbol{P}=\begin{pmatrix}\boldsymbol{A}_{11} & \boldsymbol{A}_{12}-\boldsymbol{A}_{11}(\boldsymbol{A}_{11}^{-1})^{\mathrm{T}}\boldsymbol{A}_{21}^{\mathrm{T}} \\ \boldsymbol{0} & \boldsymbol{A}_{22}-\boldsymbol{A}_{21}\boldsymbol{A}_{11}^{-1}\boldsymbol{A}_{12}\end{pmatrix}$$

由性质(2)知

$$\boldsymbol{P}^{\mathrm{T}}\boldsymbol{A}\boldsymbol{P} \in SR_0^{+}(n)$$

从而其主子阵

$$\boldsymbol{A}_{22}-\boldsymbol{A}_{21}\boldsymbol{A}_{11}^{-1}\boldsymbol{A}_{12}=\frac{\boldsymbol{A}}{\boldsymbol{A}_{11}} \in SR_0^{+}(n)$$

证毕.

**引理 8**　设 $\boldsymbol{A} \in SR_0^{+}(n)$，则任给 $\boldsymbol{x}, \boldsymbol{y} \in \mathbf{R}^n$，有

$$(\boldsymbol{x}^{\mathrm{T}}\boldsymbol{A}\boldsymbol{y}+\boldsymbol{y}^{\mathrm{T}}\boldsymbol{A}\boldsymbol{x})^2 \leqslant 4\boldsymbol{x}^{\mathrm{T}}\boldsymbol{A}\boldsymbol{x}\boldsymbol{y}^{\mathrm{T}}\boldsymbol{A}\boldsymbol{y}$$

且等号成立的充要条件是 $\boldsymbol{x}, \boldsymbol{y}$ 线性相关.

**证明**　任何 $t_1, t_2 \in \mathbf{R}$，由于 $\boldsymbol{A} \in SR^{+}(n)$，于是

$(t_1\boldsymbol{x}+t_2\boldsymbol{y})^{\mathrm{T}}\boldsymbol{A}(t_1\boldsymbol{x}+t_2\boldsymbol{y})=$

$$t_1^2 x^T A x + t_1 t_2 (x^T A y + y^T A x) + t_2^2 y^T A y$$

为关于 $t_1, t_2$ 的半正定二次型,从而其系数行列式

$$\begin{vmatrix} x^T A x & \dfrac{x^T A y + y^T A x}{2} \\ \dfrac{x^T A y + y^T A x}{2} & y^T A y \end{vmatrix} \geqslant 0$$

即

$$(x^T A y + y^T A x)^2 \leqslant 4 x^T A x y^T A y$$

又当 $x, y$ 线性无关时,易见上述二次型必为正定,从而其系数行列式必大于零,可见当等号成立时 $x, y$ 必线性相关,反之当 $x, y$ 线性相关时可直接看出等号成立.证毕.

设 $A \in SR^+(n)$,$x, y \in \mathbf{R}^n$,由引理 8 及平均值不等式得

$$\begin{aligned} & 4 x^T A x y^T A y \geqslant \\ & (x^T A y)^2 + (y^T A x)^2 + 2 x^T A y y^T A x \geqslant \\ & 4 x^T A y y^T A x \end{aligned}$$

即

$$x^T A y y^T A x \leqslant x^T A x y^T A y \tag{17}$$

下面给出(17)的矩阵形式.

**定理 7** 设 $A \in SR^+(n)$,$X, Y$ 分别为 $n \times p, n \times q$ 实矩阵且 $\mathrm{rank}(X) = p$,则有

$$Y^T A X (X^T A X)^{-1} X^T A Y \leq Y^T A Y$$

$$Y^T A X (X^T A^T X)^{-1} X^T A Y \leq Y^T A Y$$

**证明** 由 $\mathrm{rank}(X) = p$,$A \in SR^+(n)$ 易知 $X^T A X$,$X^T A^T X$ 均可逆,由引理 7 只需证

$$G_1 = \begin{bmatrix} X^T A X & X^T A Y \\ Y^T A X & Y^T A Y \end{bmatrix} \in SR_0^+(p+q)$$

$$G_2 = \begin{bmatrix} X^T A^T X & X^T A Y \\ Y^T A X & Y^T A Y \end{bmatrix} \in SR_0^+(p+q)$$

即可.

任何 $\boldsymbol{\xi}=\begin{pmatrix}\boldsymbol{u}\\ \boldsymbol{v}\end{pmatrix}\in\mathbf{R}^{p+q}$,其中 $\boldsymbol{u}\in\mathbf{R}^{p}$,$\boldsymbol{v}\in\mathbf{R}^{q}$,令 $\boldsymbol{x}=\boldsymbol{X}\boldsymbol{u}$,$\boldsymbol{y}=\boldsymbol{Y}\boldsymbol{v}$,注意到 $\boldsymbol{x}^{\mathrm{T}}\boldsymbol{A}\boldsymbol{x}=\boldsymbol{x}^{\mathrm{T}}\boldsymbol{A}^{\mathrm{T}}\boldsymbol{x}$,经简单计算可知

$$\boldsymbol{\xi}^{\mathrm{T}}\boldsymbol{G}_1\boldsymbol{\xi}=\boldsymbol{\xi}^{\mathrm{T}}\boldsymbol{G}_2\boldsymbol{\xi}=\boldsymbol{x}^{\mathrm{T}}\boldsymbol{A}\boldsymbol{x}+\boldsymbol{x}^{\mathrm{T}}\boldsymbol{A}\boldsymbol{y}+\boldsymbol{y}^{\mathrm{T}}\boldsymbol{A}\boldsymbol{x}+\boldsymbol{y}^{\mathrm{T}}\boldsymbol{A}\boldsymbol{y} \tag{18}$$

由引理 8 及平均值不等式知

$$|\boldsymbol{x}^{\mathrm{T}}\boldsymbol{A}\boldsymbol{y}+\boldsymbol{y}^{\mathrm{T}}\boldsymbol{A}\boldsymbol{x}|\leqslant 2\sqrt{\boldsymbol{x}^{\mathrm{T}}\boldsymbol{A}\boldsymbol{x}\,\boldsymbol{y}^{\mathrm{T}}\boldsymbol{A}\boldsymbol{y}}\leqslant \boldsymbol{x}^{\mathrm{T}}\boldsymbol{A}\boldsymbol{x}+\boldsymbol{y}^{\mathrm{T}}\boldsymbol{A}\boldsymbol{y} \tag{19}$$

由(18)(19)即得

$$\boldsymbol{\xi}^{\mathrm{T}}\boldsymbol{G}_1\boldsymbol{\xi}=\boldsymbol{\xi}^{\mathrm{T}}\boldsymbol{G}_2\boldsymbol{\xi}\geqslant 0$$

即　　$\boldsymbol{G}_1\in SR_0^{+}(p+q)$,$\boldsymbol{G}_2\in SR_0^{+}(p+q)$

证毕.

当 $\boldsymbol{A}\in PR^{+}(n)$,$\boldsymbol{X}$ 为 $n\times p$ 矩阵且 $\boldsymbol{X}^{\mathrm{T}}\boldsymbol{X}=\boldsymbol{I}_p$ 时,取 $\boldsymbol{Y}=\boldsymbol{A}^{-1}\boldsymbol{X}$,由定理 7 即得 Marshall 和 Olkin 在文献[4]中得到的结论,即:

**推论 1**　设 $\boldsymbol{A}\in PR^{+}(n)$,$\boldsymbol{X}$ 为 $n\times p$ 矩阵且 $\boldsymbol{X}^{\mathrm{T}}\boldsymbol{X}=\boldsymbol{I}_p$,则有

$$(\boldsymbol{X}^{\mathrm{T}}\boldsymbol{A}\boldsymbol{X})^{-1}\leqslant\boldsymbol{X}^{\mathrm{T}}\boldsymbol{A}^{-1}\boldsymbol{X}$$

在定理 7 的后一个不等式中取 $\boldsymbol{X}=\boldsymbol{Y}=\boldsymbol{I}_n$ 即得:

**推论 2**　设 $\boldsymbol{A}\in SR^{+}(n)$,则 $\boldsymbol{A}(\boldsymbol{A}^{-1})^{\mathrm{T}}\boldsymbol{A}\leq\boldsymbol{A}$.

文献[6]证明了亚正定阵的 Kantorovič 不等式,利用亚正定阵的分解证明了若 $\boldsymbol{A}\in SR^{+}(n)$,则

$$\boldsymbol{A}^{-1}+(\boldsymbol{A}^{-1})^{\mathrm{T}}\leqslant 4(\boldsymbol{A}+\boldsymbol{A}^{\mathrm{T}})^{-1}$$

下面利用定理 7 给出该结果的一个新证法.

**推论 3**　设 $\boldsymbol{A}\in SR^{+}(n)$,则

$$\boldsymbol{A}^{-1}+(\boldsymbol{A}^{-1})^{\mathrm{T}}\leqslant 4(\boldsymbol{A}+\boldsymbol{A}^{\mathrm{T}})^{-1}$$

**证明**　注意到 $\boldsymbol{A}\in SR^{+}(n)$,从而

$$A + A^{\mathrm{T}} \in PR^{+}(n)$$

由推论 2 得

$$A(A^{-1})^{\mathrm{T}}A \leq A \tag{20}$$

$$A^{\mathrm{T}}A^{-1}A^{\mathrm{T}} \leq A^{\mathrm{T}} \tag{21}$$

显然推论 3 等价于

$$(A + A^{\mathrm{T}})(A^{-1} + (A^{-1})^{\mathrm{T}})(A + A^{\mathrm{T}}) \leqslant 4(A + A^{\mathrm{T}}) \tag{22}$$

经简单计算可知

$$\begin{aligned}&(A + A^{\mathrm{T}})(A^{-1} + (A^{-1})^{\mathrm{T}})(A + A^{\mathrm{T}}) = \\ &3(A + A^{\mathrm{T}}) + A(A^{-1})^{\mathrm{T}}A + A^{\mathrm{T}}A^{-1}A^{\mathrm{T}}\end{aligned} \tag{23}$$

由式(20)(21)(23)及性质(3)(5)即得式(22).证毕.

在 $A \in PR^{+}(n)$，$X^{\mathrm{T}}Y = 0$ 的条件下，文献[5]给出了著名的 Wielandt 不等式的矩阵形式

$$Y^{\mathrm{T}}AX(X^{\mathrm{T}}AX)^{-}X^{\mathrm{T}}AY \leqslant \left(\frac{\lambda_1 - \lambda_n}{\lambda_1 + \lambda_n}\right)^2 Y^{\mathrm{T}}AY \tag{24}$$

其中 $\lambda_1, \lambda_n$ 分别为 $A$ 的最大和最小特征值，$(X^{\mathrm{T}}AX)^{-}$ 表示 $X^{\mathrm{T}}AX$ 的 $g$ － 逆.下面我们将不等式(24)推广到 $A$ 为亚正定阵的情形.

**定理 8**　设 $A \in SR^{+}(n)$，$\lambda_1, \lambda_n$ 分别是 $\dfrac{A + A^{\mathrm{T}}}{2}$ 的最大和最小特征值，$X, Y$ 分别是 $n \times p$，$n \times q$ 实矩阵且 $\operatorname{rank}(X) = p$，$X^{\mathrm{T}}Y = 0$，则有

$$Y^{\mathrm{T}}AX(X^{\mathrm{T}}AX)^{-1}X^{\mathrm{T}}AY \leq \left(\frac{\lambda_1 - \lambda_n}{\lambda_1 + \lambda_n}\right)^2 Y^{\mathrm{T}}AY$$

$$Y^{\mathrm{T}}AX(X^{\mathrm{T}}A^{\mathrm{T}}X)^{-1}X^{\mathrm{T}}AY \leq \left(\frac{\lambda_1 - \lambda_n}{\lambda_1 + \lambda_n}\right)^2 Y^{\mathrm{T}}AY$$

**证明**　显然 $X^{\mathrm{T}}AX$，$X^{\mathrm{T}}A^{\mathrm{T}}X$ 均可逆，由引理 7 只需证明

$$G_1=\begin{pmatrix} X^{\mathrm T}AX & X^{\mathrm T}AY \\ Y^{\mathrm T}AX & \left(\dfrac{\lambda_1-\lambda_n}{\lambda_1+\lambda_n}\right)^2 Y^{\mathrm T}AY \end{pmatrix}\in SR_0^+(p+q)$$

$$G_2=\begin{pmatrix} X^{\mathrm T}A^{\mathrm T}X & X^{\mathrm T}AY \\ Y^{\mathrm T}AX & \left(\dfrac{\lambda_1-\lambda_n}{\lambda_1+\lambda_n}\right)^2 Y^{\mathrm T}AY \end{pmatrix}\in SR_0^+(p+q)$$

即可. 任给 $\xi=\begin{pmatrix} u \\ v \end{pmatrix}\in \mathbf{R}^{p+q}$，其中 $u\in \mathbf{R}^p, v\in \mathbf{R}^q$. 令 $x=Xu, y=Yv$，则 $x^{\mathrm T}y=0$，经简单计算知

$$\xi^{\mathrm T}G_1\xi=\xi^{\mathrm T}G_2\xi=$$
$$x^{\mathrm T}Ax+x^{\mathrm T}Ay+y^{\mathrm T}Ax+\left(\frac{\lambda_1-\lambda_n}{\lambda_1+\lambda_n}\right)^2 y^{\mathrm T}Ay \tag{25}$$

注意到 $A\in SR^+(n)$，于是 $\dfrac{A+A^{\mathrm T}}{2}\in PR^+(n)$，由 Wielandt[7] 不等式及平均值不等式知

$$|x^{\mathrm T}Ay+y^{\mathrm T}Ax|=2\left|x^{\mathrm T}\frac{A+A^{\mathrm T}}{2}y\right|\leqslant$$
$$\frac{2(\lambda_1-\lambda_n)}{\lambda_1+\lambda_n}\sqrt{x^{\mathrm T}\frac{A+A^{\mathrm T}}{2}xy^{\mathrm T}\frac{A+A^{\mathrm T}}{2}y}=$$
$$\frac{2(\lambda_1-\lambda_n)}{\lambda_1+\lambda_n}\sqrt{x^{\mathrm T}Axy^{\mathrm T}Ay}\leqslant$$
$$x^{\mathrm T}Ax+\left(\frac{\lambda_1-\lambda_n}{\lambda_1+\lambda_n}\right)^2 y^{\mathrm T}Ay \tag{26}$$

由(25)(26) 即知 $\xi^{\mathrm T}G_1\xi=\xi^{\mathrm T}G_2\xi\geqslant 0$. 证毕.

设 $A=\begin{bmatrix} A_{11} & A_{12} \\ A_{21} & A_{22} \end{bmatrix}\in SR^+(n)$，其中 $A_{11}, A_{22}$ 分别为 $k, n-k$ 阶方阵，由引理 7 知 $A_{21}A_{11}^{-1}A_{12}\leq A_{22}$，在定理 8 中取 $X=\begin{pmatrix} I_k \\ 0 \end{pmatrix}, Y=\begin{pmatrix} 0 \\ I_{n-k} \end{pmatrix}$，便得到该不等式的改

进：

**推论 4** 设$\mathbf{A}=\begin{pmatrix}\mathbf{A}_{11} & \mathbf{A}_{12}\\ \mathbf{A}_{21} & \mathbf{A}_{22}\end{pmatrix}\in SR^{+}(n)$，$\lambda_1$，$\lambda_n$分别为$\dfrac{\mathbf{A}+\mathbf{A}^{\mathrm{T}}}{2}$的最大和最小特征值，则有

$$\mathbf{A}_{21}\mathbf{A}_{11}^{-1}\mathbf{A}_{12}\leq\left(\frac{\lambda_1-\lambda_n}{\lambda_1+\lambda_n}\right)^2\mathbf{A}_{22}$$

$$\mathbf{A}_{21}(\mathbf{A}_{11}^{-1})^{\mathrm{T}}\mathbf{A}_{12}\leq\left(\frac{\lambda_1-\lambda_n}{\lambda_1+\lambda_n}\right)^2\mathbf{A}_{22}$$

## 1.3 Jensen 不等式的逆

本节研究 Jensen 不等式的逆形式，本章后面部分还有进一步的讨论.

**定理 1** 设 $f$ 在$[a,b]$上是可微的凸函数，$x_i\in[a,b]$，$p_i\geqslant 0$，$i=1,2,\cdots,n$.

(1) 若 $P_n=\sum_{i=1}^{n}p_i>0$，则

$$\frac{1}{P_n}\sum_{i=1}^{n}p_if(x_i)-f\left(\frac{1}{P_n}\sum_{i=1}^{n}p_ix_i\right)\leqslant$$
$$\frac{1}{P_n}\sum_{i=1}^{n}p_ix_if'(x_i)-$$
$$\left(\frac{1}{P_n}\sum_{i=1}^{n}p_ix_i\right)\left(\frac{1}{P_n}\sum_{i=1}^{n}p_if'(x_i)\right)\tag{1}$$

(2) 若 $f(x)$ 在开区间 $(a,b)$ 上是递增的且 $\sum_{i=1}^{n}p_if'(x_i)>0$，则

$$\frac{\sum_{i=1}^{n} p_i f(x_i)}{\sum_{i=1}^{n} p_i} \leqslant f\left(\frac{\sum_{i=1}^{n} p_i f'(x_i) x_i}{\sum_{i=1}^{n} p_i f'(x_i)}\right) \tag{2}$$

**证明**　(1) 由于 $f$ 在 $[a,b]$ 上是可微的凸函数，则当 $x,y \in [a,b]$ 时

$$f(x) - f(y) \geqslant (x-y)f'(y) \tag{3}$$

将 $x=\frac{1}{P_n}\sum_{i=1}^{n} p_i x_i$，$y=x_k(k=1,2,\cdots,n)$ 逐个代入得到

$$f\left(\frac{1}{P_n}\sum_{i=1}^{n} p_i x_i\right) - f(x_k) \geqslant$$

$$\left(\frac{1}{P_n}\sum_{i=1}^{n} p_i x_i - x_k\right) f'(x_k) \quad (k=1,2,\cdots,n) \tag{4}$$

两边乘以 $p_k$ 后对 $k$ 求和即可.

(2) 设 $x_i \in (a,b)$，$p_i \geqslant 0$，$i=1,2,\cdots,n$. 由假设 $f(x)$ 是增函数，则 $f'(x) \geqslant 0$ 且

$$z = \frac{\sum_{i=1}^{n} p_i f'(x_i) x_i}{\sum_{i=1}^{n} p_i f'(x_i)} \in (a,b) \tag{5}$$

由于 $f(x)$ 是凸函数，则

$$f(x) - f(x_i) \geqslant (x - x_i) f'(x_i)$$
$$(\forall x, x_i \in [a,b], i=1,2,\cdots,n) \tag{6}$$

两边乘以 $p_i$ 后对 $i$ 求和，则

$$f(x) - \frac{1}{P_n}\sum_{i=1}^{n} p_i f(x_i) \geqslant x \cdot \frac{1}{P_n}\sum_{i=1}^{n} p_i f'(x_i) - \frac{1}{P_n}\sum_{i=1}^{n} p_i x_i f'(x_i) \tag{7}$$

以式(5)中的 $z$ 代替 $x$，式(7)的右端变为零，于是得

证.

**定理 2** 设 $f(x)$ 在区间 $[a,b]$ 上是取正值的凸函数(图 2),$f(a) \neq f(b)$. 经过两点 $A(a,f(a))$,$B(b,f(b))$ 的直线与 $x$ 轴交于点 $D$,过点 $D$ 向弧 $AB$ 作切线交曲线于点 $C(\xi,f(\xi))$. 若 $x_i \in [a,b]$,$a_i \geqslant 0$,$i=1,2,\cdots,n$,则

$$\frac{\sum_{i=1}^{n} a_i f(x_i)}{f(\sum_{i=1}^{n} a_i x_i)} \leqslant \frac{f(b)-f(a)}{f'(\xi)(b-a)} \tag{8}$$

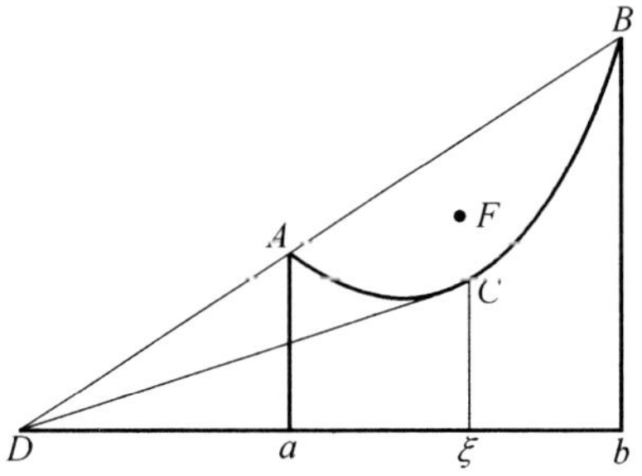


图 2

**证明** 设 $S$ 代表曲线 $\mu=f(\lambda)$ 和弦 $AB$ 围成的弓形区域,$E(\sum_{i=1}^{n} a_i x_i, f(\sum_{i=1}^{n} a_i x_i))$ 在曲线 $\mu=f(\lambda)$ 上,$F(\sum_{i=1}^{n} a_i x_i, \sum_{i=1}^{n} a_i f(x_i))$ 位于区域 $S$ 内部. 于是

$$\frac{\sum_{i=1}^{n} a_i f(x_i)}{f(\sum_{i=1}^{n} a_i x_i)} \leqslant \frac{k_{FD}}{k_{ED}} \tag{9}$$

这里 $k_{FD}$ 和 $k_{ED}$ 分别代表直线 $FD$ 和 $ED$ 的斜率. 显然

$$f'(\xi)=CD\text{ 的斜率}\leqslant FD\text{ 的斜率}\leqslant AD\text{ 的斜率}=\frac{f(b)-f(a)}{b-a}$$

于是不等式(8) 成立. 证毕.

进一步容易验证

$$\frac{f(\xi)}{f'(\xi)}=\xi-\frac{af(b)-bf(a)}{f(b)-f(a)} \tag{10}$$

事实上,由于直线 $AB$ 与 $CD$ 交 $x$ 轴于点 $D$,根据 $CD$ 的直线方程可以得到上述关系. 当 $f(x)=x^k(k\geqslant -1, k\neq 0)$ 时,$\xi$ 容易求得. 特别的,取 $k=-1$,则 $\xi=\frac{a+b}{2}$ 可以推出 Kantorovič 不等式. 类似的,还可以直接从不等式(8) 获得 Kantorovič 不等式的各种不同等价形式. 若 $k$ 为正整数,则 Fan Ky 不等式成立.

不等式(8) 最早可以追溯到 Mitrionvić 和 Vasić(1975) 的工作,下面来介绍他们所采用的形心方法. 首先容易得到弦 $AB$ 的方程为

$$y=\frac{f(b)-f(a)}{b-a}t+\frac{bf(a)\quad af(b)}{b-a} \tag{11}$$

假定弦 $AB$ 与曲线 $y=\alpha f(t)$ 相切,则

$$\alpha f(t)=\frac{f(b)-f(a)}{b-a}t+\frac{bf(a)-af(b)}{b-a} \tag{12}$$

$$\alpha f'(t)=\frac{f(b)-f(a)}{b-a} \tag{13}$$

从式(12) 和式(13) 中消去 $\alpha$,得到

$$(f(b)-f(a))f(t)-f'(t)((f(b)-f(a))t+bf(a)-af(b))=0 \tag{14}$$

若 $f$ 二次可微分,则 $f''(t)\geqslant 0$,由此容易证明方程(14) 在 $[a,b]$ 内有一个解 $\xi$.

由于平面点列 $\{P_i(\lambda_i, f(\lambda_i))\}$ 的带权形心为 $Q(\sum_{i=1}^{n} a_i\lambda_i, \sum_{i=1}^{n} a_i f(\lambda_i))$，因此有不等式

$$\sum_{i=1}^{n} a_i f(\lambda_i) \leqslant \alpha f(\sum_{i=1}^{n} a_i\lambda_i) \tag{15}$$

其中等号成立当且仅当 $Q$ 同时位于弦 $AB$ 与曲线 $y=\alpha f(t)$ 上，即 $Q$ 是切点. 进而在 $P_1, P_2, \cdots, P_n$ 中有 $k$ 个点与 $A$ 重合，其余 $n-k$ 个点与 $B$ 重合. 于是 $\lambda_1, \lambda_2, \cdots, \lambda_n$ 中存在两个子数列 $\lambda_{i_1}, \lambda_{i_2}, \cdots, \lambda_{i_k}$ 和 $\lambda_{i_{k+1}}, \lambda_{i_{k+2}}, \cdots, \lambda_{i_n}$，它们分别等于 $b$ 和 $a$，即

$$\xi = b\sum_{j=1}^{k}\lambda_{i_j} + a\sum_{j=k+1}^{n}\lambda_{i_j}$$

$$f(\xi) = f(b)\sum_{j=1}^{k}\lambda_{i_j} + f(a)\sum_{j=k+1}^{n}\lambda_{i_j}$$

这样不等式(15)成立，其中 $\alpha$ 由式(13)来决定(式中的 $t$ 换成 $\xi$)，它即为不等式(8).

**定理 3** 设 $a_i \geqslant 0 (i=1,2,\cdots,n)$，$\sum_{i=1}^{n} a_i = 1$，$f(t)$，$g(t)$ 在区间 $[a,b]$ 上连续可微. 若 $f(t)$ 在区间 $[a,b]$ 上是凸的(图 3)，且对给定的实数 $\alpha > 0$ 和任意的 $t \in [0,1]$，不等式

$$tf(b) + (1-t)f(a) \leqslant \alpha g(tb + (1-t)a) \tag{16}$$

成立，则对任意的 $\lambda_i \in [a,b]$，$i=1,2,\cdots,n$，不等式

$$\sum_{i=1}^{n} a_i f(\lambda_i) \leqslant \alpha g(\sum_{i=1}^{n} a_i\lambda_i) \tag{17}$$

成立.

**证明** 不妨假定 $\lambda_1 = b$，$\lambda_n = a$，下面使用归纳法对不等式(17)进行证明. 首先由假设知 $n=2$ 的情形结论成立.

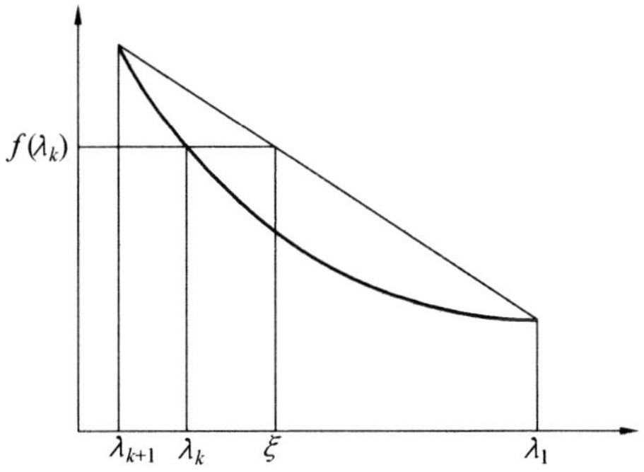


图3

其次假设 $n=k$ 时结论为真，且假定 $f(t)$ 和 $g(t)$ 均单调递减。令 $\psi(\cdot)$ 表示联结 $(\lambda_1, f(\lambda_1))$ 和 $(\lambda_{k+1}, f(\lambda_{k+1}))$ 的线段，则

$$\psi(t\lambda_1+(1-t)\lambda_{k+1})=$$
$$tf(\lambda_1)+(1-t)f(\lambda_{k+1})\quad(t\in[0,1])$$

由 $\psi(\cdot)$ 的连续性知，当 $f(\lambda_k)\in[f(\lambda_1), f(\lambda_{k+1})]$ 时，存在 $t_k\in[0,1]$ 使得

$$f(\lambda_k)=t_k f(\lambda_1)+(1-t_k)f(\lambda_{k+1})\tag{18}$$

令 $\xi=t_k\lambda_1+(1-t_k)\lambda_{k+1}\in[\lambda_{k+1}, \lambda_1]$. 由于 $f(\cdot)$ 在 $[\lambda_{k+1}, \lambda_1]$ 上是凸函数，则

$$f(\xi)=f(t_k\lambda_1+(1-t_k)\lambda_{k+1})\leqslant$$
$$t_k f(\lambda_1)+(1-t_k)f(\lambda_{k+1})=\psi(\xi)$$

此外，由 $f(\cdot)$ 的单调性和 $f(\xi)\leqslant f(\lambda_k)$ 知

$$\lambda_k\leqslant\xi=t_k\lambda_1+(1-t_k)\lambda_{k+1}\tag{19}$$

于是

$$\sum_{i=1}^{k+1}a_i f(\lambda_i)=$$

$$a_1 f(\lambda_1)+\sum_{i=2}^{k-1}a_i f(\lambda_i)+a_k f(\lambda_k)+a_{k+1} f(\lambda_{k+1})=$$

$$a_1 f(\lambda_1) + \sum_{i=2}^{k-1} a_i f(\lambda_i) + a_k(t_k f(\lambda_1) +$$
$$(1-t_k) f(\lambda_{k+1})) + a_{k+1} f(\lambda_{k+1}) =$$
$$(a_1 + t_k a_k) f(\lambda_1) + \sum_{i=2}^{k-1} a_i f(\lambda_i) +$$
$$((1-t_k) a_k + a_{k+1}) f(\lambda_{k+1}) \tag{20}$$

这里第二步用到了等式(18). 与此同时

$$g(\sum_{i=1}^{k+1} a_i\lambda_i) =$$
$$g(a_1\lambda_1 + \sum_{i=2}^{k-1} a_i\lambda_i + a_k\lambda_k + a_{k+1}\lambda_{k+1}) \geqslant$$
$$g(a_1\lambda_1 + \sum_{i=2}^{k-1} a_i\lambda_i + a_k(t_k\lambda_1 +$$
$$(1-t_k)\lambda_{k+1}) + a_{k+1}\lambda_{k+1}) =$$
$$g((a_1 + t_k a_k)\lambda_1 + \sum_{i=2}^{k-1} a_i\lambda_i +$$
$$((1-t_k) a_k + a_{k+1})\lambda_{k+1}) \tag{21}$$

这里不等关系用到了 $g$ 的单调性和不等式(19). 令

$$a'_1 = a_1 + t_k a_k, a'_k = (1-t_k) a_k + a_{k+1}$$
$$a'_i = a_i \quad (i = 2, 3, \cdots, k)$$

则 $a'_i = 0, i = 1, 2, \cdots, k$ 且 $\sum_{i=1}^{k} a'_i = 1$. 由式(20) 和式(21) 得到

$$\sum_{i=1}^{k+1} a_i f(\lambda_i) - \alpha g(\sum_{i=1}^{k+1} a_i\lambda_i) \leqslant$$
$$\sum_{i=1}^{k} a'_i f(\lambda'_i) - \alpha g(\sum_{i=1}^{k+1} a'_i\lambda'_i) \tag{22}$$

这里 $\lambda'_k = \lambda_{k+1}, \lambda'_i = \lambda_i, i = 1, 2, \cdots, k-1$. 由归纳假设, 式(22) 的右边部分有上界 0, 于是当 $n = k+1$ 且 $f(t)$

和 $g(t)$ 均单调递减时结论成立.

由于参数 $\alpha > 0$ 以及 $f(t)$,$g(t)$ 在区间$[a,b]$上连续可微的假设,因此存在一个充分大的正数 $M$ 使得 $f_1(t) = f(t) - Mt$ 和 $g_1(t) = g(t) - \frac{M}{\alpha}t$ 单调递减.用它们分别代替不等式(17) 中的 $f(t)$ 和 $g(t)$ 得到:当 $n = k+1$ 时,对所有的 $f(t)$ 和 $g(t)$ 结论成立.证毕.

不等式(17) 也可以看成是 Kantorovič 不等式的推广形式,更详细的讨论见第 2 章.

考虑一元函数

$$\phi(t) = \frac{tf(b) + (1-t)f(a)}{g(tb + (1-t)a)} \tag{23}$$

的极值问题,利用微分法可以获得式(17) 中的参数 $\alpha$.

本节最后来讨论不等式(8) 的一个应用.

**定理 4**　设 $p,q > 1$ 满足 $\frac{1}{p} + \frac{1}{q} = 1$,$0 < m_1 \leqslant x_i \leqslant M_1$,$0 < m_2 \leqslant y_i \leqslant M_2$,$i = 1,2,\cdots,n$,则

$$\left(\sum_{i=1}^{n} x_i^p\right)^{\frac{1}{p}} \left(\sum_{i=1}^{n} y_i^q\right)^{\frac{1}{q}} \leqslant \kappa\left(\sum_{i=1}^{n} x_i y_i\right) \tag{24}$$

这里

$$\kappa = \frac{M_1^p M_2^q - m_1^p m_2^q}{(pm_2M_2(M_1M_2^{q-1} - m_1m_2^{q-1}))^{\frac{1}{p}}(qm_1M_1(M_2M_1^{p-1} - m_2m_1^{p-1}))^{\frac{1}{q}}} \tag{25}$$

**证明**　设 $f(x) = x^p$,$\lambda_i = x_i y_i^{-\frac{q}{p}}$,$a_i \geqslant b_i^p$,$i = 1,2,\cdots,n$.由于 $0 < m_1 \leqslant x_i \leqslant M_1$,$0 < m_2 \leqslant y_i \leqslant M_2$,$i = 1,2,\cdots,n$,故

$a = \min x_i y_i^{-\frac{q}{p}} \geqslant m_1 M_2^{-\frac{q}{p}}$,$b = \max x_i y_i^{-\frac{q}{p}} \leqslant M_1 m_2^{-\frac{q}{p}}$

应用不等式(8) 即可.证毕.

## 1.4 一个有关凸函数的不等式及其应用

暨南大学的陈广卿给出了一个一般形式的不等式.

**定义** 设函数 $f(x)$ 在闭区间 $[a,b]$ 上连续,若对任意 $x_i \in [a,b](i=1,2)$ 及满足 $\alpha+\beta=1$ 的 $\alpha>0$, $\beta>0$,均有

$$f(\alpha x_1+\beta x_2) \geqslant \alpha f(x_1)+\beta f(x_2) \qquad (1)$$

则称 $f(x)$ 在 $[a,b]$ 上是凸的,并记作 $f(x)\in \hat{C}[a,b]$;若(1)中的不等号反向,则称 $f(x)$ 在 $[a,b]$ 上是凹的,并记作 $f(x)\in \check{C}[a,b]$.

**命题 1** 设 $f(x)\in \hat{C}[a,b]$,又设 $\alpha_i>0(i=1,2,\cdots,n)$ 满足 $\sum\limits_{i=1}^{n}\alpha_i=1$,则对任意 $x_i\in[a,b](i=1,2,\cdots,n)$,均有

$$f(\sum_{i=1}^{n}\alpha_i x_i) \geqslant \sum_{i=1}^{n}\alpha_i f(x_i) \qquad (2)$$

对 $f(x)\in \check{C}[a,b]$ 亦有类似的命题.

**定理** 对任给的实数 $x_1\leqslant x_2\leqslant\cdots\leqslant x_n$(但 $x_1<x_n$)及实数 $y_i^{(k)}(i=1,2,\cdots,n;k=1,2,\cdots,m)$,如果满足条件:

(1) 存在 $f_k(x)\in \check{C}[x_1,x_n]$, $g_k(x)\in \hat{C}[a,b]$ $(k=1,2,\cdots,m)$,使得

$$f_k(x_i)\leqslant y_i^{(k)}\leqslant g_k(x_i)$$
$$(i=1,2,\cdots,n;k=1,2,\cdots,m) \qquad (3)$$

(2) 函数 $F(x,z^{(1)},\cdots,z^{(m)}):[x_1,x_n]\times \mathbf{R}^m\to R$ 连

续,且对任意 $x \in [x_1, x_n]$ 及 $z^{(j)} \in R(j \neq k)$,只要 $z_1^{(k)} \leqslant z_2^{(k)}(k=1,2,\cdots,m)$,就有

$$F(x, z^{(1)}, \cdots, z^{(k-1)}, z_1^{(k)}, z^{(k+1)}, \cdots, z^{(m)}) \leqslant$$
$$F(x, z^{(1)}, \cdots, z^{(k-1)}, z_2^{(k)}, z^{(k+1)}, \cdots, z^{(m)})$$

那么,对满足 $\sum_{i=1}^{n} \alpha_i = 1$ 的任意 $\alpha_i > 0(i=1,2,\cdots,n)$,都有

$$m(x_1, x_n) \leqslant f(\sum_{i=1}^{n} \alpha_i x_i, \sum_{i=1}^{n} \alpha_i y_i^{(1)}, \cdots, \sum_{i=1}^{n} \alpha_i y_i^{(m)}) \leqslant M(x_1, x_n) \tag{4}$$

其中

$$m(x_1, x_n) = \min_{x_1 \leqslant x \leqslant x_n} F(x, f_1(x), \cdots, f_m(x))$$
$$M(x_1, x_n) = \max_{x_1 \leqslant x \leqslant x_n} F(x, g_1(x), \cdots, g_m(x))$$

**证明**　因 $x_1 \leqslant \sum_{i=1}^{n} \alpha_i x_i \leqslant x_n$,又据(3)及(2),有

$$\sum_{i=1}^{n} \alpha_i y_i^{(k)} \leqslant \sum_{i=1}^{n} \alpha_i g_k(x_i) \leqslant g_k(\sum_{i=1}^{n} \alpha_i x_i) \quad (k=1,2,\cdots,m)$$

故

$$F(\sum_{i=1}^{n} \alpha_i x_i, \sum_{i=1}^{n} \alpha_i y_i^{(1)}, \cdots, \sum_{i=1}^{n} \alpha_i y_i^{(m)}) \leqslant$$
$$F(\sum_{i=1}^{n} \alpha_i x_i, g_1(\sum_{i=1}^{n} \alpha_i x_i), \cdots, g_m(\sum_{i=1}^{n} \alpha_i x_i)) \leqslant$$
$$\max_{x_1 \leqslant x \leqslant x_n} F(x, g_1(x), \cdots, g_m(x)) =$$
$$M(x_1, x_n)$$

类似可证(4)的左边那个不等式.证毕.

上述定理虽然简单,但却有许多有趣的应用.

**推论 1**(Kantorovič 不等式)　设 $\alpha_i > 0(i=1,2,\cdots,n)$ 满足 $\sum_{i=1}^{n}\alpha_i=1$,又设 $0<\lambda_1\leqslant\lambda_2\leqslant\cdots\leqslant\lambda_n$,则有

$$1\leqslant\left(\sum_{i=1}^{n}\alpha_i\lambda_i\right)\left(\sum_{i=1}^{n}\alpha_i\frac{1}{\lambda_i}\right)\leqslant \frac{1}{4}\left(\sqrt{\frac{\lambda_1}{\lambda_n}}+\sqrt{\frac{\lambda_n}{\lambda_1}}\right)^2 \tag{5}$$

**证明**　运用本节的定理,取

$$m=1,F(x,z^{(1)})=xz^{(1)}$$

$$x_i=\lambda_i,y_i^{(1)}=\frac{1}{\lambda_i}\quad(i=1,2,\cdots,n)$$

$$f_1(x)=\frac{1}{x}$$

$g_1(x)$ 为联结平面上两点 $\left(\lambda_1,\frac{1}{\lambda_1}\right)$,$\left(\lambda_n,\frac{1}{\lambda_n}\right)$ 的线性函数.去掉 $\lambda_1=\lambda_n$ 这一平凡情况(对这种情况,不等式(5)显然成立),可验证本节定理的全部条件都满足,因此

$$1=\min_{\lambda_1\leqslant x\leqslant\lambda_n}\{xf_1(x)\}\leqslant \left(\sum_{i=1}^{n}\alpha_i\lambda_i\right)\left(\sum_{i=1}^{n}\alpha_i\frac{1}{\lambda_i}\right)\leqslant \max_{\lambda_1\leqslant x\leqslant\lambda_n}\{xg_1(x)\}$$

以下求

$$M(\lambda_1,\lambda_n)=\max_{\lambda_1\leqslant x\leqslant\lambda_n}\{xg_1(x)\}$$

联结平面上两点 $\left(\lambda_1,\frac{1}{\lambda_1}\right)$,$\left(\lambda_n,\frac{1}{\lambda_n}\right)$ 的直线方程为

$$y=\frac{\lambda_1+\lambda_n-x}{\lambda_1\lambda_n}$$

故

$$g_1(x)=\frac{\lambda_1+\lambda_n-x}{\lambda_1\lambda_n}$$

于是

$$M(\lambda_1,\lambda_n)=\max_{\lambda_1\leqslant x\leqslant\lambda_n}\left\{x\left(\frac{\lambda_1+\lambda_n-x}{\lambda_1\lambda_n}\right)\right\}=$$

$$\frac{1}{4}\left(\sqrt{\frac{\lambda_1}{\lambda_n}}+\sqrt{\frac{\lambda_n}{\lambda_1}}\right)^2$$

结论证毕.

**推论 2**　设 $a_i>0,b_i>0(i=1,2,\cdots,n)$，又设 $p>0,q>0$，且

$$\frac{1}{p}+\frac{1}{q}=1$$

则

$$\sum_{i=1}^{n}a_ib_i\leqslant\left(\sum_{i=1}^{n}a_i^p\right)^{\frac{1}{p}}\left(\sum_{i=1}^{n}b_i^q\right)^{\frac{1}{q}}\leqslant M\sum_{i=1}^{n}a_ib_i \quad (6)$$

其中

$$M=\frac{\left(\frac{1}{p}\right)^{\frac{1}{p}}\left(\frac{1}{q}\right)^{\frac{1}{q}}\begin{vmatrix}X_2 & f(X_2)\\ X_1 & f(X_1)\end{vmatrix}}{(X_2-X_1)^{\frac{1}{q}}(f(X_1)-f(X_2))^{\frac{1}{p}}} \quad (7)$$

$$X_1=\min_{1\leqslant i\leqslant n}\left\{\frac{a_i^p}{a_ib_i}\right\}<X_2=\max_{1\leqslant i\leqslant n}\left\{\frac{a_i^p}{a_ib_i}\right\}\text{①}$$

$$f(x)=x^{-\frac{q}{p}}$$

**证明**　考虑

$$S=\frac{\left(\sum_{i=1}^{n}a_i^p\right)^{\frac{1}{p}}\left(\sum_{i=1}^{n}b_i^q\right)^{\frac{1}{q}}}{\sum_{i=1}^{n}a_ib_i}=$$

---

① 对于 $X_1=X_2$ 这一平凡情况可直接进行估计，这里不考虑.

$$\left\{\frac{\sum_{i=1}^{n} a_i^p}{\sum_{i=1}^{n} a_i b_i}\right\}^{\frac{1}{p}} \left\{\frac{\sum_{i=1}^{n} b_i^q}{\sum_{i=1}^{n} a_i b_i}\right\}^{\frac{1}{q}} =$$

$$\left\{\sum_{i=1}^{n}\left(\frac{a_i^p}{a_i b_i}\right)\left[\frac{a_i b_i}{\sum_{k=1}^{n} a_k b_k}\right]\right\}^{\frac{1}{p}} \cdot$$

$$\left\{\sum_{i=1}^{n}\left(\frac{b_i^q}{a_i b_i}\right)\left[\frac{a_i b_i}{\sum_{k=1}^{n} a_k b_k}\right]\right\}^{\frac{1}{q}}$$

令

$$\alpha_i = \frac{a_i b_i}{\sum_{k=1}^{n} a_k b_k}, x_i = \frac{a_i^p}{a_i b_i}, y_i = \frac{b_i^q}{a_i b_i} \quad (i=1,2,\cdots,n)$$

易知诸点$(x_i, y_i)(i=1,2,\cdots,n)$都在曲线$y=x^{-\frac{q}{p}}$上，而函数$f(x)=x^{-\frac{q}{p}}$满足$f'(x)<0, x\in[X_1, X_2]$，$f(x)\in \check{C}[X_1, X_2]$. 又设函数$g(x)$为联结平面上两点$(X_1, f(X_1))$，$(X_2, f(X_2))$的线性函数，即

$$g(x) = f(X_2) + \frac{f(X_1)-f(X_2)}{X_1-X_2}(x-X_2) =$$

$$Ax - B$$

其中

$$A = \frac{f(X_1)-f(X_2)}{X_1-X_2}$$

$$B = \frac{X_2 f(X_1) - X_1 f(X_2)}{X_1 - X_2}$$

今对$m=1, F(x,z)=x^{\frac{1}{p}}z^{\frac{1}{q}}, f_1(x)=f(x), g_1(x)=g(x)$运用本节的定理，则

$$\min_{X_1\leqslant x\leqslant X_2}\{x^{\frac{1}{p}}[f(x)]^{\frac{1}{q}}\} \leqslant S \leqslant$$

$$\max_{X_1\leqslant x\leqslant X_2}\{x^{\frac{1}{p}}[g(x)]^{\frac{1}{q}}\}$$

容易求得

$$\min_{X_1\leqslant x\leqslant X_2}\{x^{\frac{1}{p}}[f(x)]^{\frac{1}{q}}\}=1$$

以下求 $\max\limits_{X_1\leqslant x\leqslant X_2}\{x^{\frac{1}{p}}[g(x)]^{\frac{1}{q}}\}$ 的一个上界.

设

$$h(x)=x^{\frac{1}{p}}[g(x)]^{\frac{1}{q}}=x^{\frac{1}{p}}(Ax-B)^{\frac{1}{q}}\quad\left(x\in\left[0,\frac{B}{A}\right]\right)$$

依据 $h'(x)=0$ 解出 $x=\dfrac{B}{pA}$,即

$$\max_{0\leqslant x\leqslant\frac{B}{A}}\{h(x)\}=h\left(\frac{B}{pA}\right)=(-B)(-A)^{-\frac{1}{p}}\left(\frac{1}{p}\right)^{\frac{1}{p}}\left(\frac{1}{q}\right)^{\frac{1}{q}}$$

因

$$\frac{B}{A}=\frac{X_2f(X_1)-X_1f(X_2)}{f(X_1)-f(X_2)}>\frac{X_2f(X_1)-X_2f(X_2)}{f(X_1)-f(X_2)}=X_2$$

故$[X_1,X_2]\subseteq\left[0,\dfrac{B}{A}\right]$,并且

$$\max_{X_1\leqslant x\leqslant X_2}\{h(x)\}\leqslant\max_{0\leqslant x\leqslant\frac{B}{A}}\{h(x)\}=(-B)(-A)^{-\frac{1}{p}}\left(\frac{1}{p}\right)^{\frac{1}{p}}\left(\frac{1}{q}\right)^{\frac{1}{q}}=M$$

此 $M$ 即如(7)所示. 证毕.

因为推论2中的 $M\geqslant 1$,所以我们可以得到下列一个有趣的不等式.

**命题2**　设 $p>0,q>0$ 且$\dfrac{1}{p}+\dfrac{1}{q}=1$,则对曲线 $x^qy^p=1$ 上的任意两个相异点(在第一象限)$(X_1,Y_1)$,$(X_2,Y_2)$,$X_1<X_2$,都有

$$(X_2-X_1)^{\frac{1}{q}}(Y_1-Y_2)^{\frac{1}{p}}\leqslant\left(\frac{1}{p}\right)^{\frac{1}{p}}\left(\frac{1}{q}\right)^{\frac{1}{q}}\begin{vmatrix}X_2 & Y_2\\ X_1 & Y_1\end{vmatrix}$$

在不等式(6)中,我们是用 $\max\limits_{0\leqslant x\leqslant\frac{B}{A}}\{h(x)\}$ 作为 $M$ 来代替 $\max\limits_{X_1\leqslant x\leqslant X_2}\{h(x)\}$ 的. 这对一个具体问题来说,此常数有可能改进,即直接取 $M=\max\limits_{X_1\leqslant x\leqslant X_2}\{h(x)\}$. 而这个 $\max\limits_{X_1\leqslant x\leqslant X_2}\{h(x)\}$ 可按下述方法求得:

因为函数 $h(x)$ 在闭区间 $\left[0,\frac{B}{A}\right]$ 上是单峰的连续函数,所以

$$\max_{X_1\leqslant x\leqslant X_2}\{h(x)\}=\begin{cases}h(X_1),\text{当 } X_1>\dfrac{B}{pA}\text{ 时}\\ h\left(\dfrac{B}{pA}\right),\text{当}\dfrac{B}{pA}\in[X_1,X_2]\text{ 时}\\ h(X_2),\text{当 } X_2<\dfrac{B}{pA}\text{ 时}\end{cases}$$

## 1.5　关于逆向 Hölder 不等式

湖南财经学院的刘晓华教授曾给出逆向 Hölder 不等式的一个新证明,并得到一般情形时的一个不等式.

对 $a_k\geqslant 0,b_k\geqslant 0(k=1,2,\cdots,n),\frac{1}{p}+\frac{1}{q}=1(p,q>0)$,Hölder 不等式

$$\sum_{k=1}^{n}a_k^{\frac{1}{p}}b_k^{\frac{1}{q}}\leqslant(\sum_{k=1}^{n}a_k)^{\frac{1}{p}}(\sum_{k=1}^{n}b_k)^{\frac{1}{q}}$$

是用$(\sum_{k=1}^{n} a_k)^{\frac{1}{p}}(\sum_{k=1}^{n} b_k)^{\frac{1}{q}}$来估计$\sum_{k=1}^{n} a_k^{\frac{1}{p}} b_k^{\frac{1}{q}}$的上限. 如果反过来,考虑用$\sum_{k=1}^{n} a_k^{\frac{1}{p}} b_k^{\frac{1}{q}}$来估计$(\sum_{k=1}^{n} a_k)^{\frac{1}{p}}(\sum_{k=1}^{n} b_k)^{\frac{1}{q}}$的上限,即导出下面所谓的逆向 Hölder 不等式(1).

设 $0 < m_1 \leqslant a_k \leqslant M_1, 0 < m_2 \leqslant b_k \leqslant M_2 (k=1, 2, \cdots, n)$,则

$$(\sum_{k=1}^{n} a_k)^{\frac{1}{p}}(\sum_{k=1}^{n} b_k)^{\frac{1}{q}} \leqslant \Gamma_{p,q}\left(\frac{m_1 m_2}{M_1 M_2}\right) \sum_{k=1}^{n} a_k^{\frac{1}{p}} b_k^{\frac{1}{q}} \quad (1)$$

其中,$p, q > 0, \frac{1}{p} + \frac{1}{q} = 1$,且

$$\Gamma_{p,q}(\xi) = (\sqrt[p]{p}\sqrt[q]{q})^{-1} \frac{1-\xi}{(1-\xi^{\frac{1}{p}})^{\frac{1}{p}}(1-\xi^{\frac{1}{q}})^{\frac{1}{q}}} \xi^{-\frac{1}{pq}} \quad (2)$$

易知 Pólya-Szegö 不等式

$$(\sum_{k=1}^{n} u_k^2)(\sum_{k=1}^{n} v_k^2) \leqslant$$

$$\frac{1}{4}\left(\sqrt{\frac{M_1 M_2}{m_1 m_2}} + \sqrt{\frac{m_1 m_2}{M_1 M_2}}\right)^2 (\sum_{k=1}^{n} u_k v_k)^2$$

$$(0 < m_1 \leqslant u_k \leqslant M_1, 0 < m_2 \leqslant v_k \leqslant M_2)$$

$$(k = 1, 2, \cdots, n)$$

是(1) 的特例.

下面证明一个形式较(1) 更广的不等式.

**定理 1**　设 $a_k, b_k, c_k \geqslant 0, 0 < m \leqslant \frac{a_k}{b_k} \leqslant M (k = 1, 2, \cdots)$,且$\frac{1}{p} + \frac{1}{q} = 1 (p, q > 0)$,则

$$(\sum_{k=1}^{\infty} a_k c_k)^{\frac{1}{p}}(\sum_{k=1}^{\infty} b_k c_k)^{\frac{1}{q}} \leqslant$$

$$\Gamma_{p,q}\left(\frac{m}{M}\right) \sum_{k=1}^{\infty} a_k^{\frac{1}{p}} b_k^{\frac{1}{q}} c_k \quad (3)$$

其中，$\Gamma_{p,q}(\xi)$ 如式(2) 所示.

**证明**　若 $\sum_{k=1}^{\infty} a_k^{\frac{1}{p}} b_k^{\frac{1}{q}} c_k$ 发散，则不等式(3) 显然成立. 以下设 $\sum_{k=1}^{\infty} a_k^{\frac{1}{p}} b_k^{\frac{1}{q}} c_k$ 收敛.

对任意 $y > 0$，由算术平均与几何平均的关系，得

$$
\begin{aligned}
&(\sum_{k=1}^{\infty} a_k c_k)^{\frac{1}{p}} (\sum_{k=1}^{\infty} b_k c_k)^{\frac{1}{q}} = \\
&(\sum_{k=1}^{\infty} y^{\frac{1}{q}} a_k c_k)^{\frac{1}{p}} (\sum_{k=1}^{\infty} y^{-\frac{1}{p}} b_k c_k)^{\frac{1}{q}} \leqslant \\
&\frac{1}{p} \sum_{k=1}^{\infty} y^{\frac{1}{q}} a_k c_k + \frac{1}{q} \sum_{k=1}^{\infty} y^{-\frac{1}{p}} b_k c_k = \\
&\sum_{k=1}^{\infty} a_k^{\frac{1}{p}} b_k^{\frac{1}{q}} c_k \left[ \frac{1}{p} \left( y \frac{a_k}{b_k} \right)^{\frac{1}{q}} + \frac{1}{q} \left( y \frac{a_k}{b_k} \right)^{-\frac{1}{p}} \right]
\end{aligned}
$$

令
$$f(x) = \frac{1}{p} x^{\frac{1}{q}} + \frac{1}{q} x^{-\frac{1}{p}} \quad (x > 0)$$

则
$$f'(x) = \frac{x^{-\frac{1}{p}}}{pq} \left( 1 - \frac{1}{x} \right)$$

从而 $f(x)$ 在 $(0,1)$ 上递减，在 $(1,\infty)$ 上递增. 因此

$$f\left( y \frac{a_k}{b_k} \right) \leqslant \max\{ f(my), f(My) \}$$

取
$$y = \frac{p}{q} \cdot \frac{M^{-\frac{1}{p}} - m^{-\frac{1}{p}}}{m^{\frac{1}{q}} - M^{\frac{1}{q}}}$$

记 $\xi = \dfrac{m}{M}$，则

$$
\begin{aligned}
&f(my) = \\
&(\sqrt[p]{p}\ \sqrt[q]{q})^{-1} \left[ \left( \frac{1 - \xi^{\frac{1}{p}}}{1 - \xi^{\frac{1}{q}}} \right)^{\frac{1}{q}} \xi^{\frac{1}{q^2}} + \left( \frac{1 - \xi^{\frac{1}{q}}}{1 - \xi^{\frac{1}{p}}} \right)^{\frac{1}{p}} \xi^{-\frac{1}{pq}} \right] = \\
&(\sqrt[p]{p}\ \sqrt[q]{q})^{-1} \frac{\xi^{\frac{1}{q^2}} (1 - \xi^{\frac{1}{p}}) + \xi^{-\frac{1}{pq}} (1 - \xi^{\frac{1}{q}})}{(1 - \xi^{\frac{1}{p}})^{\frac{1}{p}} (1 - \xi^{\frac{1}{q}})^{\frac{1}{q}}}
\end{aligned}
$$

又

$$\xi^{\frac{1}{q^2}}(1-\xi^{\frac{1}{p}})+\xi^{-\frac{1}{pq}}(1-\xi^{\frac{1}{q}})=$$

$$\xi^{-\frac{1}{pq}}(1-\xi^{\frac{1}{p}+\frac{1}{q^2}+\frac{1}{pq}})$$

$$\frac{1}{p}+\frac{1}{q^2}+\frac{1}{pq}=\left(1-\frac{1}{q}\right)+\frac{1}{q^2}+\left(1-\frac{1}{q}\right)\frac{1}{q}=1$$

所以
$$f(my)=\Gamma_{p,q}(\xi)$$

又

$$f(My)=(\sqrt[p]{p}\sqrt[q]{q})^{-1}\left[\left(\frac{1-\xi^{\frac{1}{q}}}{1-\xi^{\frac{1}{p}}}\right)^{\frac{1}{p}}\xi^{\frac{1}{p^2}}+\right.$$

$$\left.\left(\frac{1-\xi^{\frac{1}{p}}}{1-\xi^{\frac{1}{q}}}\right)^{\frac{1}{q}}\xi^{-\frac{1}{pq}}\right]$$

由 $p,q$ 地位的对称性及上面的证明,可知

$$f(My)=\Gamma_{p,q}(\xi)$$

故不等式(3)成立.证毕.

**推论1** 若对 $k=1,2,\cdots,n$,定理1中的假设成立,则有

$$\left(\sum_{k=1}^{n}a_kc_k\right)^{\frac{1}{p}}\left(\sum_{k=1}^{n}b_kc_k\right)^{\frac{1}{q}}\leqslant\Gamma_{p,q}\left(\frac{m}{M}\right)\sum_{k=1}^{n}a_k^{\frac{1}{p}}b_k^{\frac{1}{q}}c_k$$

其中,$\Gamma_{p,q}(\xi)$ 如式(2)所示.

**证明** 当 $k\geqslant n+1$ 时,令 $a_k=m,b_k=1,c_k=0$,由定理1即得证.

显然,推论1蕴涵不等式(1).

**推论2**

$$\left(\sum_{k=1}^{n}\gamma_k^{\frac{1}{q}}c_k\right)^{\frac{1}{p}}\left(\sum_{k=1}^{n}\gamma_k^{-\frac{1}{p}}c_k\right)^{\frac{1}{q}}\leqslant\Gamma_{p,q}\left(\frac{m}{M}\right)\sum_{k=1}^{n}c_k$$

其中,$0<m\leqslant\gamma_k\leqslant M(k=1,2,\cdots,n)$,$\frac{1}{p}+\frac{1}{q}=1(p,q>0)$,$\Gamma_{p,q}(\xi)$ 如式(2)所示.

推论 2 是 Kantorovič 不等式的自然推广.

在定理 1 及推论中,得到的是离散形式下(有限和与无限和情形)的逆向 Hölder 不等式. 下面考虑连续情形的逆向 Hölder 不等式.

**定理 2** 设$(X,\mathscr{A},\mu)$是一测度空间,$f,g$ 为 $X$ 上关于 $\mu$ 的非负可测函数. 若几乎处处有 $0<m\leqslant\frac{f}{g}\leqslant M$,且 $f^{\frac{1}{p}}g^{\frac{1}{q}}$ 在 $X$ 上可积$\left(p,q>0,\frac{1}{p}+\frac{1}{q}=1\right)$,则有

$$\left(\int_X f\,\mathrm{d}\mu\right)^{\frac{1}{p}}\left(\int_X g\,\mathrm{d}\mu\right)^{\frac{1}{q}}\leqslant\Gamma_{p,q}\left(\frac{m}{M}\right)\int_X f^{\frac{1}{p}}g^{\frac{1}{q}}\,\mathrm{d}\mu$$

其中,$\Gamma_{p,q}(\xi)$ 如式(2) 所示.

定理的证明过程完全类似于定理 1,只需将求和符号换成积分符号即可.

可以推知,定理 1 是定理 2 的特例.

对$\frac{1}{p}+\frac{1}{q}=\frac{1}{r}(p,q,r>0)$的情形,应用定理 2 即有

$$\begin{aligned}&\left(\int_X f\,\mathrm{d}\mu\right)^{\frac{1}{p}}\left(\int_X g\,\mathrm{d}\mu\right)^{\frac{1}{q}}=\\&\left[\left(\int_X f\,\mathrm{d}\mu\right)^{\frac{r}{p}}\left(\int_X g\,\mathrm{d}\mu\right)^{\frac{r}{q}}\right]^{\frac{1}{r}}\leqslant\\&\left[\Gamma_{\frac{r}{p},\frac{r}{q}}\left(\frac{m}{M}\right)\right]^{\frac{1}{r}}\left(\int f^{\frac{r}{p}}g^{\frac{r}{q}}\,\mathrm{d}\mu\right)^{\frac{1}{r}}\end{aligned}$$

对于有限离散和的情形,得到形如

$$\|x\|_p\cdot\|y\|_q\leqslant c_{p,q}^r\|x\cdot y\|_r$$

的不等式$\left(\frac{1}{p}+\frac{1}{q}=\frac{1}{r},p,q>0\right)$. 根据上面的讨论,此不等式对于无限和形式乃至连续和情形仍是成立的.

对有限和情形一般的 Hölder 不等式

$$\sum_{k=1}^{n} a_k^{\alpha} b_k^{\beta} \cdots d_k^{\gamma} \leqslant \left(\sum_{k=1}^{n} a_k\right)^{\alpha} \left(\sum_{k=1}^{n} b_k\right)^{\beta} \cdots \left(\sum_{k=1}^{n} d_k\right)^{\gamma}$$

$$(a_k, b_k, \cdots, d_k \geqslant 0, \alpha, \beta, \cdots, \gamma \geqslant 0, \alpha + \beta + \cdots + \gamma = 1)$$

有下面的逆向不等式(4).

**定理 3**　设 $0 < m_i \leqslant a_{ik} \leqslant M_i, \alpha_i > 0, k = 1, 2, \cdots, n, i = 1, 2, \cdots, N, \alpha_1 + \alpha_2 + \cdots + \alpha_N = 1$. 记 $\varepsilon_i = \frac{m_i}{M_i}, i = 1, 2, \cdots, N$, 则

$$\prod_{i=1}^{N} \left(\sum_{k=1}^{n} a_{ik}\right)^{\alpha_i} \leqslant \prod_{i=1}^{N} \varepsilon_i^{-\alpha_i(1-\alpha_i)} \sum_{k=1}^{n} a_{1k}^{\alpha_1} a_{2k}^{\alpha_2} \cdots a_{Nk}^{\alpha_N} \quad (4)$$

**证明**

$$\left(\sum_{k=1}^{n} a_{ik}\right)^{\alpha_i} = \left(\sum_{k=1}^{n} a_{ik}^{1-\alpha_i} \cdot a_{ik}^{\alpha_i} \prod_{j \neq i}^{N} m_i^{\alpha_j}\right)^{\alpha_i} \prod_{j \neq i}^{N} m_j^{-\alpha_i \alpha_j} \leqslant$$

$$\left(M_i^{\alpha_i(1-\alpha_i)} \prod_{j \neq i}^{N} m_j^{-\alpha_i \alpha_j}\right) \left(\sum_{k=1}^{n} a_{1k}^{\alpha_1} a_{2k}^{\alpha_2} \cdots a_{Nk}^{\alpha_N}\right)^{\alpha_i}$$

故

$$\prod_{i=1}^{N} \left(\sum_{k=1}^{n} a_{ik}\right)^{\alpha_i} \leqslant$$

$$\left(\prod_{i=1}^{N} M_i^{\alpha_i(1-\alpha_i)} m_i^{-\sum_{j \neq i} \alpha_j \alpha_i}\right) \sum_{k=1}^{n} a_{1k}^{\alpha_1} a_{2k}^{\alpha_2} \cdots a_{Nk}^{\alpha_N} =$$

$$\prod_{i=1}^{N} \varepsilon_i^{-\alpha_i(1-\alpha_i)} \sum_{k=1}^{n} a_{1k}^{\alpha_1} a_{2k}^{\alpha_2} \cdots a_{Nk}^{\alpha_N}$$

证毕.

当 $N=2$ 时，比较不等式(4)与(1)，它们关于 $\varepsilon_1, \varepsilon_2$ 的阶是一致的，区别仅在系数上.

注意到对 $s > 1$ 恒有

$$1 \leqslant \left(\frac{1-\xi}{1-\xi^{\frac{1}{s}}}\right)^{\frac{1}{s}} \leqslant \sqrt[s]{s} \quad (0 \leqslant \xi \leqslant 1)$$

故

$$\frac{1}{2} \leqslant (\sqrt[p]{p}\,\sqrt[q]{q})^{-1} \leqslant$$

$$(\sqrt[p]{p}\,\sqrt[q]{q})^{-1} \frac{1-\xi}{(1-\xi^{\frac{1}{p}})^{\frac{1}{p}}(1-\xi^{\frac{1}{q}})^{\frac{1}{q}}} \leqslant 1$$

$$(0 \leqslant \xi \leqslant 1)$$

以上不等式的估计是准确的.事实上,分别令 $\xi$ 趋于 0 或 1,即知等式成立.所以,不等式(1)的系数在 $((\sqrt[p]{p}\,\sqrt[q]{q})^{-1},1)$ 内变动.当 $p$ 或 $q$ 充分大时,$(\sqrt[p]{p}\,\sqrt[q]{q})^{-1}$ 充分接近于 1.即使在最好的情形下,$(\sqrt[p]{p}\,\sqrt[q]{q})^{-1}$ 也不小于$\frac{1}{2}$.对比之下,不等式(4)的系数为 1.故不等式(1)与不等式(4)($N=2$)的差别是不大的.

由定理 3 的证明过程知,不等式(4)的更广形式

$$\prod_{i=1}^{N}\left(\sum_{k=1}^{n} a_{ik} c_k\right)^{\alpha_i} \leqslant \prod_{i=1}^{N} \varepsilon_i^{-\alpha_i(1-\alpha_i)} \sum_{k=1}^{n} a_{1k}^{\alpha_1} a_{2k}^{\alpha_2} \cdots a_{Nk}^{\alpha_N} c_k$$

$$c_k \geqslant 0 \quad (k=1,2,\cdots,n)$$

显然也成立.

## 1.6 王—叶不等式

若 $\|\boldsymbol{x}\|=1$,Kantorovič 不等式有如下形式

$$\boldsymbol{x}^* \boldsymbol{A} \boldsymbol{x} \leqslant \frac{(\lambda_1+\lambda_n)^2}{4\lambda_1\lambda_n}(\boldsymbol{x}^* \boldsymbol{A}^{-1} \boldsymbol{x})^{-1} \tag{1}$$

本节从 Kantorovič 不等式(1)的矩阵形式出发研究 Schur 互补引理的加强形式及其等价形式.下面给出 Rennie 不等式的矩阵形式.

**引理** 设 $\boldsymbol{A} \in H_{++}^n$ 且最大与最小特征值为 $\lambda_1$ 和 $\lambda_n$,则

$$\frac{1}{\lambda_1\lambda_n}\boldsymbol{A}+\boldsymbol{A}^{-1}\leqslant\frac{\lambda_1+\lambda_n}{\lambda_1\lambda_n}\boldsymbol{I} \tag{2}$$

**证明** 由已知易知

$$\boldsymbol{A}+\lambda_1\lambda_n\boldsymbol{A}^{-1}\leqslant(\lambda_1+\lambda_n)\boldsymbol{I}$$

两边分别除以 $\lambda_1\lambda_n$ 即可. 证毕.

**定理 1** 设 $\boldsymbol{A}\in H_{++}^n$ 且最大与最小特征值为 $\lambda_1$ 和 $\lambda_n$，$\boldsymbol{X}\in\mathbf{C}^{n\times p}$ 且满足 $\boldsymbol{X}^*\boldsymbol{X}=\boldsymbol{I}_p$，则

$$\boldsymbol{X}^*\boldsymbol{A}^{-1}\boldsymbol{X}\leqslant\frac{(\lambda_1+\lambda_n)^2}{4\lambda_1\lambda_n}(\boldsymbol{X}^*\boldsymbol{A}\boldsymbol{X})^{-1} \tag{3}$$

**证明** 对式(2)作合同变换，即分别左乘 $\boldsymbol{X}^*$ 和右乘 $\boldsymbol{X}$ 得到

$$\frac{1}{\lambda_1\lambda_n}\boldsymbol{X}^*\boldsymbol{A}\boldsymbol{X}+\boldsymbol{X}^*\boldsymbol{A}^{-1}\boldsymbol{X}\leqslant\frac{\lambda_1+\lambda_n}{4\lambda_1\lambda_n}\boldsymbol{I} \tag{4}$$

由于

$$\frac{\lambda_1+\lambda_n}{\lambda_1\lambda_n}\boldsymbol{I}\leqslant\frac{1}{\lambda_1\lambda_n}\boldsymbol{X}^*\boldsymbol{A}\boldsymbol{X}+\frac{(\lambda_1+\lambda_n)^2}{4\lambda_1\lambda_n}(\boldsymbol{X}^*\boldsymbol{A}\boldsymbol{X})^{-1} \tag{5}$$

于是结论成立. 证毕.

虽然 Rennie 不等式发现较早，但是其矩阵形式(2) 直到 1990 年才由 Marshall 和 Olkin 给出，并由此得到 Kantorovič 不等式的矩阵形式(3). 后者显然没能注意到直接应用 Rennie 等人的结果.

如果令 $\boldsymbol{X}=(\boldsymbol{0},\boldsymbol{I}_p)^{\mathrm{T}}$，由定理 2 很容易得到 Schur 互补引理的加强形式. 这一结果最早由王松桂和叶伟彰(1992) 提供.

**定理 2** 设 $\boldsymbol{A}\in H_{++}^n$，则

$$\boldsymbol{A}_{21}\boldsymbol{A}_{11}^{-1}\boldsymbol{A}_{12}\leqslant\left(\frac{\lambda_1-\lambda_n}{\lambda_1+\lambda_n}\right)^2\boldsymbol{A}_{22} \tag{6}$$

或者等价的

$$\boldsymbol{A}_{22.1} \geqslant \frac{4\lambda_1\lambda_n}{(\lambda_1+\lambda_n)^2}\boldsymbol{A}_{22} \tag{7}$$

这里 $\lambda_1$ 和 $\lambda_n$ 分别为矩阵 $\boldsymbol{A}$ 的最大和最小特征值.

定理 1 和定理 2 等价. 事实上,根据奇异值分解理论,存在酉矩阵 $\boldsymbol{U}$ 使得 $\boldsymbol{UX}=(\boldsymbol{0},\boldsymbol{I}_p)^{\mathrm{T}}$. 记 $\boldsymbol{B}=\boldsymbol{U}^*\boldsymbol{AU}$,则 $\boldsymbol{B}^{-1}=\boldsymbol{U}^*\boldsymbol{A}^{-1}\boldsymbol{U}$,且

$$\boldsymbol{B}_{22}=(\boldsymbol{0},\boldsymbol{I}_p)\boldsymbol{B}\begin{pmatrix}\boldsymbol{0}\\ \boldsymbol{I}_p\end{pmatrix}=\boldsymbol{X}^*\boldsymbol{AX} \tag{8}$$

$$(\boldsymbol{B}^{-1})_{22}=(\boldsymbol{0},\boldsymbol{I}_p)\boldsymbol{B}^{-1}\begin{pmatrix}\boldsymbol{0}\\ \boldsymbol{I}_p\end{pmatrix}=\boldsymbol{X}^*\boldsymbol{A}^{-1}\boldsymbol{X}=\boldsymbol{B}_{22.1}^{-1} \tag{9}$$

由后一个等式(9) 可以得到 $(\boldsymbol{X}^*\boldsymbol{A}^{-1}\boldsymbol{X})^{-1}=\boldsymbol{B}_{22.1}$. 对矩阵 $\boldsymbol{B}$ 利用不等式(7),则得到矩阵形式的 Kantorovič 不等式(3).

**定理 3** 设 $\boldsymbol{A}\in H_{++}^n$,若 $\alpha\geqslant\left(\frac{\lambda_1-\lambda_n}{\lambda_1+\lambda_n}\right)^2$,则:

(1) 若 $\boldsymbol{P}$ 是一个投影矩阵,则

$$\boldsymbol{A}+(\alpha-1)\boldsymbol{PAP}\geqslant\boldsymbol{0}$$

(2) 若 $\boldsymbol{P}$ 和 $\boldsymbol{Q}$ 是投影矩阵且相互正交,则

$$\begin{pmatrix}\alpha\boldsymbol{PAP} & \boldsymbol{PAQ}\\ \boldsymbol{QAP} & \boldsymbol{QAQ}\end{pmatrix}\geqslant\boldsymbol{0}$$

(3) $\boldsymbol{X}$ 和 $\boldsymbol{Y}$ 是两个复 $n\times p$ 和 $n\times q$ 矩阵. 若 $\boldsymbol{X}^*\boldsymbol{Y}=\boldsymbol{0}$ 对所有广义逆 $(\boldsymbol{Y}^*\boldsymbol{AY})^-$ 不等式

$$\boldsymbol{X}^*\boldsymbol{AY}(\boldsymbol{Y}^*\boldsymbol{AY})^-\boldsymbol{Y}^*\boldsymbol{AX}\leqslant\left(\frac{\lambda_1-\lambda_n}{\lambda_1+\lambda_n}\right)^2\boldsymbol{X}^*\boldsymbol{AX} \tag{10}$$

都成立.

**证明** (1) 设 $\boldsymbol{A}_\alpha=\boldsymbol{A}+(\alpha-1)\boldsymbol{PAP}$,结论(1) 等价于对任意 $\boldsymbol{x}\in\mathbf{C}^n$,不等式

$$(\boldsymbol{A}_\alpha\boldsymbol{x},\boldsymbol{x})=(\boldsymbol{Ax},\boldsymbol{x})+(\alpha-1)(\boldsymbol{APx},\boldsymbol{Px})\geqslant\boldsymbol{0} \tag{11}$$

成立.

由于 $\boldsymbol{P}=\boldsymbol{P}^*=\boldsymbol{P}^2$，$\|\boldsymbol{Px}\|^2=(\boldsymbol{Px},\boldsymbol{x})$ 和 $\left(\boldsymbol{x},\dfrac{\boldsymbol{Px}}{\|\boldsymbol{Px}\|}\right)^2=(\boldsymbol{Px},\boldsymbol{x})$，不等式(11) 变为

$$(\boldsymbol{Ax},\boldsymbol{x})-(\alpha-1)\left(\boldsymbol{A}\frac{\boldsymbol{Px}}{\|\boldsymbol{Px}\|},\frac{\boldsymbol{Px}}{\|\boldsymbol{Px}\|}\right)\cdot\left(\boldsymbol{x},\frac{\boldsymbol{Px}}{\|\boldsymbol{Px}\|}\right)^2\geqslant \boldsymbol{0} \tag{12}$$

不妨设 $\|\boldsymbol{x}\|=1$ 并令 $\boldsymbol{y}=\dfrac{\boldsymbol{Px}}{\|\boldsymbol{Px}\|}$. 由 CBS 不等式可得

$$\begin{aligned}(\boldsymbol{Ax},\boldsymbol{x})(\boldsymbol{A}^{-1}\boldsymbol{y},\boldsymbol{y})=(\boldsymbol{A}^{\frac{1}{2}}\boldsymbol{x},\boldsymbol{A}^{\frac{1}{2}}\boldsymbol{x})(\boldsymbol{A}^{-\frac{1}{2}}\boldsymbol{y},\boldsymbol{A}^{-\frac{1}{2}}\boldsymbol{y})\geqslant\\ |(\boldsymbol{A}^{\frac{1}{2}}\boldsymbol{x},\boldsymbol{A}^{-\frac{1}{2}}\boldsymbol{y})|^2=\\ |(\boldsymbol{x},\boldsymbol{y})|^2=\\ \left(\boldsymbol{x},\frac{\boldsymbol{Px}}{\|\boldsymbol{Px}\|}\right)^2\end{aligned}$$

结合不等式(1) 有

$$\begin{aligned}&(\boldsymbol{A}_\alpha\boldsymbol{x},\boldsymbol{x})=(\boldsymbol{Ax},\boldsymbol{x})+(\alpha-1)(\boldsymbol{Ay},\boldsymbol{y})(\boldsymbol{x},\boldsymbol{y})^2\geqslant\\ &(\boldsymbol{Ax},\boldsymbol{x})+(\alpha-1)(\boldsymbol{Ay},\boldsymbol{y})(\boldsymbol{A}^{-1}\boldsymbol{y},\boldsymbol{y})(\boldsymbol{Ax},\boldsymbol{x})\geqslant\\ &(\boldsymbol{Ax},\boldsymbol{x})+(\alpha-1)\frac{(\lambda_1+\lambda_n)^2}{4\lambda_1\lambda_n}(\boldsymbol{Ax},\boldsymbol{x})=\\ &\frac{(\lambda_1+\lambda_n)^2}{4\lambda_1\lambda_n}\left(\alpha-\left(\frac{\lambda_1-\lambda_n}{\lambda_1+\lambda_n}\right)^2\right)(\boldsymbol{Ax},\boldsymbol{x})\end{aligned}$$

于是结论(1) 成立.

(2) 不妨设 $\boldsymbol{Q}=\boldsymbol{P}^{\perp}=\boldsymbol{I}-\boldsymbol{P}$ 是 $\boldsymbol{P}$ 的正交补. 将矩阵 $\boldsymbol{B}$ 投影到空间 $\boldsymbol{P}(\mathbf{C}^n)\oplus\boldsymbol{Q}(\mathbf{C}^n)$ 上，则 $\boldsymbol{B}$ 半正定当且仅当矩阵 $\begin{pmatrix}\boldsymbol{PBP} & \boldsymbol{PBQ}\\ \boldsymbol{QBP} & \boldsymbol{QBQ}\end{pmatrix}$ 半正定. 以 $\boldsymbol{B}=\boldsymbol{A}_\alpha$ 代入则得到所需的结果.

(3) 以投影矩阵 $\boldsymbol{XX}^+$ 和 $\boldsymbol{YY}^+$ 代替(2) 中的 $\boldsymbol{P}$ 和 $\boldsymbol{Q}$，则当 $\alpha \geqslant \left(\frac{\lambda_1 - \lambda_n}{\lambda_1 + \lambda_n}\right)^2$ 时

$$\begin{bmatrix} \alpha\boldsymbol{X}^*\boldsymbol{AX} & \boldsymbol{X}^*\boldsymbol{AY} \\ \boldsymbol{Y}^*\boldsymbol{AX} & \boldsymbol{Y}^*\boldsymbol{AY} \end{bmatrix} =$$

$$\begin{bmatrix} \boldsymbol{X}^* & \boldsymbol{0} \\ \boldsymbol{0} & \boldsymbol{Y}^* \end{bmatrix} \begin{bmatrix} \alpha(\boldsymbol{XX}^+)^*\boldsymbol{A}(\boldsymbol{XX}^+) & (\boldsymbol{XX}^+)^*\boldsymbol{A}(\boldsymbol{YY}^+) \\ (\boldsymbol{YY}^+)^*\boldsymbol{A}(\boldsymbol{XX}^+) & (\boldsymbol{YY}^+)^*\boldsymbol{A}(\boldsymbol{YY}^+) \end{bmatrix} \cdot$$

$$\begin{pmatrix} \boldsymbol{X} & \boldsymbol{0} \\ \boldsymbol{0} & \boldsymbol{Y} \end{pmatrix} \geqslant \boldsymbol{0}$$

利用 Schur 互补引理可知结论成立. 证毕.

若

$$\boldsymbol{X} = \begin{pmatrix} \boldsymbol{I}_p \\ \boldsymbol{0} \end{pmatrix}, \boldsymbol{Y} = \begin{pmatrix} \boldsymbol{0} \\ \boldsymbol{I}_q \end{pmatrix} \tag{13}$$

则

$$\begin{aligned} &\boldsymbol{X}^*\boldsymbol{AX} = \boldsymbol{A}_{11}, \boldsymbol{X}^*\boldsymbol{AY} = \boldsymbol{A}_{12} \\ &\boldsymbol{Y}^*\boldsymbol{AX} = \boldsymbol{A}_{21}, \boldsymbol{Y}^*\boldsymbol{AY} = \boldsymbol{A}_{22} \end{aligned} \tag{14}$$

由不等式(10) 也可得到不等式(6).

## 1.7 DLLPS 不等式

2002 年，Drury 等人(2002) 给出了 Kantorovič 矩阵不等式在退化情况下的推广形式.

**定理 1** 设 $\boldsymbol{A} \in H_+^n$ 有 $r$ 个非 0 特征值 $\lambda_1 \geqslant \lambda_2 \geqslant \cdots \geqslant \lambda_r > 0$，$\boldsymbol{X} \in \mathbf{C}^{n\times p}$，有

$$\boldsymbol{X}^*\boldsymbol{AX} \leqslant \frac{(\lambda_1 + \lambda_r)^2}{4\lambda_1\lambda_r}\boldsymbol{X}^*\boldsymbol{P_A X}(\boldsymbol{X}^*\boldsymbol{A}^+\boldsymbol{X})^-\boldsymbol{X}^*\boldsymbol{P_A X} \tag{1}$$

**证明** 设 $\boldsymbol{A}$ 有谱分解 $\boldsymbol{A} = \boldsymbol{U\Lambda U}^*$，其中 $\boldsymbol{\Lambda}$ 为 $r\times r$

对角矩阵，$\boldsymbol{U}$ 为 $n\times r$ 部分酉矩阵满足 $\boldsymbol{U}^*\boldsymbol{U}=\boldsymbol{I}_r$. 则 $\boldsymbol{P}_A=\boldsymbol{U}\boldsymbol{U}^*$，不等式(1) 等价于

$$\boldsymbol{X}^*\boldsymbol{U}\boldsymbol{\Lambda}\boldsymbol{U}^*\boldsymbol{X}\leqslant\frac{(\lambda_1+\lambda_r)^2}{4\lambda_1\lambda_r}\boldsymbol{X}^*\boldsymbol{U}\boldsymbol{U}^*\boldsymbol{X}\cdot(\boldsymbol{X}^*\boldsymbol{U}\boldsymbol{\Lambda}^{-1}\boldsymbol{U}^*\boldsymbol{X})^-\boldsymbol{X}^*\boldsymbol{U}\boldsymbol{U}^*\boldsymbol{X}\tag{2}$$

对 $\boldsymbol{U}^*\boldsymbol{X}$ 满秩分解得到 $\boldsymbol{U}^*\boldsymbol{X}=\boldsymbol{K}\boldsymbol{L}^*$，其中 $\boldsymbol{L}$ 和 $\boldsymbol{K}$ 为列满秩矩阵，且满足 $\boldsymbol{K}^*\boldsymbol{K}=\boldsymbol{I}_s$，$s=\mathrm{rank}(\boldsymbol{U}^*\boldsymbol{X})$. 于是不等式(2) 等价于

$$\boldsymbol{L}\boldsymbol{K}^*\boldsymbol{\Lambda}\boldsymbol{K}\boldsymbol{L}^*\leqslant\frac{(\lambda_1+\lambda_r)^2}{4\lambda_1\lambda_r}\boldsymbol{L}\boldsymbol{K}^*\boldsymbol{K}\boldsymbol{L}^*\cdot(\boldsymbol{L}\boldsymbol{K}^*\boldsymbol{\Lambda}^{-1}\boldsymbol{K}\boldsymbol{L}^*)^-\boldsymbol{L}\boldsymbol{K}^*\boldsymbol{K}\boldsymbol{L}^*\tag{3}$$

由于 $\boldsymbol{L}$ 是列满秩的，因此不等式(3) 又等价于

$$\boldsymbol{K}^*\boldsymbol{\Lambda}\boldsymbol{K}\leqslant\frac{(\lambda_1+\lambda_r)^2}{4\lambda_1\lambda_r}\boldsymbol{L}^*(\boldsymbol{L}\boldsymbol{K}^*\boldsymbol{\Lambda}^{-1}\boldsymbol{K}\boldsymbol{L}^*)^-\boldsymbol{L}\tag{4}$$

由于 $s\times s$ 阶矩阵 $\boldsymbol{B}=\boldsymbol{L}^*(\boldsymbol{L}\boldsymbol{K}^*\boldsymbol{\Lambda}^{-1}\boldsymbol{K}\boldsymbol{L}^*)^-\boldsymbol{L}\boldsymbol{K}^*\boldsymbol{\Lambda}^{-1}\boldsymbol{K}$ 是幂等矩阵，且 $\mathrm{rank}(\boldsymbol{B})=\mathrm{rank}(\boldsymbol{L}\boldsymbol{K}^*)=s$，因此 $\boldsymbol{B}=\boldsymbol{I}_s$，即 $\boldsymbol{L}^*(\boldsymbol{L}\boldsymbol{K}^*\boldsymbol{\Lambda}^{-1}\boldsymbol{K}\boldsymbol{L}^*)^-\boldsymbol{L}=(\boldsymbol{K}^*\boldsymbol{\Lambda}^{-1}\boldsymbol{K})^{-1}$. 这样一来，不等式(1) 又等价于

$$\boldsymbol{K}^*\boldsymbol{\Lambda}\boldsymbol{K}\leqslant\frac{(\lambda_1+\lambda_r)^2}{4\lambda_1\lambda_r}(\boldsymbol{K}^*\boldsymbol{\Lambda}^{-1}\boldsymbol{K})^{-1}\tag{5}$$

它就是 Kantorovič 矩阵不等式(上节式(3)). 证毕.

**引理**　设 $\boldsymbol{A}\in H_+^n$，$\boldsymbol{X}\in\mathbf{C}^{n\times p}$ 和 $\boldsymbol{Y}\in\mathbf{C}^{n\times q}$ 满足

$$\boldsymbol{X}^*\boldsymbol{P}_A\boldsymbol{Y}=\boldsymbol{0}\tag{6}$$

则不等式

$$\boldsymbol{A}-\boldsymbol{P}_A\boldsymbol{X}(\boldsymbol{X}^*\boldsymbol{A}^+\boldsymbol{X})^-\boldsymbol{X}^*\boldsymbol{P}_A\geqslant\boldsymbol{A}\boldsymbol{Y}(\boldsymbol{Y}^*\boldsymbol{A}\boldsymbol{Y})^-\boldsymbol{Y}^*\boldsymbol{A}\tag{7}$$

成立，进而

$$\boldsymbol{X}^*\boldsymbol{A}\boldsymbol{X}-\boldsymbol{X}^*\boldsymbol{P}_A\boldsymbol{X}(\boldsymbol{X}^*\boldsymbol{A}^+\boldsymbol{X})^-\boldsymbol{X}^*\boldsymbol{P}_A\boldsymbol{X}\geqslant\boldsymbol{X}^*\boldsymbol{A}\boldsymbol{Y}(\boldsymbol{Y}^*\boldsymbol{A}\boldsymbol{Y})^-\boldsymbol{Y}^*\boldsymbol{A}\boldsymbol{X}\tag{8}$$

**证明**　只要注意到矩阵

$$\boldsymbol{B}=\boldsymbol{I}-(\boldsymbol{A}^{+})^{\frac{1}{2}}\boldsymbol{X}(\boldsymbol{X}^{*}\boldsymbol{A}^{+}\boldsymbol{X})^{-}\boldsymbol{X}^{*}(\boldsymbol{A}^{+})^{\frac{1}{2}}-\boldsymbol{A}^{\frac{1}{2}}\boldsymbol{Y}(\boldsymbol{Y}^{*}\boldsymbol{A}\boldsymbol{Y})^{-}\boldsymbol{Y}^{*}\boldsymbol{A}^{\frac{1}{2}} \tag{9}$$

是幂等的即可. 事实上,矩阵 $\boldsymbol{B}$ 的后面两项是幂等的且乘积为零. 证毕.

下面的结果显然是王－叶不等式(上节式(10))的推广.

**定理 2**　设 $\boldsymbol{A}\in H_{+}^{n}$, $\boldsymbol{X}\in\mathbf{C}^{n\times p}$ 和 $\boldsymbol{Y}\in\mathbf{C}^{n\times q}$ 满足 $\boldsymbol{X}^{*}\boldsymbol{P}_{A}\boldsymbol{Y}=\boldsymbol{0}$,则不等式

$$\boldsymbol{X}^{*}\boldsymbol{A}\boldsymbol{Y}(\boldsymbol{Y}^{*}\boldsymbol{A}\boldsymbol{Y})^{-}\boldsymbol{Y}^{*}\boldsymbol{A}\boldsymbol{X}\leqslant\left(\frac{\lambda_1-\lambda_r}{\lambda_1+\lambda_r}\right)^2\boldsymbol{X}^{*}\boldsymbol{A}\boldsymbol{X} \tag{10}$$

成立.

**证明**　由不等式(8)和不等式(1)立得. 证毕.

从不等式(10)可以方便地得到不等式(1). 例如选择 $\boldsymbol{Y}$ 为矩阵 $\boldsymbol{X}^{*}\boldsymbol{P}_{A}$ 的零空间上的投影矩阵,即

$$\boldsymbol{Y}=\boldsymbol{P}_{A}-\boldsymbol{P}_{A}\boldsymbol{X}(\boldsymbol{X}^{*}\boldsymbol{P}_{A}\boldsymbol{X})^{-}\boldsymbol{X}^{*}\boldsymbol{P}_{A}$$

代入到式(10)即可得到不等式(1).

## 1.8　Kantorovič 不等式及其推广

设 $\boldsymbol{A}$ 为正定 Hermite 阵,Cauchy-Schwarz 不等式的推广形式为

$$|\boldsymbol{x}^{*}\boldsymbol{y}|^2\leqslant\boldsymbol{x}^{*}\boldsymbol{A}\boldsymbol{x}\cdot\boldsymbol{y}^{*}\boldsymbol{A}^{-1}\boldsymbol{y} \tag{1}$$

特别的,当 $\boldsymbol{x}=\boldsymbol{y}$ 时

$$(\boldsymbol{x}^{*}\boldsymbol{x})^2\leqslant\boldsymbol{x}^{*}\boldsymbol{A}\boldsymbol{x}\cdot\boldsymbol{x}^{*}\boldsymbol{A}^{-1}\boldsymbol{x} \tag{2}$$

等价的,对任意 $\boldsymbol{x}\neq\boldsymbol{0}$ 有

$$\frac{\boldsymbol{x}^{*}\boldsymbol{A}\boldsymbol{x}\boldsymbol{x}^{*}\boldsymbol{A}^{-1}\boldsymbol{x}}{(\boldsymbol{x}^{*}\boldsymbol{x})^2}\geqslant 1 \tag{3}$$

上式右端是两个 Rayleigh 商

$$\frac{x^*Ax}{x^*x} \text{与} \frac{x^*A^{-1}x}{x^*x}$$

的乘积. Cauchy-Schwarz 不等式(3) 给出了这个乘积的下界 1. 本节我们要建立它的上界，这就是下面的 Kantorovič 不等式.

**定理 1**(Kantorovič)　设 $A$ 为 $n\times n$ 正定 Hermite 阵，$\lambda_1$ 和 $\lambda_n$ 分别为其最大和最小特征值，则对任意非零向量 $x$ 有

$$\frac{x^*Axx^*A^{-1}x}{(x^*x)^2} \leqslant \frac{(\lambda_1+\lambda_n)^2}{4\lambda_1\lambda_n} \tag{4}$$

当 $x=\frac{\varphi_1+\varphi_n}{\sqrt{2}}$ 时，等号成立，这里 $\varphi_1$ 和 $\varphi_n$ 分别为 $\lambda_1$ 和 $\lambda_n$ 对应的标准正交化特征向量.

**证明**　设 $\lambda_1 \geqslant \lambda_2 \geqslant \cdots \geqslant \lambda_n$ 为 $A$ 的特征值，$\Lambda=\mathrm{diag}(\lambda_1,\lambda_2,\cdots,\lambda_n)$，则存在酉阵 $U$，使 $A=U^*\Lambda U$. 记

$$y=Ux$$

$$\xi_i=\frac{|y_i|^2}{\left(\sum_{i=1}^n |\bar{y}_i|^2\right)^{\frac{1}{2}}} \quad (i=1,2,\cdots,n)$$

问题归结为对 $\xi_i \geqslant 0$，$\sum_{i=1}^n \xi_i=1$，证明

$$\left(\sum_{i=1}^n \lambda_i\xi_i\right)\sum_{i=1}^n\left(\frac{\xi_i}{\lambda_i}\right) \leqslant \frac{(\lambda_1+\lambda_n)^2}{4\lambda_1\lambda_n} \tag{5}$$

用下式定义 $u_i$ 和 $v_i(i=1,2,\cdots,n)$

$$\begin{cases}\lambda_i=\lambda_1u_i+\lambda_nv_i\\ \dfrac{1}{\lambda_i}=\dfrac{u_i}{\lambda_1}+\dfrac{v_i}{\lambda_n}\end{cases} \tag{6}$$

容易验证 $u_i \geqslant 0, v_i \geqslant 0, i=1,2,\cdots,n$.

再由

$$1=\frac{1}{\lambda_i}\lambda_i=\left(\frac{u_i}{\lambda_1}+\frac{v_i}{\lambda_n}\right)(\lambda_1 u_i+\lambda_n v_i)=$$

$$(u_i+v_i)^2+\frac{v_i u_i(\lambda_1-\lambda_n)^2}{\lambda_1\lambda_n}$$

可推得 $u_i+v_i\leqslant 1, i=1,2,\cdots,n$.

记

$$u=\sum_{i=1}^{n}\xi_i u_i$$

$$v=\sum_{i=1}^{n}\xi_i v_i$$

则有

$$u+v=\sum_{i=1}^{n}\xi_i(u_i+v_i)\leqslant\sum_{i=1}^{n}\xi_i=1 \tag{7}$$

于是

$$\left(\sum_{i=1}^{n}\lambda_i\xi_i\right)\left(\sum_{i=1}^{n}\frac{\xi_i}{\lambda_i}\right)=$$

$$(\lambda_1 u+\lambda_n v)\left(\frac{u}{\lambda_1}+\frac{v}{\lambda_n}\right)=$$

$$(u+v)^2+\frac{uv(\lambda_1-\lambda_n)^2}{\lambda_1\lambda_n}=$$

$$(u+v)^2\left[1+\frac{4uv}{(u+v)^2}\frac{(\lambda_1-\lambda_n)^2}{4\lambda_1\lambda_n}\right]\leqslant$$

$$1+\frac{(\lambda_1-\lambda_n)^2}{4\lambda_1\lambda_n}=\frac{(\lambda_1+\lambda_n)^2}{4\lambda_1\lambda_n}$$

于是(5)得证.容易验证,当 $\boldsymbol{x}=\dfrac{\boldsymbol{\varphi}_1+\boldsymbol{\varphi}_n}{\sqrt{2}}$ 时,等号成立,定理证毕.

综合(3)和(4),我们有

$$1\leqslant\frac{\boldsymbol{x}^*\boldsymbol{A}\boldsymbol{x}\boldsymbol{x}^*\boldsymbol{A}^{-1}\boldsymbol{x}}{(\boldsymbol{x}^*\boldsymbol{x})^2}\leqslant\frac{(\lambda_1+\lambda_n)^2}{4\lambda_1\lambda_n} \tag{8}$$

另一方面，式(4) 可写为

$$x^*Axx^*A^{-1}x \leqslant \frac{(\lambda_1+\lambda_n)^2}{4\lambda_1\lambda_n}(x^*x)^2 \tag{9}$$

从这个意义上说，Kantorovič 不等式(9) 是 Cauchy-Schwarz 不等式(2) 的"逆"形式.

**注**　Kantorovič 不等式还有许多种证明. 作为上节的 Wielandt 不等式的一个应用，下面扼要介绍另外一种证法.

令

$$y=\|x\|^2(A^{-1}x)-(x^*A^{-1}x)x \tag{10}$$

它满足 $x^*y=0$，且

$$Ay=\|x\|^2x-(x^*A^{-1}x)Ax \tag{11}$$

$$x^*Ay=\|x\|^4-(x^*A^{-1}x)(x^*Ax) \tag{12}$$

$$y^*Ay=-(x^*A^{-1}x)(y^*Ax) \tag{13}$$

从式(13) 立即推出 $y^*Ax=x^*Ay\leqslant 0$. 将 Wielandt 不等式改写为

$$|x^*Ay|^2\leqslant \cos^2\theta x^*Axy^*Ay \tag{14}$$

将式(13) 代入上式，得

$$|x^*Ay|^2\leqslant \cos^2\theta x^*Axx^*A^{-1}x(-y^*Ax)$$

因为 $x^*Ay\leqslant 0$，所以

$$-x^*Ay\leqslant \cos^2\theta x^*Axx^*A^{-1}x$$

在式(12) 中，利用这个不等式，得到

$$\|x\|^4\geqslant(1-\cos^2\theta)x^*Axx^*A^{-1}x=\frac{4\lambda_1\lambda_n}{(\lambda_1+\lambda_n)^2}x^*Axx^*A^{-1}x$$

此即式(4).

下面的定理是 Kantorovič 不等式的一个简单推广.

**定理 2**(Greub-Rheinboldt)　设 $A$ 和 $B$ 为两个正

定 Hermite 阵，且 $\boldsymbol{AB}=\boldsymbol{BA}$，记 $\lambda_1\geqslant\lambda_2\geqslant\cdots\geqslant\lambda_n$ 和 $\mu_1\geqslant\mu_2\geqslant\cdots\geqslant\mu_n$ 分别为 $\boldsymbol{A}$ 和 $\boldsymbol{B}$ 的特征值，则对任意非零向量 $\boldsymbol{x}$，有

$$\frac{\boldsymbol{x}^*\boldsymbol{A}^2\boldsymbol{x}\boldsymbol{x}^*\boldsymbol{B}^2\boldsymbol{x}}{(\boldsymbol{x}^*\boldsymbol{ABx})^2}\leqslant\frac{(\lambda_1\mu_1+\lambda_n\mu_n)^2}{4\lambda_1\lambda_n\mu_1\mu_n} \tag{15}$$

**证明** 因为 $\boldsymbol{AB}=\boldsymbol{BA}$，根据已知，存在酉阵 $\boldsymbol{U}$，使得 $\boldsymbol{A}=\boldsymbol{U\Lambda U}^*$，$\boldsymbol{B}=\boldsymbol{UMU}^*$，这里

$$\boldsymbol{\Lambda}=\mathrm{diag}(\lambda_1,\lambda_2,\cdots,\lambda_n)$$

$$\boldsymbol{M}=\mathrm{diag}(\mu_{i_1},\mu_{i_2},\cdots,\mu_{i_n})$$

令 $\boldsymbol{z}=(\boldsymbol{\Lambda M})^{\frac{1}{2}}\boldsymbol{U}^*\boldsymbol{x}$，$\boldsymbol{C}=\boldsymbol{\Lambda M}^{-1}=\mathrm{diag}\left(\frac{\lambda_1}{\mu_{i_1}},\frac{\lambda_2}{\mu_{i_2}},\cdots,\frac{\lambda_n}{\mu_{i_n}}\right)$.

应用 Kantorovič 不等式得

$$\frac{\boldsymbol{x}^*\boldsymbol{A}^2\boldsymbol{x}\boldsymbol{x}^*\boldsymbol{B}^2\boldsymbol{x}}{(\boldsymbol{x}^*\boldsymbol{ABx})^2}=\frac{\boldsymbol{z}^*\boldsymbol{Cz}\boldsymbol{z}^*\boldsymbol{C}^{-1}\boldsymbol{z}}{(\boldsymbol{z}^*\boldsymbol{z})^2}\leqslant\frac{(\delta_1+\delta_n)^2}{4\delta_1\delta_n}$$

其中 $\delta_1=\max\limits_k\left\{\frac{\lambda_k}{\mu_{i_k}}\right\}$，$\delta_n=\min\limits_k\left\{\frac{\lambda_k}{\mu_{i_k}}\right\}$. 记上式右端为 $d$，则

$$d=\frac{(\delta_1+\delta_n)^2}{4\delta_1\delta_n}=\frac{\left(1+\frac{\delta_1}{\delta_n}\right)^2}{4\left(\frac{\delta_1}{\delta_n}\right)}$$

注意，$d$ 是 $\frac{\delta_1}{\delta_n}$ 的单调增函数，若记 $\alpha_1=\frac{\mu_1}{\lambda_n}$，$\alpha_n=\frac{\mu_n}{\lambda_1}$，从 $\delta_1$ 和 $\delta_n$ 的定义，知

$$\frac{\alpha_1}{\alpha_n}\geqslant\frac{\delta_1}{\delta_n}$$

于是
$$d\leqslant\frac{\left(1+\frac{\alpha_1}{\alpha_n}\right)^2}{4\left(\frac{\alpha_1}{\alpha_n}\right)}=\frac{(\lambda_1\mu_1+\lambda_n\mu_n)^2}{4\lambda_1\lambda_n\mu_1\mu_n}$$

定理证毕.

现在我们考虑 Kantorovič 不等式的进一步推广. 在式(4) 中,若假设 $\boldsymbol{x}^*\boldsymbol{x}=1$,则 Kantorovič 不等式变为

$$\boldsymbol{x}^*\boldsymbol{A}\boldsymbol{x}\boldsymbol{x}^*\boldsymbol{A}^{-1}\boldsymbol{x}\leqslant\frac{(\lambda_1+\lambda_n)^2}{4\lambda_1\lambda_n}\tag{16}$$

进一步的推广是将 $n\times 1$ 向量 $\boldsymbol{x}$ 换成 $n\times p$ 矩阵 $\boldsymbol{X}$,然后取其行列式,给出 $\det(\boldsymbol{X}^*\boldsymbol{A}\boldsymbol{X})\cdot\det(\boldsymbol{X}^*\boldsymbol{A}^{-1}\boldsymbol{X})$ 的上界. 关于这一点,Bloomfield 和 Watson(1975) 在研究线性模型参数估计效率问题时证明了下面的定理.

**定理 3**(Bloomfield-Waston)　设 $\boldsymbol{A}$ 为 $n\times n$ 实对称正定阵,$\boldsymbol{X}$ 为 $n\times p$ 实矩阵且满足 $\boldsymbol{X}^{\mathrm{T}}\boldsymbol{X}=\boldsymbol{I}_p$. 记 $\lambda_1\geqslant\lambda_2\geqslant\cdots\geqslant\lambda_n$ 为 $\boldsymbol{A}$ 的特征值,又 $n\geqslant 2p$,则

$$\det(\boldsymbol{X}^{\mathrm{T}}\boldsymbol{A}\boldsymbol{X})\cdot\det(\boldsymbol{X}^{\mathrm{T}}\boldsymbol{A}^{-1}\boldsymbol{X})\leqslant\prod_{i=1}^{p}\frac{(\lambda_i+\lambda_{n-i+1})^2}{4\lambda_i\lambda_{n-i+1}}\tag{17}$$

**证明**　我们应用 Lagrange 乘子法来证明. 记 $\boldsymbol{\Delta}$ 为 $p\times p$ 上三角阵,它的 $\frac{1}{2}p(p+1)$ 个非零元素对应于约束条件 $\boldsymbol{X}^{\mathrm{T}}\boldsymbol{X}-\boldsymbol{I}_p=\boldsymbol{0}$,定义

$$F(\boldsymbol{X},\boldsymbol{\Delta})=\ln\det(\boldsymbol{X}^{\mathrm{T}}\boldsymbol{A}^{-1}\boldsymbol{X})+\ln\det(\boldsymbol{X}^{\mathrm{T}}\boldsymbol{A}\boldsymbol{X})-2\operatorname{tr}(\boldsymbol{X}^{\mathrm{T}}\boldsymbol{X}\boldsymbol{\Delta})$$

利用已知,我们有

$$\frac{\partial\ln\det(\boldsymbol{X}^{\mathrm{T}}\boldsymbol{A}^{-1}\boldsymbol{X})}{\partial\boldsymbol{X}}=2\boldsymbol{A}^{-1}\boldsymbol{X}(\boldsymbol{X}^{\mathrm{T}}\boldsymbol{A}^{-1}\boldsymbol{X})^{-1}$$

$$\frac{\partial\ln\det(\boldsymbol{X}^{\mathrm{T}}\boldsymbol{A}\boldsymbol{X})}{\partial\boldsymbol{X}}=2\boldsymbol{A}\boldsymbol{X}(\boldsymbol{X}^{\mathrm{T}}\boldsymbol{A}\boldsymbol{X})^{-1}$$

$$\frac{\partial\operatorname{tr}(\boldsymbol{X}^{\mathrm{T}}\boldsymbol{X}\boldsymbol{\Delta})}{\partial\boldsymbol{X}}=\boldsymbol{X}(\boldsymbol{\Delta}+\boldsymbol{\Delta}^{\mathrm{T}})$$

对 $F(\boldsymbol{X},\boldsymbol{\Delta})$ 关于 $\boldsymbol{X}$ 求导数,并令其等于 $\boldsymbol{0}$,得

$$\boldsymbol{AX}(\boldsymbol{X}^{\mathrm{T}}\boldsymbol{AX})^{-1}+\boldsymbol{A}^{-1}\boldsymbol{X}(\boldsymbol{X}^{\mathrm{T}}\boldsymbol{A}^{-1}\boldsymbol{X})^{-1}-\boldsymbol{X}(\boldsymbol{\Delta}+\boldsymbol{\Delta}^{\mathrm{T}})=\boldsymbol{0} \tag{18}$$

用 $\boldsymbol{X}$ 左乘上式可推出

$$\boldsymbol{\Delta}+\boldsymbol{\Delta}^{\mathrm{T}}=2\boldsymbol{I}_p$$

代入(18),我们有

$$\boldsymbol{AX}(\boldsymbol{X}^{\mathrm{T}}\boldsymbol{AX})^{-1}+\boldsymbol{A}^{-1}\boldsymbol{X}(\boldsymbol{X}^{\mathrm{T}}\boldsymbol{A}^{-1}\boldsymbol{X})^{-1}=2\boldsymbol{X} \tag{19}$$

再用 $\boldsymbol{X}^{\mathrm{T}}\boldsymbol{A}$ 左乘上式

$$\boldsymbol{X}^{\mathrm{T}}\boldsymbol{A}^2\boldsymbol{X}(\boldsymbol{X}^{\mathrm{T}}\boldsymbol{AX})^{-1}=2\boldsymbol{X}^{\mathrm{T}}\boldsymbol{AX}-(\boldsymbol{X}^{\mathrm{T}}\boldsymbol{A}^{-1}\boldsymbol{X})^{-1} \tag{20}$$

因为上式右边两个矩阵是对称阵,所以左边的矩阵 $\boldsymbol{X}^{\mathrm{T}}\boldsymbol{A}^2\boldsymbol{X}$ 和 $(\boldsymbol{X}^{\mathrm{T}}\boldsymbol{AX})^{-1}$ 是可交换的,因而 $\boldsymbol{X}^{\mathrm{T}}\boldsymbol{A}^2\boldsymbol{X}$ 和 $\boldsymbol{X}^{\mathrm{T}}\boldsymbol{AX}$ 也是可交换的,由已知,存在正交阵使 $\boldsymbol{X}^{\mathrm{T}}\boldsymbol{A}^2\boldsymbol{X}$ 和 $\boldsymbol{X}^{\mathrm{T}}\boldsymbol{AX}$ 同时对角化. 再由式(20) 可推知,$\boldsymbol{X}^{\mathrm{T}}\boldsymbol{AX}$ 与 $\boldsymbol{X}^{\mathrm{T}}\boldsymbol{A}^{-1}\boldsymbol{X}$ 也可以用同一正交阵同时对角化,因为将 $\boldsymbol{X}$ 右乘一正交阵之后,式(17) 的左端保持不变,故我们假设 $\boldsymbol{X}^{\mathrm{T}}\boldsymbol{AX}$ 和 $\boldsymbol{X}^{\mathrm{T}}\boldsymbol{A}^{-1}\boldsymbol{X}$ 已经是对角阵了.

记 $\boldsymbol{X}=(\boldsymbol{x}_1,\boldsymbol{x}_2,\cdots,\boldsymbol{x}_p)$,则

$$\boldsymbol{X}^{\mathrm{T}}\boldsymbol{AX}=\mathrm{diag}(\boldsymbol{x}_1^{\mathrm{T}}\boldsymbol{Ax}_1,\cdots,\boldsymbol{x}_p^{\mathrm{T}}\boldsymbol{Ax}_p)$$

$$\boldsymbol{X}^{\mathrm{T}}\boldsymbol{A}^{-1}\boldsymbol{X}=\mathrm{diag}(\boldsymbol{x}_1^{\mathrm{T}}\boldsymbol{A}^{-1}\boldsymbol{x}_1,\cdots,\boldsymbol{x}_p^{\mathrm{T}}\boldsymbol{A}^{-1}\boldsymbol{x}_p)$$

再记式(17) 左端为 $M(\boldsymbol{X})$,于是

$$M(\boldsymbol{X})=\prod_{i=1}^{p}\boldsymbol{x}_i^{\mathrm{T}}\boldsymbol{Ax}_i\boldsymbol{x}_i^{\mathrm{T}}\boldsymbol{A}^{-1}\boldsymbol{x}_i \tag{21}$$

同时,式(19) 变形为

$$\frac{\boldsymbol{Ax}_i}{\boldsymbol{x}_i^{\mathrm{T}}\boldsymbol{Ax}_i}+\frac{\boldsymbol{A}^{-1}\boldsymbol{x}_i}{\boldsymbol{x}_i^{\mathrm{T}}\boldsymbol{A}^{-1}\boldsymbol{x}_i}=2\boldsymbol{x}_i\quad(i=1,2,\cdots,p) \tag{22}$$

将上式左乘 $\boldsymbol{A}$,得

$$\frac{\boldsymbol{A}^2\boldsymbol{x}_i}{\boldsymbol{x}_i^{\mathrm{T}}\boldsymbol{Ax}_i}+\frac{\boldsymbol{x}_i}{\boldsymbol{x}_i^{\mathrm{T}}\boldsymbol{A}^{-1}\boldsymbol{x}_i}-2\boldsymbol{Ax}_i=\boldsymbol{0}\quad(i=1,2,\cdots,p) \tag{23}$$

由此可以推知,对每个 $i$,$\boldsymbol{x}_i$ 和 $\boldsymbol{Ax}_i$ 位于最多由 $\boldsymbol{A}$ 的两

个特征向量张成的子空间中. 事实上,设 $\boldsymbol{\varphi}_1,\boldsymbol{\varphi}_2,\cdots,\boldsymbol{\varphi}_n$ 为$\boldsymbol{A}$ 的对应于$\lambda_1,\lambda_2,\cdots,\lambda_n$ 的标准正交化特征向量,则 $\boldsymbol{x}_i$ 可表为 $\boldsymbol{x}_i=\sum_{j=1}^{n}\alpha_{ij}\boldsymbol{\varphi}_j,i=1,2,\cdots,p$. 于是

$$\boldsymbol{A}\boldsymbol{x}_i=\sum_{j=1}^{n}\alpha_{ij}\lambda_j\boldsymbol{\varphi}_j$$

$$\boldsymbol{A}^2\boldsymbol{x}_i=\sum_{j=1}^{n}\alpha_{ij}\lambda_j^2\boldsymbol{\varphi}_j$$

代入式(23),我们有

$$\frac{\boldsymbol{A}^2\boldsymbol{x}_i}{\boldsymbol{x}_i^{\mathrm{T}}\boldsymbol{A}\boldsymbol{x}_i}+\frac{\boldsymbol{x}_i}{\boldsymbol{x}_i^{\mathrm{T}}\boldsymbol{A}^{-1}\boldsymbol{x}_i}-2\boldsymbol{A}\boldsymbol{x}_i=\boldsymbol{0}\quad(i=1,2,\cdots,p)\Leftrightarrow$$

$$\sum_{j=1}^{n}\alpha_{ij}\left(\frac{\lambda_j^2}{\boldsymbol{x}_i^{\mathrm{T}}\boldsymbol{A}\boldsymbol{x}_i}+\frac{1}{\boldsymbol{x}_i^{\mathrm{T}}\boldsymbol{A}^{-1}\boldsymbol{x}_i}-2\lambda_j\right)\boldsymbol{\varphi}_j=\boldsymbol{0}\quad(i=1,2,\cdots,p)\Leftrightarrow$$

$$\alpha_{ij}\left(\frac{\lambda_j^2}{\boldsymbol{x}_i^{\mathrm{T}}\boldsymbol{A}\boldsymbol{x}_i}+\frac{1}{\boldsymbol{x}_i^{\mathrm{T}}\boldsymbol{A}^{-1}\boldsymbol{x}_i}-2\lambda_j\right)=0$$

$$(i=1,2,\cdots,p;j=1,2,\cdots,n)$$

于是对每个固定的 $i$,若 $\alpha_{ij}\neq 0$,则特征值 $\lambda_j$ 必为二次方程

$$\frac{u^2}{\boldsymbol{x}_i^{\mathrm{T}}\boldsymbol{A}\boldsymbol{x}_i}-2u+\frac{1}{\boldsymbol{x}_i^{\mathrm{T}}\boldsymbol{A}^{-1}\boldsymbol{x}_i}=0$$

的根. 因为此方程最多只有两个根,所以对固定的 $i$,最多只有两个 $\alpha_{ij}\neq 0$. 这就证明了每个 $\boldsymbol{x}_i$ 位于$\boldsymbol{A}$ 的至多两个特征向量张成的子空间中. 记对应的特征值为 $a_i$ 和 $b_i$,根据二次方程根与系数的关系,可得

$$\begin{cases}a_i+b_i=2\boldsymbol{x}_i^{\mathrm{T}}\boldsymbol{A}\boldsymbol{x}_i,i=1,2,\cdots,p\\ a_ib_i=\dfrac{\boldsymbol{x}_i^{\mathrm{T}}\boldsymbol{A}\boldsymbol{x}_i}{\boldsymbol{x}_i^{\mathrm{T}}\boldsymbol{A}^{-1}\boldsymbol{x}_i},i=1,2,\cdots,p\end{cases}$$

于是

$$\boldsymbol{x}_i^{\mathrm{T}}\boldsymbol{A}\boldsymbol{x}_i\boldsymbol{x}_i^{\mathrm{T}}\boldsymbol{A}^{-1}\boldsymbol{x}_i=\frac{(a_i+b_i)^2}{4a_ib_i}\quad(i=1,2,\cdots,p)$$

容易看到 $\boldsymbol{x}_i^{\mathrm{T}}\boldsymbol{A}^{-1}\boldsymbol{x}_i\boldsymbol{x}_i^{\mathrm{T}}\boldsymbol{A}\boldsymbol{x}_i$ 的最大值不会出现在 $\boldsymbol{x}_i$ 和 $\boldsymbol{A}\boldsymbol{x}_i$ 只落在 $\boldsymbol{A}$ 的一个特征向量张成的子空间的情形. 因为我们假设了 $\boldsymbol{X}^{\mathrm{T}}\boldsymbol{X}=\boldsymbol{I}_p$,$\boldsymbol{X}^{\mathrm{T}}\boldsymbol{A}\boldsymbol{X}$ 和 $\boldsymbol{X}^{\mathrm{T}}\boldsymbol{A}^2\boldsymbol{X}$ 为对角阵,所以向量偶 $\{\boldsymbol{x}_1,\boldsymbol{A}\boldsymbol{x}_1\},\cdots,\{\boldsymbol{x}_p,\boldsymbol{A}\boldsymbol{x}_p\}$ 张成的 $p$ 个子空间互相正交,因而数偶 $\{a_1,b_1\},\cdots,\{a_p,b_p\}$ 都彼此不同(重根按重数计),于是剩下的问题是从 $\lambda_1\geqslant\lambda_2\geqslant\cdots\geqslant\lambda_n$ 中挑选出 $(a_1,a_2,\cdots,a_p)$ 和 $(b_1,b_2,\cdots,b_p)$,使

$$M(\boldsymbol{X})=\prod_{i=1}^{p}\boldsymbol{x}_i^{\mathrm{T}}\boldsymbol{A}\boldsymbol{x}_i\boldsymbol{x}_i^{\mathrm{T}}\boldsymbol{A}^{-1}\boldsymbol{x}_i=\prod_{i=1}^{p}\frac{(a_i+b_i)^2}{4a_ib_i}\tag{24}$$

达到最大值.

为了使式(24)达到最大,我们应首先选取 $\lambda_1$ 和 $\lambda_n$ 配成对,构成因子 $\frac{(\lambda_1+\lambda_n)^2}{4\lambda_1\lambda_n}$. 其次,再取 $\lambda_2$ 和 $\lambda_{n-1}$ 构成因子 $\frac{(\lambda_2+\lambda_{n-1})^2}{4\lambda_2\lambda_{n-1}}$. 类推下去,得到 $M(\boldsymbol{X})$ 的最大值

$$\prod_{i=1}^{p}\frac{(\lambda_i+\lambda_{n-i+1})^2}{4\lambda_i\lambda_{n-i+1}}$$

定理证毕.

**推论** 设 $\boldsymbol{A}$ 为 $n\times n$ 实对称正定阵,$\boldsymbol{X}$ 为 $n\times p$ 矩阵,其秩为 $p$,$\lambda_1\geqslant\lambda_2\geqslant\cdots\geqslant\lambda_n$ 为 $\boldsymbol{A}$ 的特征值,$n\geqslant 2p$. 则

$$\frac{\det(\boldsymbol{X}^{\mathrm{T}}\boldsymbol{A}\boldsymbol{X})\cdot\det(\boldsymbol{X}^{\mathrm{T}}\boldsymbol{A}^{-1}\boldsymbol{X})}{(\det(\boldsymbol{X}^{\mathrm{T}}\boldsymbol{X}))^2}\leqslant\prod_{i=1}^{p}\frac{(\lambda_i+\lambda_{n-i+1})^2}{4\lambda_i\lambda_{n-i+1}}\tag{25}$$

**证明** 对 $\boldsymbol{X}$ 作 Schmidt 三角化分解,$\boldsymbol{X}=\widetilde{\boldsymbol{X}}\boldsymbol{R}$,这里 $\widetilde{\boldsymbol{X}}$ 为 $n\times p$ 矩阵,满足 $\widetilde{\boldsymbol{X}}^{\mathrm{T}}\widetilde{\boldsymbol{X}}=\boldsymbol{I}_p$,$\boldsymbol{R}$ 为 $p\times p$ 可逆上三角阵. 于是

$$\frac{\det(\boldsymbol{X}^{\mathrm{T}}\boldsymbol{A}\boldsymbol{X})\cdot\det(\boldsymbol{X}^{\mathrm{T}}\boldsymbol{A}^{-1}\boldsymbol{X})}{(\det(\boldsymbol{X}^{\mathrm{T}}\boldsymbol{X}))^2}=$$

$$\det(\widetilde{\boldsymbol{X}}^{\mathrm{T}}\boldsymbol{A}\widetilde{\boldsymbol{X}})\cdot\det(\widetilde{\boldsymbol{X}}^{\mathrm{T}}\boldsymbol{A}^{-1}\widetilde{\boldsymbol{X}})$$

应用定理3,推论得证.

**注**　关于Kantorovič不等式,还存在着许多其他形式的推广.例如,Khatri和Rao(1981)证明了:

(1) $\dfrac{\det(\boldsymbol{X}^{\mathrm{T}}\boldsymbol{A}\boldsymbol{Y})\cdot\det(\boldsymbol{Y}^{\mathrm{T}}\boldsymbol{A}^{-1}\boldsymbol{X})}{\det(\boldsymbol{X}^{\mathrm{T}}\boldsymbol{X})\cdot\det(\boldsymbol{Y}^{\mathrm{T}}\boldsymbol{Y})}\leqslant\prod_{i=1}^{p}\dfrac{(\lambda_i+\lambda_{n-i+1})^2}{4\lambda_i\lambda_{n-i+1}}$,

其中 $\boldsymbol{X}$ 和 $\boldsymbol{Y}$ 皆为 $n\times p$ 矩阵,且 $r(\boldsymbol{X})=r(\boldsymbol{Y})=p$,$n>2p$,$\lambda_1\geqslant\lambda_2\geqslant\cdots\geqslant\lambda_n$ 为正定阵 $\boldsymbol{A}$ 的特征值.

(2) $\dfrac{\det(\boldsymbol{X}^{\mathrm{T}}\boldsymbol{A}^2\boldsymbol{X})\cdot\det(\boldsymbol{X}^{\mathrm{T}}\boldsymbol{B}^2\boldsymbol{X})}{(\det(\boldsymbol{X}^{\mathrm{T}}\boldsymbol{A}\boldsymbol{B}\boldsymbol{X}))^2}\leqslant\prod_{i=1}^{p}\dfrac{(\mu_i+\mu_{n-i+1})^2}{4\mu_i\mu_{n-i+1}}$,

其中 $\boldsymbol{A}$ 与 $\boldsymbol{B}$ 为正定实对称阵,且 $\boldsymbol{AB}=\boldsymbol{BA}$,$\mu_1\geqslant\mu_2\geqslant\cdots\geqslant\mu_n$ 为 $\boldsymbol{AB}^{-1}$ 的特征值.

关于Kantorovič不等式的其他一些矩阵形式的推广及其应用,将在下节中讨论.

## 1.9　约束的Kantorovič不等式及统计应用

本节我们首先把之前证明过的Kantorovič不等式推广到带约束的情形,然后导出相对效率不等式的一个改进结果及其矩阵形式,最后介绍它们的一些统计应用.

**定理1**(约束的Kantorovič不等式)　设 $\boldsymbol{A}$ 为 $n\times n$ 正定阵,其特征值为 $\lambda_1\geqslant\lambda_2\geqslant\cdots\geqslant\lambda_n$,$\boldsymbol{\varphi}_1,\boldsymbol{\varphi}_2,\cdots,\boldsymbol{\varphi}_n$ 为对应的标准正交化特征向量,设 $i_1,i_2,\cdots,i_k$ 为正整数,满足 $1\leqslant i_1<i_2<\cdots<i_k\leqslant n$,记 $\boldsymbol{\Phi}_1=(\boldsymbol{\varphi}_{i_1},\boldsymbol{\varphi}_{i_2},\cdots,\boldsymbol{\varphi}_{i_k})$,则

$$\sup_{x\in\mathcal{M}(\boldsymbol{\Phi}_1)}\frac{\boldsymbol{x}^{\mathrm{T}}\boldsymbol{A}\boldsymbol{x}\boldsymbol{x}^{\mathrm{T}}\boldsymbol{A}^{-1}\boldsymbol{x}}{(\boldsymbol{x}^{\mathrm{T}}\boldsymbol{x})^2}=\frac{(\lambda_{i_1}+\lambda_{i_k})^2}{4\lambda_{i_1}\lambda_{i_k}} \tag{1}$$

**证明**　不失一般性,我们假设 $i_e=l,l=1,2,\cdots,k$,此时 $\boldsymbol{\Phi}_1=(\boldsymbol{\varphi}_1,\boldsymbol{\varphi}_2,\cdots,\boldsymbol{\varphi}_k)$. 记 $\boldsymbol{\Lambda}_1=\mathrm{diag}(\lambda_1,\lambda_2,\cdots,\lambda_k)$,则对任意 $\boldsymbol{x}\in\mathcal{M}(\boldsymbol{\Phi}_1)$,存在 $k\times 1$ 向量 $\boldsymbol{t}$,使得 $\boldsymbol{x}=\boldsymbol{\Phi}_1\boldsymbol{t}$,于是

$$\sup_{x\in\mathcal{M}(\boldsymbol{\Phi}_1)}\frac{\boldsymbol{x}^{\mathrm{T}}\boldsymbol{A}\boldsymbol{x}\boldsymbol{x}^{\mathrm{T}}\boldsymbol{A}^{-1}\boldsymbol{x}}{(\boldsymbol{x}^{\mathrm{T}}\boldsymbol{x})^2}=\sup_t\frac{\boldsymbol{t}^{\mathrm{T}}\boldsymbol{\Lambda}_1\boldsymbol{t}\boldsymbol{t}^{\mathrm{T}}\boldsymbol{\Lambda}_1^{-1}\boldsymbol{t}}{(\boldsymbol{t}^{\mathrm{T}}\boldsymbol{t})^2}=\frac{(\lambda_1+\lambda_k)^2}{4\lambda_1\lambda_k}$$

这里最后一个等号应用了 Kantorovič 不等式(上节式(4)). 证毕.

**注**　当 $k=n$ 时,式(1)就变成无约束的 Kantorovič 不等式(上节式(4)).

现在我们返回到线性统计模型,并沿用前面的记号,得到下面的定理.

**定理 2**　对线性统计模型,设 $r(\boldsymbol{X})=t,\boldsymbol{V}>\boldsymbol{0}$, $\lambda_1\geqslant\lambda_2\geqslant\cdots\geqslant\lambda_n$ 为 $\boldsymbol{V}$ 的特征值,$\boldsymbol{\varphi}_1,\boldsymbol{\varphi}_2,\cdots,\boldsymbol{\varphi}_n$ 为对应的标准正交化特征向量. 设 $\mathcal{M}(\boldsymbol{X})\subseteq\mathcal{M}(\boldsymbol{\varphi}_{i_1},\boldsymbol{\varphi}_{i_2},\cdots,\boldsymbol{\varphi}_{i_k})$,这里$1\leqslant i_1<i_2<\cdots<i_k\leqslant n$,则对一切可估函数 $\boldsymbol{c}^{\mathrm{T}}\boldsymbol{\beta}$,有

$$\mathrm{RE}(\boldsymbol{c}^{\mathrm{T}}\hat{\boldsymbol{\beta}})=\begin{cases}1,\text{若 } t=k & (2)\\ \dfrac{4\lambda_{i_1}\lambda_{i_k}}{(\lambda_{i_1}+\lambda_{i_k})^2},\text{若 } t<k & (3)\end{cases}$$

这里 $\mathrm{RE}(\boldsymbol{c}^{\mathrm{T}}\hat{\boldsymbol{\beta}})$ 的定义同前.

**证明**　若 $t=k$,则 $\mathcal{M}(\boldsymbol{X})=\mathcal{M}(\boldsymbol{\varphi}_{i_1},\boldsymbol{\varphi}_{i_2},\cdots,\boldsymbol{\varphi}_{i_k})$,应用 LS 估计稳健性理论,对一切可估函数 $\boldsymbol{c}^{\mathrm{T}}\boldsymbol{\beta}$,它的 LS 估计 $\boldsymbol{c}^{\mathrm{T}}\hat{\boldsymbol{\beta}}$ 与 BLU 估计 $\boldsymbol{c}^{\mathrm{T}}\boldsymbol{\beta}^*$ 相等,于是式(2)成立.

若 $t<k$,对 $\boldsymbol{X}$ 作奇异值分解 $\boldsymbol{X}=\boldsymbol{P}\boldsymbol{\Lambda}\boldsymbol{Q}^{\mathrm{T}}$,这里 $\boldsymbol{P}$ 和 $\boldsymbol{Q}$ 分别为 $n\times t$ 和 $p\times t$ 矩阵,满足 $\boldsymbol{P}^{\mathrm{T}}\boldsymbol{P}=\boldsymbol{I}_t,\boldsymbol{Q}^{\mathrm{T}}\boldsymbol{Q}=\boldsymbol{I}_t$,

$\boldsymbol{\Lambda}=\mathrm{diag}(\delta_1,\delta_2,\cdots,\delta_t)$，$\delta_i>0$，$i=1,2,\cdots,t$. 对每个可估函数 $\boldsymbol{c}^{\mathrm{T}}\boldsymbol{\beta}$，存在 $n\times 1$ 向量 $\boldsymbol{\alpha}$，使得 $\boldsymbol{c}=\boldsymbol{X}^{\mathrm{T}}\boldsymbol{\alpha}$. 记 $\boldsymbol{u}=\boldsymbol{P}^{\mathrm{T}}\boldsymbol{\alpha}$，利用已知，得

$$\mathrm{var}(\boldsymbol{c}^{\mathrm{T}}\hat{\boldsymbol{\beta}})=\boldsymbol{\alpha}^{\mathrm{T}}\boldsymbol{P}\boldsymbol{P}^{\mathrm{T}}\boldsymbol{V}\boldsymbol{P}\boldsymbol{P}^{\mathrm{T}}\boldsymbol{\alpha}=\boldsymbol{u}^{\mathrm{T}}\boldsymbol{P}^{\mathrm{T}}\boldsymbol{V}\boldsymbol{P}\boldsymbol{u} \tag{4}$$

$$\mathrm{var}(\boldsymbol{c}^{\mathrm{T}}\boldsymbol{\beta}^{*})=\boldsymbol{\alpha}^{\mathrm{T}}\boldsymbol{X}(\boldsymbol{X}^{\mathrm{T}}\boldsymbol{V}^{-1}\boldsymbol{X})^{-1}\boldsymbol{X}^{\mathrm{T}}\boldsymbol{\alpha}=\boldsymbol{u}^{\mathrm{T}}(\boldsymbol{P}^{\mathrm{T}}\boldsymbol{V}^{-1}\boldsymbol{P})^{-1}\boldsymbol{u}\geqslant\frac{(\boldsymbol{u}^{\mathrm{T}}\boldsymbol{u})^2}{\boldsymbol{u}^{\mathrm{T}}\boldsymbol{P}^{\mathrm{T}}\boldsymbol{V}^{-1}\boldsymbol{P}\boldsymbol{u}} \tag{5}$$

在最后一步应用了 Cauchy-Schwarz 不等式. 由式(4)和式(5)我们有

$$\mathrm{RE}(\boldsymbol{c}^{\mathrm{T}}\hat{\boldsymbol{\beta}})=\frac{(\boldsymbol{u}^{\mathrm{T}}\boldsymbol{u})^2}{\boldsymbol{u}^{\mathrm{T}}\boldsymbol{P}^{\mathrm{T}}\boldsymbol{V}\boldsymbol{P}\boldsymbol{u}\boldsymbol{u}^{\mathrm{T}}\boldsymbol{P}^{\mathrm{T}}\boldsymbol{V}^{-1}\boldsymbol{P}\boldsymbol{u}}=\frac{(\tilde{\boldsymbol{u}}^{\mathrm{T}}\tilde{\boldsymbol{u}})^2}{\tilde{\boldsymbol{u}}^{\mathrm{T}}\boldsymbol{V}\tilde{\boldsymbol{u}}\tilde{\boldsymbol{u}}^{\mathrm{T}}\boldsymbol{V}^{-1}\tilde{\boldsymbol{u}}}\geqslant\frac{4\lambda_{i_1}\lambda_{i_k}}{(\lambda_{i_1}+\lambda_{i_k})^2}$$

其中 $\tilde{\boldsymbol{u}}=\boldsymbol{P}\boldsymbol{u}=\boldsymbol{P}\boldsymbol{P}^{\mathrm{T}}\boldsymbol{\alpha}\in\mathscr{M}(\boldsymbol{X})\subseteq\mathscr{M}(\boldsymbol{\varphi}_{i_1},\boldsymbol{\varphi}_{i_2},\cdots,\boldsymbol{\varphi}_{i_k})$. 上面的不等号是由于定理 1. 证毕.

因为 $\mathscr{M}(\boldsymbol{X})\subseteq\mathscr{M}(\boldsymbol{\varphi}_1,\boldsymbol{\varphi}_2,\cdots,\boldsymbol{\varphi}_n)$ 总是成立的，所以在式(3)中，最优下界对应于包含 $\mathscr{M}(\boldsymbol{X})$ 的最小特征子空间.

上面这两个定理是由邵军等人证明的. 该文还列举了许多线性统计模型的例子，说明它们的设计阵 $\boldsymbol{X}$ 与误差协方差阵的特征向量之间确实存在着形如 $\mathscr{M}(\boldsymbol{X})\subseteq\mathscr{M}(\boldsymbol{\varphi}_{i_1},\boldsymbol{\varphi}_{i_2},\cdots,\boldsymbol{\varphi}_{i_k})$ 的关系.

现在我们来导出 Kantorovič 不等式的矩阵形式.

对任一可估函数 $\boldsymbol{c}^{\mathrm{T}}\boldsymbol{\beta}$，存在 $\boldsymbol{\alpha}$，使得 $\boldsymbol{c}=\boldsymbol{X}^{\mathrm{T}}\boldsymbol{\alpha}$. 如果 $\mathscr{M}(\boldsymbol{X})\subseteq\mathscr{M}(\boldsymbol{\varphi}_{i_1},\boldsymbol{\varphi}_{i_2},\cdots,\boldsymbol{\varphi}_{i_k})$ 成立，那么由定理 2 得

$$\mathrm{RE}(\boldsymbol{c}^{\mathrm{T}}\hat{\boldsymbol{\beta}})=\mathrm{RE}(\boldsymbol{\alpha}^{\mathrm{T}}\boldsymbol{X}\hat{\boldsymbol{\beta}})\geqslant\frac{4\lambda_{i_1}\lambda_{i_k}}{(\lambda_{i_1}+\lambda_{i_k})^2}$$

即

$$\boldsymbol{\alpha}^{\mathrm{T}}\boldsymbol{P}_X\boldsymbol{V}\boldsymbol{P}_X\boldsymbol{\alpha} \leqslant \frac{(\lambda_{i_1}+\lambda_{i_k})^2}{4\lambda_{i_1}\lambda_{i_k}}\boldsymbol{\alpha}^{\mathrm{T}}\boldsymbol{X}(\boldsymbol{X}^{\mathrm{T}}\boldsymbol{V}^{-1}\boldsymbol{X})^{-}\boldsymbol{X}^{\mathrm{T}}\boldsymbol{\alpha}$$

其中 $\boldsymbol{P}_X=\boldsymbol{X}(\boldsymbol{X}^{\mathrm{T}}\boldsymbol{X})^{-}\boldsymbol{X}^{\mathrm{T}}$. 由 $\boldsymbol{\alpha}$ 的任意性得

$$\boldsymbol{P}_X\boldsymbol{V}\boldsymbol{P}_X \leqslant \frac{(\lambda_{i_1}+\lambda_{i_k})^2}{4\lambda_{i_1}\lambda_{i_k}}\boldsymbol{X}(\boldsymbol{X}^{\mathrm{T}}\boldsymbol{V}^{-1}\boldsymbol{X})^{-}\boldsymbol{X}^{\mathrm{T}}$$

容易验证，上式等价于

$$\boldsymbol{X}^{\mathrm{T}}\boldsymbol{V}\boldsymbol{X} \leqslant \frac{(\lambda_{i_1}+\lambda_{i_k})^2}{4\lambda_{i_1}\lambda_{i_k}}\boldsymbol{X}^{\mathrm{T}}\boldsymbol{X}(\boldsymbol{X}^{\mathrm{T}}\boldsymbol{V}^{-1}\boldsymbol{X})^{-}\boldsymbol{X}^{\mathrm{T}}\boldsymbol{X}$$

用 $\boldsymbol{A}^{-1}$ 代替 $\boldsymbol{V}$，我们就证明了如下事实.

**定理 3** 设 $\boldsymbol{A}$ 为 $n\times n$ 实对称正定阵，$\lambda_1\geqslant\lambda_2\geqslant\cdots\geqslant\lambda_n$ 为 $\boldsymbol{A}$ 的特征值，$\boldsymbol{\varphi}_1,\boldsymbol{\varphi}_2,\cdots,\boldsymbol{\varphi}_n$ 为对应的标准正交化特征向量，$\boldsymbol{X}$ 为 $n\times p$ 矩阵. 若存在 $1\leqslant i_1<i_2<\cdots<i_k\leqslant n$，使得 $\mathscr{M}(\boldsymbol{X})\subseteq\mathscr{M}(\boldsymbol{\varphi}_{i_1},\boldsymbol{\varphi}_{i_2},\cdots,\boldsymbol{\varphi}_{i_k})$，则

$$\boldsymbol{X}^{\mathrm{T}}\boldsymbol{A}^{-1}\boldsymbol{X} \leqslant \frac{(\lambda_{i_1}+\lambda_{i_k})^2}{4\lambda_{i_1}\lambda_{i_k}}\boldsymbol{X}^{\mathrm{T}}\boldsymbol{X}(\boldsymbol{X}^{\mathrm{T}}\boldsymbol{A}\boldsymbol{X})^{-}\boldsymbol{X}^{\mathrm{T}}\boldsymbol{X} \quad (6)$$

特别的，当 $\boldsymbol{X}^{\mathrm{T}}\boldsymbol{X}=\boldsymbol{I}_p$ 时

$$\boldsymbol{X}^{\mathrm{T}}\boldsymbol{A}^{-1}\boldsymbol{X} \leqslant \frac{(\lambda_{i_1}+\lambda_{i_k})^2}{4\lambda_{i_1}\lambda_{i_k}}(\boldsymbol{X}^{\mathrm{T}}\boldsymbol{A}\boldsymbol{X})^{-1} \quad (7)$$

因为 $\mathscr{M}(\boldsymbol{X})\subseteq\mathscr{M}(\boldsymbol{\varphi}_1,\boldsymbol{\varphi}_2,\cdots,\boldsymbol{\varphi}_n)$ 总成立，所以我们立即得到如下推论.

**推论** 设 $\boldsymbol{A}$ 为 $n$ 阶实对称正定阵，$\lambda_1\geqslant\lambda_2\geqslant\cdots\geqslant\lambda_n$ 为其特征值，$\boldsymbol{X}$ 为任一 $n\times p$ 矩阵，则

$$\boldsymbol{X}^{\mathrm{T}}\boldsymbol{A}^{-1}\boldsymbol{X} \leqslant \frac{(\lambda_1+\lambda_n)^2}{4\lambda_1\lambda_n}\boldsymbol{X}^{\mathrm{T}}\boldsymbol{X}(\boldsymbol{X}^{\mathrm{T}}\boldsymbol{A}\boldsymbol{X})^{-}\boldsymbol{X}^{\mathrm{T}}\boldsymbol{X}$$

特别的，当 $\boldsymbol{X}^{\mathrm{T}}\boldsymbol{X}=\boldsymbol{I}_p$ 时

$$\boldsymbol{X}^{\mathrm{T}}\boldsymbol{A}^{-1}\boldsymbol{X} \leqslant \frac{(\lambda_1+\lambda_n)^2}{4\lambda_1\lambda_n}(\boldsymbol{X}^{\mathrm{T}}\boldsymbol{A}\boldsymbol{X})^{-1}$$

## 1.10　优化中的 Kantorovič 不等式

Kantorovič 不等式在统计、优化和非线性方程数值解方面有许多重要应用. 前面曾对此不等式进行过讨论，现在再罗列其他一些证明方法. 本节首先将利用优化方法证明这一结果.

考虑优化问题

$$\begin{cases}\min\limits_{t,x} t \\ \text{s.t.}\quad t(\boldsymbol{x}^{\mathrm{T}}\boldsymbol{A}\boldsymbol{x})(\boldsymbol{x}^{\mathrm{T}}\boldsymbol{A}^{-1}\boldsymbol{x})-(\boldsymbol{x}^{\mathrm{T}}\boldsymbol{x})^2\geqslant 0\end{cases}\tag{1}$$

该问题的最优目标值介于 0 和 1 之间. 该问题的 Lagrange 函数为

$$L(t,\boldsymbol{x},\mu)=t-\mu[t(\boldsymbol{x}^{\mathrm{T}}\boldsymbol{A}\boldsymbol{x})(\boldsymbol{x}^{\mathrm{T}}\boldsymbol{A}^{-1}\boldsymbol{x})-(\boldsymbol{x}^{\mathrm{T}}\boldsymbol{x})^2]$$

于是由一阶最优性必要条件知道

$$\nabla L_t=1-\mu(\boldsymbol{x}^{\mathrm{T}}\boldsymbol{A}\boldsymbol{x})(\boldsymbol{x}^{\mathrm{T}}\boldsymbol{A}^{-1}\boldsymbol{x})=0$$

$$\nabla L_x=-\mu[2t(\boldsymbol{x}^{\mathrm{T}}\boldsymbol{A}^{-1}\boldsymbol{x})\boldsymbol{A}\boldsymbol{x}+2t(\boldsymbol{x}^{\mathrm{T}}\boldsymbol{A}\boldsymbol{x})\boldsymbol{A}^{-1}\boldsymbol{x}-4(\boldsymbol{x}^{\mathrm{T}}\boldsymbol{x})\boldsymbol{x}]=\boldsymbol{0}\tag{2}$$

由条件式(2) 的第一式知 $\mu\neq 0$. 然后由第二式知

$$t(\boldsymbol{x}^{\mathrm{T}}\boldsymbol{A}^{-1}\boldsymbol{x})\boldsymbol{A}\boldsymbol{x}+t(\boldsymbol{x}^{\mathrm{T}}\boldsymbol{A}\boldsymbol{x})\boldsymbol{A}^{-1}\boldsymbol{x}-2(\boldsymbol{x}^{\mathrm{T}}\boldsymbol{x})\boldsymbol{x}=\boldsymbol{0}\tag{3}$$

用 $\boldsymbol{x}^{\mathrm{T}}$ 左乘式(3) 的两边，得到

$$t=\frac{(\boldsymbol{x}^{\mathrm{T}}\boldsymbol{x})^2}{\boldsymbol{x}^{\mathrm{T}}\boldsymbol{A}^{-1}\boldsymbol{x}\cdot\boldsymbol{x}^{\mathrm{T}}\boldsymbol{A}\boldsymbol{x}}\tag{4}$$

将其代入到式(3) 后左乘 $\boldsymbol{A}$，得到

$$\frac{\boldsymbol{x}^{\mathrm{T}}\boldsymbol{x}}{\boldsymbol{x}^{\mathrm{T}}\boldsymbol{A}^{-1}\boldsymbol{x}}\boldsymbol{x}+\frac{\boldsymbol{x}^{\mathrm{T}}\boldsymbol{x}}{\boldsymbol{x}^{\mathrm{T}}\boldsymbol{A}\boldsymbol{x}}\boldsymbol{A}^2\boldsymbol{x}-2\boldsymbol{A}\boldsymbol{x}=\boldsymbol{0}\tag{5}$$

设 $\boldsymbol{\xi}_1,\boldsymbol{\xi}_2,\cdots,\boldsymbol{\xi}_n$ 为 $\boldsymbol{A}$ 对应于特征值 $\lambda_1,\lambda_2,\cdots,\lambda_n$ 的标准化特征向量，若 $\boldsymbol{x}=\sum\limits_{i=1}^{n}k_i\boldsymbol{\xi}_i$，则

$$\boldsymbol{A}\boldsymbol{x}=\sum_{i=1}^{n}k_i\lambda_i\boldsymbol{\xi}_i,\boldsymbol{A}^2\boldsymbol{x}=\sum_{i=1}^{n}k_i\lambda_i^2\boldsymbol{\xi}_i$$

代入到式(5),则

$$\sum_{i=1}^{n}k_i\left(\frac{\boldsymbol{x}^{\mathrm{T}}\boldsymbol{x}}{\boldsymbol{x}^{\mathrm{T}}\boldsymbol{A}^{-1}\boldsymbol{x}}+\frac{\boldsymbol{x}^{\mathrm{T}}\boldsymbol{x}}{\boldsymbol{x}^{\mathrm{T}}\boldsymbol{A}\boldsymbol{x}}\lambda_i^2-2\lambda_i\right)\boldsymbol{\xi}_i=\boldsymbol{0}$$

由于 $\boldsymbol{\xi}_1,\boldsymbol{\xi}_2,\cdots,\boldsymbol{\xi}_n$ 线性无关,则对每个固定的 $i=1,2,\cdots,n$ 有

$$k_i\left(\frac{\boldsymbol{x}^{\mathrm{T}}\boldsymbol{x}}{\boldsymbol{x}^{\mathrm{T}}\boldsymbol{A}^{-1}\boldsymbol{x}}+\frac{\boldsymbol{x}^{\mathrm{T}}\boldsymbol{x}}{\boldsymbol{x}^{\mathrm{T}}\boldsymbol{A}\boldsymbol{x}}\lambda_i^2-2\lambda_i\right)\boldsymbol{\xi}_i=\boldsymbol{0}$$

若 $\boldsymbol{x}\neq\boldsymbol{0}$,则特征值 $\lambda_i$ 满足二次方程

$$\frac{\boldsymbol{x}^{\mathrm{T}}\boldsymbol{x}}{\boldsymbol{x}^{\mathrm{T}}\boldsymbol{A}^{-1}\boldsymbol{x}}+\frac{\boldsymbol{x}^{\mathrm{T}}\boldsymbol{x}}{\boldsymbol{x}^{\mathrm{T}}\boldsymbol{A}\boldsymbol{x}}\alpha^2-2\alpha=0 \tag{6}$$

于是 $\boldsymbol{x}$ 位于最多由 $\boldsymbol{A}$ 的两个特征向量张成的子空间内. 进一步还可以假设 $\boldsymbol{x}^{\mathrm{T}}\boldsymbol{x}=1$,即

$$\boldsymbol{x}=\cos\theta\cdot\boldsymbol{\xi}_i+\sin\theta\cdot\boldsymbol{\xi}_j$$

其中,$\boldsymbol{\xi}_i$ 和 $\boldsymbol{\xi}_j$ 分别代表 $\boldsymbol{A}$ 关于特征值 $\lambda_i$ 和 $\lambda_j$ 的单位特征向量. 由根与系数的关系知道

$$\lambda_i+\lambda_j=\frac{2\boldsymbol{x}^{\mathrm{T}}\boldsymbol{A}\boldsymbol{x}}{\boldsymbol{x}^{\mathrm{T}}\boldsymbol{x}} \tag{7}$$

$$\lambda_i\lambda_j=\frac{\boldsymbol{x}^{\mathrm{T}}\boldsymbol{A}\boldsymbol{x}}{\boldsymbol{x}^{\mathrm{T}}\boldsymbol{A}^{-1}\boldsymbol{x}} \tag{8}$$

于是

$$\boldsymbol{x}^{\mathrm{T}}\boldsymbol{A}\boldsymbol{x}=\lambda_i\cos^2\theta+\lambda_j\sin^2\theta,\boldsymbol{x}^{\mathrm{T}}\boldsymbol{A}^{-1}\boldsymbol{x}=\frac{\cos^2\theta}{\lambda_i}+\frac{\sin^2\theta}{\lambda_j}$$

将其代入到式(8),得到 $\cos^2\theta=\sin^2\theta$,这样 $\theta=\frac{\pi}{4}$ 或者 $\frac{3\pi}{4}$. 再由式(4) 得到

$$t=\frac{4\lambda_i\lambda_j}{(\lambda_i+\lambda_j)^2} \tag{9}$$

由于
$$\min_{i,j}\frac{4\lambda_i\lambda_j}{(\lambda_i+\lambda_j)^2}=\frac{4\lambda_1\lambda_n}{(\lambda_1+\lambda_n)^2}$$
于是可以得到下面的结论.

**定理**　设$\boldsymbol{A}$是对称正定矩阵,$\lambda_1,\lambda_2,\cdots,\lambda_n$是$\boldsymbol{A}$的特征值,则对任意非零向量$\boldsymbol{x}$,有
$$\frac{(\boldsymbol{x}^{\mathrm{T}}\boldsymbol{A}\boldsymbol{x})(\boldsymbol{x}^{\mathrm{T}}\boldsymbol{A}^{-1}\boldsymbol{x})}{(\boldsymbol{x}^{\mathrm{T}}\boldsymbol{x})^2}\leqslant\frac{(\lambda_1+\lambda_n)^2}{4\lambda_1\lambda_n}\qquad(10)$$

下面集中展示证明不等式(10)的几个方法,以拓展读者的思路.以下是针对正定 Hermite 矩阵$\boldsymbol{A}$的.

**证法1**　利用 Wielandt 不等式证明不等式(10),为此令
$$\boldsymbol{y}=\boldsymbol{x}^*\boldsymbol{x}(\boldsymbol{A}^{-1}\boldsymbol{x})-(\boldsymbol{x}^*\boldsymbol{A}^{-1}\boldsymbol{x})\boldsymbol{x}$$
则$\boldsymbol{y}^*\boldsymbol{x}=0$且
$$\boldsymbol{A}\boldsymbol{y}=\|\boldsymbol{x}\|^2\boldsymbol{x}-(\boldsymbol{x}^*\boldsymbol{A}^{-1}\boldsymbol{x})\boldsymbol{A}\boldsymbol{x}$$
$$\boldsymbol{x}^*\boldsymbol{A}\boldsymbol{y}=\|\boldsymbol{x}\|^4-(\boldsymbol{x}^*\boldsymbol{A}^{-1}\boldsymbol{x})(\boldsymbol{x}^*\boldsymbol{A}\boldsymbol{x})$$
$$\boldsymbol{y}^*\boldsymbol{A}\boldsymbol{y}=-(\boldsymbol{x}^*\boldsymbol{A}^{-1}\boldsymbol{x})(\boldsymbol{y}^*\boldsymbol{A}\boldsymbol{x})$$
将$\boldsymbol{y}^*\boldsymbol{A}\boldsymbol{y}$代入到 Wielandt 不等式,则
$$|\boldsymbol{x}^*\boldsymbol{A}\boldsymbol{y}|^2\leqslant\left(\frac{\lambda_1-\lambda_n}{\lambda_1+\lambda_n}\right)^2(\boldsymbol{x}^*\boldsymbol{A}\boldsymbol{x})(\boldsymbol{x}^*\boldsymbol{A}^{-1}\boldsymbol{x})(-\boldsymbol{y}^*\boldsymbol{A}\boldsymbol{x})$$
由于$\boldsymbol{x}^*\boldsymbol{A}\boldsymbol{y}\leqslant0$,则有
$$-\boldsymbol{x}^*\boldsymbol{A}\boldsymbol{y}\leqslant\left(\frac{\lambda_1-\lambda_n}{\lambda_1+\lambda_n}\right)^2(\boldsymbol{x}^*\boldsymbol{A}\boldsymbol{x})(\boldsymbol{x}^*\boldsymbol{A}^{-1}\boldsymbol{x})$$
于是
$$\|\boldsymbol{x}\|^4\geqslant\left(1-\left(\frac{\lambda_1-\lambda_n}{\lambda_1+\lambda_n}\right)^2\right)(\boldsymbol{x}^*\boldsymbol{A}\boldsymbol{x})(\boldsymbol{x}^*\boldsymbol{A}^{-1}\boldsymbol{x})=$$
$$\frac{4\lambda_1\lambda_n}{(\lambda_1+\lambda_n)^2}\boldsymbol{x}^*\boldsymbol{A}\boldsymbol{x}\cdot\boldsymbol{x}^*\boldsymbol{A}^{-1}\boldsymbol{x}$$
即 Kantorovič 不等式(10)被满足.

**证法2**　不妨设$\boldsymbol{A}=\mathrm{diag}(\lambda_1,\lambda_2,\cdots,\lambda_n)$,令

$$\phi(\lambda)=\frac{1}{\lambda},y_i=\frac{x_i^2}{\sum_{j=1}^{n}|x_j|^2}\quad(i=1,2,\cdots,n)$$

则

$$\frac{\boldsymbol{x}^*\boldsymbol{A}\boldsymbol{x}\cdot\boldsymbol{x}^*\boldsymbol{A}^{-1}\boldsymbol{x}}{(\boldsymbol{x}^*\boldsymbol{x})^2}=(\sum_{i=1}^{n}\lambda_i y_i)(\sum_{i=1}^{n}\phi(\lambda_i)y_i)\quad(11)$$

下面利用 $\phi$ 的凸性估计式(11) 的右端,为此设

$$\lambda=\sum_{i=1}^{n}\lambda_i y_i,\lambda_\phi=\sum_{i=1}^{n}\phi(\lambda_i)y_i$$

由于 $y_i\geqslant 0(i=1,2,\cdots,n)$,$\sum_{i=1}^{n}y_i=1$,故 $\lambda_n\leqslant\lambda\leqslant\lambda_1$.这样每个 $\lambda_i$ 都可以表示成为 $\lambda_1$ 和 $\lambda_n$ 的如下凸组合

$$\lambda_i=\frac{\lambda_1-\lambda_i}{\lambda_1-\lambda_n}\lambda_n+\frac{\lambda_i-\lambda_n}{\lambda_1-\lambda_n}\lambda_1$$

此外,由一元函数 $\phi$ 的凸性

$$\phi(\lambda_i)\leqslant\frac{\lambda_1-\lambda_i}{\lambda_1-\lambda_n}\phi(\lambda_n)+\frac{\lambda_i-\lambda_n}{\lambda_1-\lambda_n}\phi(\lambda_1)$$

于是

$$\lambda_\phi\leqslant\sum_{i=1}^{n}\left(\frac{\lambda_1-\lambda_i}{\lambda_1-\lambda_n}\phi(\lambda_n)+\frac{\lambda_i-\lambda_n}{\lambda_1-\lambda_n}\phi(\lambda_1)\right)y_i=$$

$$\sum_{i=1}^{n}\frac{\lambda_1+\lambda_n-\lambda_i}{\lambda_1\lambda_n}y_i=\frac{\lambda_1+\lambda_n-\lambda}{\lambda_1\lambda_n}$$

由式(11) 得到

$$\frac{\boldsymbol{x}^*\boldsymbol{A}\boldsymbol{x}\cdot\boldsymbol{x}^*\boldsymbol{A}^{-1}\boldsymbol{x}}{(\boldsymbol{x}^*\boldsymbol{x})^2}\leqslant\frac{\lambda(\lambda_1+\lambda_n-\lambda)}{\lambda_1\lambda_n}\leqslant$$

$$\max_{\lambda\in[\lambda_n,\lambda_1]}\frac{\lambda(\lambda_1+\lambda_n-\lambda)}{\lambda_1\lambda_n}=$$

$$\frac{(\lambda_1+\lambda_n)^2}{4\lambda_1\lambda_n}$$

**证法 3** 由证法 2 中的式(11) 有

$$\frac{x^*Ax\cdot x^*A^{-1}x}{(x^*x)^2}=\frac{\sum\limits_{i=1}^{n}y_i\phi(\lambda_i)}{\phi(\sum\limits_{i=1}^{n}y_i\lambda_i)}\tag{12}$$

由于 $\phi$ 是凸函数，因此点 $(\lambda,\sum\limits_{i=1}^{n}y_i\phi(\lambda_i))$ 位于曲线点 $(\lambda,\phi(\lambda))$ 的上方．为使式(12)右端比值最大，$\sum\limits_{i=1}^{n}y_i\phi(\lambda_i)$ 取值应该在联结边界两点 $\left(\lambda_1,\frac{1}{\lambda_1}\right)$ 和 $\left(\lambda_n,\frac{1}{\lambda_n}\right)$ 的弦上，即

$$(\sum_{i=1}^{n}y_i\lambda_i,\sum_{i=1}^{n}y_i\phi(\lambda_i))=$$
$$(y_1\lambda_1+y_n\lambda_n,y_1\phi(\lambda_1)+y_n\phi(\lambda_n))$$

于是

$$y_1\phi(\lambda_1)+y_n\phi(\lambda_n)=$$
$$\frac{y_1\lambda_n+y_n\lambda_1}{\lambda_1\lambda_n}=\frac{(1-y_n)\lambda_n+(1-y_1)\lambda_1}{\lambda_1\lambda_n}=$$
$$\frac{\lambda_1+\lambda_n-y_1\lambda_1-y_n\lambda_n}{\lambda_1\lambda_n}=\frac{\lambda_1+\lambda_n-\lambda}{\lambda_1\lambda_n}$$

从而

$$\frac{\sum\limits_{i=1}^{n}y_i\phi(\lambda_i)}{\phi(\sum\limits_{i=1}^{n}y_i\lambda_i)}\leqslant\max_{\lambda\in[\lambda_n,\lambda_1]}\frac{\frac{\lambda_1+\lambda_n-\lambda}{\lambda_1\lambda_n}}{\frac{1}{\lambda}}=$$
$$\frac{(\lambda_1+\lambda_n)^2}{4\lambda_1\lambda_n}\tag{13}$$

**证法4**　简单修改以前的证明过程可以证明式(10)．对每个 $i=1,2,\cdots,n$，令

$$\lambda_i=\lambda_1u_i+\lambda_nv_i,\frac{1}{\lambda_i}=\frac{u_i}{\lambda_1}+\frac{v_i}{\lambda_n}$$

容易验证 $u_i, v_i \geqslant 0, i=1,2,\cdots,n$. 此外由于

$$(\lambda_1 u_i + \lambda_n v_i)\left(\frac{u_i}{\lambda_1} + \frac{v_i}{\lambda_n}\right) = (u_i + v_i)^2 + \frac{u_i v_i (\lambda_1 - \lambda_n)^2}{\lambda_1 \lambda_n}$$

于是 $u_i + v_i \leqslant 1, i=1,2,\cdots,n$. 再令

$$u = \sum_{i=1}^{n} y_i u_i, v = \sum_{i=1}^{n} y_i v_i$$

$y_i$ 如证法 2 中定义，下同. 则

$$u + v = \sum_{i=1}^{n} y_i (u_i + v_i) \leqslant \sum_{i=1}^{n} y_i = 1$$

这样一来

$$\begin{aligned}
&\left(\sum_{i=1}^{n} y_i \lambda_i\right)\left(\sum_{i=1}^{n} \frac{y_i}{\lambda_i}\right) = \\
&\left(\sum_{i=1}^{n} (\lambda_1 u_i + \lambda_n v_i) y_i\right)\left(\sum_{i=1}^{n}\left(\frac{u_i}{\lambda_1} + \frac{v_i}{\lambda_n}\right) y_i\right) = \\
&(\lambda_1 u + \lambda_n v)\left(\frac{u}{\lambda_1} + \frac{v}{\lambda_n}\right) = \\
&(u+v)^2 + \frac{uv(\lambda_1 - \lambda_n)^2}{\lambda_1 \lambda_n} = \\
&(u+v)^2\left[1 + \frac{4uv}{(u+v)^2} \frac{(\lambda_1 - \lambda_n)^2}{4\lambda_1 \lambda_n}\right] \leqslant \\
&1 + \frac{(\lambda_1 - \lambda_n)^2}{4\lambda_1 \lambda_n} = \frac{(\lambda_1 + \lambda_n)^2}{4\lambda_1 \lambda_n}
\end{aligned}$$

**证法 5** 构造辅助函数

$$\phi(t) = t^2 \sum_{i=1}^{n} \frac{y_i}{\lambda_i} - t\frac{\lambda_1 + \lambda_n}{\sqrt{\lambda_1 \lambda_n}} + \sum_{i=1}^{n} \lambda_i y_i \qquad (14)$$

由于

$$\begin{aligned}
&\phi(\sqrt{\lambda_1 \lambda_n}) = \lambda_1 \lambda_n \sum_{i=1}^{n} \frac{y_i}{\lambda_i} - (\lambda_1 + \lambda_n) + \sum_{i=1}^{n} \lambda_i y_i = \\
&(\lambda_1 + \lambda_n)(y_1 + y_n - 1) + \sum_{i=2}^{n-1}\left(\frac{\lambda_1 \lambda_n}{\lambda_i} + \lambda_i\right) y_i =
\end{aligned}$$

$$-(\lambda_1+\lambda_n)\sum_{i=2}^{n-1}y_i+\sum_{i=2}^{n-1}\left(\frac{\lambda_1\lambda_n}{\lambda_i}+\lambda_i\right)y_i=$$

$$\sum_{i=2}^{n-1}\frac{1}{\lambda_i}(\lambda_1-\lambda_i)(\lambda_n-\lambda_i)y_i\leqslant 0$$

再根据判别式非负即可得证.

**证法 6**　应用基本不等式 $ab\leqslant\frac{(a+b)^2}{4},a,b\in$ **R**. 由于

$$\left(\sum_{i=1}^{n}\lambda_iy_i\right)\left(\sum_{i=1}^{n}\frac{y_i}{\lambda_i}\right)=\left(\sum_{i=1}^{n}\frac{\lambda_iy_i}{\mu}\right)\left(\sum_{i=1}^{n}\frac{\mu y_i}{\lambda_i}\right)\leqslant$$

$$\frac{1}{4}\left(\sum_{i=1}^{n}\frac{\lambda_iy_i}{\mu}+\sum_{i=1}^{n}\frac{\mu y_i}{\lambda_i}\right)^2=$$

$$\frac{1}{4}\left(\sum_{i=1}^{n}\left(\frac{\lambda_i}{\mu}+\frac{\mu}{\lambda_i}\right)y_i\right)^2$$

在上式中令 $\mu=\sqrt{\lambda_1\lambda_n}$,并利用不等式

$$\frac{\lambda_i}{\sqrt{\lambda_1\lambda_n}}+\frac{\sqrt{\lambda_1\lambda_n}}{\lambda_i}\leqslant\frac{\lambda_1}{\sqrt{\lambda_1\lambda_n}}\frac{\sqrt{\lambda_1\lambda_n}}{\lambda_1}$$

即可得证.

**证法 7**　由于函数 $\phi(t)=\frac{\lambda_n}{t}+\lambda_1t$ 在区间 $\left[\frac{\lambda_n}{\lambda_1},1\right]$ 上是凸函数,于是它在区间两端达到最大值,在内点 $t=\sqrt{\frac{\lambda_n}{\lambda_1}}$ 处达到最小值,于是有不等式

$$2\sqrt{\lambda_1\lambda_n}\leqslant\frac{\lambda_n}{t}+\lambda_1t\leqslant\lambda_1+\lambda_n\quad\left(t\in\left[\frac{\lambda_n}{\lambda_1},1\right]\right)\tag{15}$$

或者等价的

$$\frac{2\sqrt{\lambda_1\lambda_n}}{\lambda_1+\lambda_n}\leqslant\frac{\lambda_n}{\lambda_1+\lambda_n}\frac{1}{t}+\frac{\lambda_1}{\lambda_1+\lambda_n}t\leqslant 1$$

$$\left(t \in \left[\frac{\lambda_n}{\lambda_1}, 1\right]\right) \tag{16}$$

于是对每个 $i=1,2,\cdots,n$，$\frac{\lambda_i}{\lambda_1} \in \left[\frac{\lambda_n}{\lambda_1}, 1\right]$. 由右端不等式可以得到

$$\frac{\lambda_n}{\lambda_1+\lambda_n}\left(\frac{\lambda_i}{\lambda_1}\right)^{-1}+\frac{\lambda_1}{\lambda_1+\lambda_n} \frac{\lambda_i}{\lambda_1} \leqslant 1 \tag{17}$$

它又可以改写为

$$\frac{\lambda_i^{-1}}{\lambda_1^{-1}+\lambda_n^{-1}}+\frac{\lambda_i}{\lambda_1+\lambda_n} \leqslant 1 \tag{18}$$

由于 $\boldsymbol{y}^* \boldsymbol{y}=1$，于是

$$\boldsymbol{y}^*\left(\frac{\boldsymbol{\Lambda}}{\lambda_1+\lambda_n}+\frac{\boldsymbol{\Lambda}^{-1}}{\lambda_1^{-1}+\lambda_n^{-1}}\right) \boldsymbol{y} \leqslant 1 \tag{19}$$

由于

$$\begin{aligned} & 4 \frac{\boldsymbol{y}^* \boldsymbol{\Lambda} \boldsymbol{y}}{\lambda_1+\lambda_n} \cdot \frac{\boldsymbol{y}^* \boldsymbol{\Lambda}^{-1} \boldsymbol{y}}{\lambda_1^{1}+\lambda_n^{1}}= \\ & \left(\frac{\boldsymbol{y}^* \boldsymbol{\Lambda} \boldsymbol{y}}{\lambda_1+\lambda_n}+\frac{\boldsymbol{y}^* \boldsymbol{\Lambda}^{-1} \boldsymbol{y}}{\lambda_1^{-1}+\lambda_n^{-1}}\right)^2- \\ & \left(\frac{\boldsymbol{y}^* \boldsymbol{\Lambda} \boldsymbol{y}}{\lambda_1+\lambda_n}-\frac{\boldsymbol{y}^* \boldsymbol{\Lambda}^{-1} \boldsymbol{y}}{\lambda_1^{-1}+\lambda_n^{-1}}\right)^2 \leqslant 1 \end{aligned}$$

于是

$$\boldsymbol{y}^* \boldsymbol{\Lambda} \boldsymbol{y} \cdot \boldsymbol{y}^* \boldsymbol{\Lambda}^{-1} \boldsymbol{y} \leqslant \frac{\lambda_1+\lambda_n}{2} \cdot \frac{\lambda_1^{-1}+\lambda_n^{-1}}{2}$$

即 Kantorovič 不等式(10) 成立.

**证法 8**　归纳法. 当 $n=2$ 时显然成立. 现假设当 $n=k$ 时结论成立，以下证明当 $n=k+1$ 时结论也成立. 在区间 $[\lambda_{k+1}, \lambda_1]$ 内点 $\lambda_k$ 处对于点 $(\xi, \phi(\lambda))=\left(\xi, \frac{1}{\lambda}\right)$ 作线性插值，则

$$\frac{1}{\lambda_k}=\frac{t}{\lambda_1}+\frac{1-t}{\lambda_{k+1}} \tag{20}$$

容易验证

$$t=\frac{\lambda_1}{\lambda_k}\frac{\lambda_{k+1}-\lambda_k}{\lambda_{k+1}-\lambda_1}$$

满足不等关系

$$\lambda_k\leqslant t\lambda_1+(1-t)\lambda_{k+1} \tag{21}$$

于是

$$\begin{aligned}
&\Big(\sum_{i=1}^{k+1}\lambda_i y_i\Big)\Big(\sum_{i=1}^{k+1}\frac{y_i}{\lambda_i}\Big)=\\
&\Big(\sum_{i=2}^{k-1}\lambda_i y_i+\lambda_1 y_1+\lambda_k y_k+\lambda_{k+1}y_{k+1}\Big)\cdot\\
&\Big(\sum_{i=2}^{k-1}\frac{y_i}{\lambda_i}+\frac{y_1}{\lambda_1}+\frac{y_k}{\lambda_k}+\frac{y_{k+1}}{\lambda_{k+1}}\Big)\leqslant\\
&\Big(\sum_{i=2}^{k-1}\lambda_i y_i+\lambda_1 y_1+(t\lambda_1+(1-t)\lambda_{k+1})y_k+\lambda_{k+1}y_{k+1}\Big)\cdot\\
&\Big(\sum_{i=2}^{k-1}\frac{y_i}{\lambda_i}+\frac{y_1}{\lambda_1}+\Big(\frac{t}{\lambda_1}+\frac{1-t}{\lambda_{k+1}}\Big)y_k+\frac{y_{k+1}}{\lambda_{k+1}}\Big)=\\
&\Big(\sum_{i=2}^{k-1}\lambda_i y_i+\lambda_1(y_1+ty_k)+\lambda_{k+1}((1-t)y_k+y_{k+1})\Big)\cdot\\
&\Big(\sum_{i=2}^{k-1}\frac{y_i}{\lambda_i}+\frac{1}{\lambda_1}(y_1+ty_k)+\frac{1}{\lambda_{k+1}}((1-t)y_k+y_{k+1})\Big)
\end{aligned}$$

上式右端可归结为 $n=k$ 的情形，于是结论成立.

**证法9**　设 $\xi$ 为一随机变量，概率分布为 $P(\xi=\lambda_i)=y_i,i=1,2,\cdots,n$，则

$$E(\xi)E(\xi^{-1})=\Big(\sum_{i=1}^{n}\lambda_i y_i\Big)\Big(\sum_{i=1}^{n}\lambda_i^{-1}y_i\Big)$$

因为 $\xi^{-1}(\xi-\lambda_1)(\xi-\lambda_n)\leqslant 0$，所以

$$\begin{aligned}
&E(\xi^{-1}(\xi-\lambda_1)(\xi-\lambda_n))=\\
&E(\xi-(\lambda_1+\lambda_n)+\lambda_1\lambda_n\xi^{-1})=\\
&E(\xi)-(\lambda_1+\lambda_n)+\lambda_1\lambda_n E(\xi^{-1})\leqslant 0
\end{aligned}$$

即 $E(\xi)+\lambda_1\lambda_n E(\xi^{-1})\leqslant\lambda_1+\lambda_n$. 进而有

$$E(\xi)\cdot\lambda_1\lambda_n E(\xi^{-1})\leqslant\left(\frac{E(\xi)+\lambda_1\lambda_n E(\xi^{-1})}{2}\right)^2\leqslant\left(\frac{\lambda_1+\lambda_n}{2}\right)^2$$

于是结论成立.

Kantorovič 不等式的矩阵形式在 1.6 节、1.7 节已有研究,后面的第 2 章还有进一步讨论.

## 1.11 Bloomfield-Watson-Knott 不等式

**定理** 设 $\boldsymbol{A}\in H_{++}^n$, $\lambda_1\geqslant\lambda_2\geqslant\cdots\geqslant\lambda_n$ 是其特征值, $\boldsymbol{X}$ 为 $n\times p$ 阶实矩阵且满足 $\boldsymbol{X}^{\mathrm{T}}\boldsymbol{X}=\boldsymbol{I}_p(n\geqslant 2p)$,则

$$\det(\boldsymbol{X}^{\mathrm{T}}\boldsymbol{A}\boldsymbol{X})\cdot\det(\boldsymbol{X}^{\mathrm{T}}\boldsymbol{A}^{-1}\boldsymbol{X})\leqslant\prod_{i=1}^{p}\frac{(\lambda_i+\lambda_{n-i+1})^2}{4\lambda_i\lambda_{n-i+1}}\tag{1}$$

**证明** 考虑约束优化问题

$$\begin{cases}\min\limits_{\boldsymbol{X}}\ \ln\det(\boldsymbol{X}^{\mathrm{T}}\boldsymbol{A}\boldsymbol{X})+\ln\det(\boldsymbol{X}^{\mathrm{T}}\boldsymbol{A}^{-1}\boldsymbol{X})\\ \text{s. t.}\quad \boldsymbol{X}^{\mathrm{T}}\boldsymbol{X}-\boldsymbol{I}_p=\boldsymbol{0}\end{cases}\tag{2}$$

的 Lagrange 松弛函数

$$L(\boldsymbol{X},\boldsymbol{\Lambda})=\ln\det(\boldsymbol{X}^{\mathrm{T}}\boldsymbol{A}\boldsymbol{X})+\ln\det(\boldsymbol{X}^{\mathrm{T}}\boldsymbol{A}^{-1}\boldsymbol{X})-2\mathrm{tr}((\boldsymbol{X}^{\mathrm{T}}\boldsymbol{X}-\boldsymbol{I}_p)\boldsymbol{\Lambda})$$

这里 $p\times p$ 阶矩阵 $\boldsymbol{\Lambda}$ 为 Lagrange 乘子,系数 2 的引入仅仅为了计算上的方便. 由于

$$\frac{\partial\ln\det(\boldsymbol{X}^{\mathrm{T}}\boldsymbol{A}\boldsymbol{X})}{\partial\boldsymbol{X}}=2\boldsymbol{A}\boldsymbol{X}(\boldsymbol{X}^{\mathrm{T}}\boldsymbol{A}\boldsymbol{X})^{-1}$$

$$\frac{\partial\ln\det(\boldsymbol{X}^{\mathrm{T}}\boldsymbol{A}^{-1}\boldsymbol{X})}{\partial\boldsymbol{X}}=2\boldsymbol{A}^{-1}\boldsymbol{X}(\boldsymbol{X}^{\mathrm{T}}\boldsymbol{A}^{-1}\boldsymbol{X})^{-1}$$

$$\frac{\partial \mathrm{tr}((\boldsymbol{X}^{\mathrm{T}}\boldsymbol{X}-\boldsymbol{I}_p)\boldsymbol{\Lambda})}{\partial \boldsymbol{X}}=\frac{\partial \mathrm{tr}(\boldsymbol{X}^{\mathrm{T}}\boldsymbol{X}\boldsymbol{\Lambda})}{\partial \boldsymbol{X}}=\boldsymbol{X}(\boldsymbol{\Lambda}+\boldsymbol{\Lambda}^{\mathrm{T}})$$

于是

$$L_{\boldsymbol{X}}(\boldsymbol{X},\boldsymbol{\Lambda})=\boldsymbol{A}\boldsymbol{X}(\boldsymbol{X}^{\mathrm{T}}\boldsymbol{A}\boldsymbol{X})^{-1}+\boldsymbol{A}^{-1}\boldsymbol{X}(\boldsymbol{X}^{\mathrm{T}}\boldsymbol{A}^{-1}\boldsymbol{X})^{-1}-\boldsymbol{X}(\boldsymbol{\Lambda}+\boldsymbol{\Lambda}^{\mathrm{T}})=\boldsymbol{0} \tag{3}$$

用 $\boldsymbol{X}^{\mathrm{T}}$ 左乘式(3) 得到 $\boldsymbol{\Lambda}+\boldsymbol{\Lambda}^{\mathrm{T}}=2\boldsymbol{I}_p$，代回到式(3) 得到

$$\boldsymbol{A}\boldsymbol{X}(\boldsymbol{X}^{\mathrm{T}}\boldsymbol{A}\boldsymbol{X})^{-1}+\boldsymbol{A}^{-1}\boldsymbol{X}(\boldsymbol{X}^{\mathrm{T}}\boldsymbol{A}^{-1}\boldsymbol{X})^{-1}=2\boldsymbol{X} \tag{4}$$

用 $\boldsymbol{X}^{\mathrm{T}}\boldsymbol{A}$ 左乘式(4) 得到

$$\boldsymbol{X}^{\mathrm{T}}\boldsymbol{A}^2\boldsymbol{X}(\boldsymbol{X}^{\mathrm{T}}\boldsymbol{A}\boldsymbol{X})^{-1}=2\boldsymbol{X}^{\mathrm{T}}\boldsymbol{A}\boldsymbol{X}-(\boldsymbol{X}^{\mathrm{T}}\boldsymbol{A}^{-1}\boldsymbol{X})^{-1} \tag{5}$$

由于式(5) 右边两个矩阵是对称的，因此左边的矩阵 $\boldsymbol{X}^{\mathrm{T}}\boldsymbol{A}^2\boldsymbol{X}$ 和 $(\boldsymbol{X}^{\mathrm{T}}\boldsymbol{A}\boldsymbol{X})^{-1}$ 可交换，这导致了 $\boldsymbol{X}^{\mathrm{T}}\boldsymbol{A}^2\boldsymbol{X}$ 和 $\boldsymbol{X}^{\mathrm{T}}\boldsymbol{A}\boldsymbol{X}$ 可交换. 于是存在正交矩阵使得 $\boldsymbol{X}^{\mathrm{T}}\boldsymbol{A}^2\boldsymbol{X}$ 和 $\boldsymbol{X}^{\mathrm{T}}\boldsymbol{A}\boldsymbol{X}$ 可同时对角化. 这样可以假设 $\boldsymbol{X}^{\mathrm{T}}\boldsymbol{A}^{-1}\boldsymbol{X}$ 和 $\boldsymbol{X}^{\mathrm{T}}\boldsymbol{A}\boldsymbol{X}$ 是对角矩阵. 记 $\boldsymbol{X}=(\boldsymbol{x}_1,\boldsymbol{x}_2,\cdots,\boldsymbol{x}_p)$，则

$$\boldsymbol{X}^{\mathrm{T}}\boldsymbol{A}\boldsymbol{X}=\mathrm{diag}(\boldsymbol{x}_1^{\mathrm{T}}\boldsymbol{A}\boldsymbol{x}_1,\cdots,\boldsymbol{x}_p^{\mathrm{T}}\boldsymbol{A}\boldsymbol{x}_p)$$

$$\boldsymbol{X}^{\mathrm{T}}\boldsymbol{A}^{-1}\boldsymbol{X}=\mathrm{diag}(\boldsymbol{x}_1^{\mathrm{T}}\boldsymbol{A}^{-1}\boldsymbol{x}_1,\cdots,\boldsymbol{x}_p^{\mathrm{T}}\boldsymbol{A}^{-1}\boldsymbol{x}_p)$$

式(4) 可以变形为

$$\frac{\boldsymbol{A}\boldsymbol{x}_i}{\boldsymbol{x}_i^{\mathrm{T}}\boldsymbol{A}\boldsymbol{x}_i}+\frac{\boldsymbol{A}^{-1}\boldsymbol{x}_i}{\boldsymbol{x}_i^{\mathrm{T}}\boldsymbol{A}^{-1}\boldsymbol{x}_i}=2\boldsymbol{x}_i\quad(i=1,2,\cdots,p) \tag{6}$$

在式(6) 两边左乘 $\boldsymbol{A}$ 得到

$$\frac{\boldsymbol{A}^2\boldsymbol{x}_i}{\boldsymbol{x}_i^{\mathrm{T}}\boldsymbol{A}\boldsymbol{x}_i}+\frac{\boldsymbol{x}_i}{\boldsymbol{x}_i^{\mathrm{T}}\boldsymbol{A}^{-1}\boldsymbol{x}_i}-2\boldsymbol{A}\boldsymbol{x}_i=\boldsymbol{0}\quad(i=1,2,\cdots,p) \tag{7}$$

上节中的定理对每个 $i$，$\boldsymbol{x}_i$ 至多位于两个特征向量张成的子空间内，记对应的特征值为 $\mu_i$ 和 $\nu_i$，则对于 $i=1,2,\cdots,p$，有

$$\begin{cases}\mu_i+\nu_i=2\boldsymbol{x}_i^{\mathrm{T}}\boldsymbol{A}\boldsymbol{x}_i\\ \mu_i\nu_i=\dfrac{\boldsymbol{x}_i^{\mathrm{T}}\boldsymbol{A}\boldsymbol{x}_i}{\boldsymbol{x}_i^{\mathrm{T}}\boldsymbol{A}^{-1}\boldsymbol{x}_i}\end{cases}$$

于是

$$\boldsymbol{x}_i^{\mathrm{T}}\boldsymbol{A}\boldsymbol{x}_i \cdot \boldsymbol{x}_i^{\mathrm{T}}\boldsymbol{A}^{-1}\boldsymbol{x}_i = \frac{(\mu_i+\nu_i)^2}{4\mu_i\nu_i} \quad (i=1,2,\cdots,p)$$

令

$$M(\boldsymbol{X}) = \det(\boldsymbol{X}^{\mathrm{T}}\boldsymbol{A}\boldsymbol{X}) \cdot \det(\boldsymbol{X}^{\mathrm{T}}\boldsymbol{A}^{-1}\boldsymbol{X}) = \prod_{i=1}^{p} \boldsymbol{x}_i^{\mathrm{T}}\boldsymbol{A}\boldsymbol{x}_i \cdot \boldsymbol{x}_i^{\mathrm{T}}\boldsymbol{A}^{-1}\boldsymbol{x}_i$$

则

$$M(\boldsymbol{X}) = \prod_{i=1}^{p} \frac{(\mu_i+\nu_i)^2}{4\mu_i\nu_i}$$

因为 $\boldsymbol{X}^{\mathrm{T}}\boldsymbol{X}=\boldsymbol{I}_p$，$\boldsymbol{X}^{\mathrm{T}}\boldsymbol{A}\boldsymbol{X}$ 和 $\boldsymbol{X}^{\mathrm{T}}\boldsymbol{A}^2\boldsymbol{X}$ 为对角矩阵，所以向量偶 $\{\boldsymbol{x}_1,\boldsymbol{A}\boldsymbol{x}_1\},\cdots,\{\boldsymbol{x}_p,\boldsymbol{A}\boldsymbol{x}_p\}$ 张开的子空间两两正交，于是数对 $\{\mu_1,\nu_1\},\cdots,\{\mu_p,\nu_p\}$ 彼此不同. 为了使 $M(\boldsymbol{X})$ 达到最大，故 $\{\mu_1,\nu_1\}=\{\lambda_1,\lambda_n\}$，$\{\mu_2,\nu_2\}=\{\lambda_2,\lambda_{n-1}\}$，$\cdots$. 依此类推，得到 $M(\boldsymbol{X})$ 的最大估计值

$$\prod_{i=1}^{p} \frac{(\lambda_i+\lambda_{n-i+1})^2}{4\lambda_i\lambda_{n-i+1}}$$

证毕.

不等式(1) 由 Durbin(1955) 所提出，直到 20 年后才被 Bloomfield 和 Watson(1975) 以及 Knott(1975) 独立证明.

# 第2章 Kantorovič 不等式的初等证明及应用

Kantorovič 型不等式是一类非常重要的矩阵不等式，前面已经花了较大篇幅对此进行了研究. 由于涉及的结果众多，这里再另启一章集中介绍这方面的最新成果.

为书写简便，本章引入如下记号

$$\Delta^n=\{\boldsymbol{\alpha}=(\alpha_1,\alpha_2,\cdots,\alpha_n)\mid \alpha_i\geqslant 0,$$

$$i=1,2,\cdots,n,\sum_{j=1}^{n}\alpha_j=1\} \quad (1)$$

$$\mu=\frac{f(\lambda_1)-f(\lambda_n)}{\lambda_1-\lambda_n} \quad (2)$$

## 2.1 Mond-Pečarić 方法

Mond 和 Pečarić(1993) 利用凸函数的特点，构造出十分精巧的矩阵不等式. 这一方法开辟了证明矩阵不等式的新途径，关于 Kantorovič 不等式的许多推广都是它的进一步发展.

**引理** 设 $\boldsymbol{A} \in H^n$,$\boldsymbol{X}$ 是 $n \times p$ 阶矩阵且满足 $\boldsymbol{X}^* \boldsymbol{X} = \boldsymbol{I}_p$. 若 $f(t)$ 是在闭区间$[\lambda_n, \lambda_1]$上的连续凸函数,则有 Löwner 偏序关系

$$\boldsymbol{X}^* f(\boldsymbol{A}) \boldsymbol{X} \leqslant \frac{\lambda_1 f(\lambda_n) - \lambda_n f(\lambda_1)}{\lambda_1 - \lambda_n} \boldsymbol{I}_p + \mu \boldsymbol{X}^* \boldsymbol{A} \boldsymbol{X} \tag{1}$$

或者等价地表示为

$$\boldsymbol{X}^* f(\boldsymbol{A}) \boldsymbol{X} \leqslant f(\lambda_n) \boldsymbol{I}_p + \mu (\boldsymbol{X}^* \boldsymbol{A} \boldsymbol{X} - \lambda_n \boldsymbol{I}_p) \tag{2}$$

**证明** 设 $\boldsymbol{A}$ 有分解 $\boldsymbol{A} = \boldsymbol{U}^* \boldsymbol{\Lambda} \boldsymbol{U}$,其中 $\boldsymbol{U}^* \boldsymbol{U} = \boldsymbol{I}_n$ 且 $\boldsymbol{\Lambda} = \mathrm{diag}(\lambda_1, \lambda_2, \cdots, \lambda_n)$. 由于 $f(t)$ 是$[\lambda_n, \lambda_1]$上的凸函数,则

$$f(t) \leqslant \frac{\lambda_1 - t}{\lambda_1 - \lambda_n} f(\lambda_n) + \frac{t - \lambda_n}{\lambda_1 - \lambda_n} f(\lambda_1) = \frac{\lambda_1 f(\lambda_n) - \lambda_n f(\lambda_1)}{\lambda_1 - \lambda_n} + \mu t$$

故对任意的 $i = 1, 2, \cdots, n$ 有

$$f(\lambda_i) \leqslant \frac{\lambda_1 f(\lambda_n) - \lambda_n f(\lambda_1)}{\lambda_1 - \lambda_n} + \mu \lambda_i$$

于是得到 Löwner 序

$$f(\boldsymbol{\Lambda}) \leqslant \frac{\lambda_1 f(\lambda_n) - \lambda_n f(\lambda_1)}{\lambda_1 - \lambda_n} \boldsymbol{I}_n + \mu \boldsymbol{\Lambda}$$

两边分别左乘 $\boldsymbol{U}^*$ 和右乘 $\boldsymbol{U}$ 后得到

$$f(\boldsymbol{A}) \leqslant \frac{\lambda_1 f(\lambda_n) - \lambda_n f(\lambda_1)}{\lambda_1 - \lambda_n} \boldsymbol{I}_n + \mu \boldsymbol{A}$$

两边分别左乘 $\boldsymbol{X}^*$ 和右乘 $\boldsymbol{X}$ 便得到所要证明的结论. 证毕.

Mond 和 Pečarić 所获得的结果是基于不等式(1)的.

**定理 1** 设二元函数 $F(u, v)$ 在正方形区域$[\lambda_n,$

$\lambda_1]\times[\lambda_n,\lambda_1]$ 内连续，且关于第一个变量 $u$ 单调增加.
在本节引理的条件下，有如下结论成立

$$F(\boldsymbol{X}^* f(\boldsymbol{A})\boldsymbol{X}, f(\boldsymbol{X}^*\boldsymbol{AX}))\leqslant K\boldsymbol{I}_p \tag{3}$$

这里

$$K=\max_{t\in[\lambda_n,\lambda_1]} F\left(\frac{\lambda_1 f(\lambda_n)-\lambda_n f(\lambda_1)}{\lambda_1-\lambda_n}+\mu t, f(t)\right) \tag{4}$$

**证明**　由假定知

$$F\left(\frac{\lambda_1 f(\lambda_n)-\lambda_n f(\lambda_1)}{\lambda_1-\lambda_n}+\mu t, f(t)\right)\leqslant K$$

$$(\forall t\in[\lambda_n,\lambda_1])$$

采用类似于引理的证明方法，有

$$F\left(\frac{\lambda_1 f(\lambda_n)-\lambda_n f(\lambda_1)}{\lambda_1-\lambda_n}\boldsymbol{I}_n+\mu\boldsymbol{X}^*\boldsymbol{AX}, f(\boldsymbol{X}^*\boldsymbol{AX})\right)\leqslant K\boldsymbol{I}_p$$

再根据引理知所要证明的结论成立. 证毕.

定理 1 有许多重要应用. 设 $f(t)$ 在$[\lambda_n,\lambda_1]$上可导，要使式(4) 的右端达到极大，必然有

$$\frac{\mathrm{d}}{\mathrm{d}t}\left(\frac{\lambda_1 f(\lambda_n)-\lambda_n f(\lambda_1)}{\lambda_1-\lambda_n}+\mu t, f(t)\right)=0 \tag{5}$$

例如取 $F(u,v)=\frac{u}{v}$ 并设 $\mu\neq 0$，极值点 $t_0$ 满足方程

$$\mu f(t)-f'(t)(f(\lambda_n)+\mu(t-\lambda_n))=0 \tag{6}$$

这时最大值

$$K=\frac{f(\lambda_n)+\mu(t_0-\lambda_n)}{f(t_0)}=\frac{\mu}{f'(t_0)} \tag{7}$$

若 $\mu=0$，则最大值 $M$ 在区间$[\lambda_n,\lambda_1]$的端点处达到，于是 $K=\frac{f(\lambda_n)}{f(t_0)}$.

**定理 2**　设 $\boldsymbol{A}\in H_{++}^n$ 的最大和最小特征值为 $\lambda_1$，$\lambda_n$，$\boldsymbol{X}$ 是 $n\times p$ 阶矩阵且满足 $\boldsymbol{X}^*\boldsymbol{X}=\boldsymbol{I}_p$，则当 $p>1$ 或者 $p<0$ 时，有

$$X^* A^p X \leqslant \gamma (X^* AX)^p \quad (8)$$

这里

$$\gamma = \frac{(p-1)^{p-1}}{p^p} = \frac{(\lambda_1^p - \lambda_n^p)^p}{(\lambda_1 - \lambda_n)(\lambda_n \lambda_1^p - \lambda_1 \lambda_n^p)^{p-1}} \quad (9)$$

**证明** 在定理 1 中取 $f(t) = t^p$ 和 $F(u,v) = \frac{u}{v}$ 即可. 证毕.

**定理 3** 设 $A \in H_{++}^n$ 的最大和最小特征值为 $\lambda_1$，$\lambda_n$，$X$ 是 $n \times p$ 阶矩阵且满足 $X^* X = I_p$，则当 $p > 1$ 或者 $p < 0$ 时，有

$$X^* A^p X - (X^* AX)^p \leqslant \tau I_p \quad (10)$$

这里

$$\tau = \lambda_n^p - \left(\frac{\lambda_1^p - \lambda_n^p}{p(\lambda_1 - \lambda_n)}\right)^{\frac{p}{p-1}} + \frac{\lambda_1^p - \lambda_n^p}{\lambda_1 - \lambda_n}\left[\left(\frac{\lambda_1^p - \lambda_n^p}{p(\lambda_1 - \lambda_n)}\right)^{\frac{1}{p-1}} - \lambda_n\right] \quad (11)$$

**证明** 在定理 1 中取 $f(t) = t^p$ 和 $F(u,v) = u - v$ 即可. 证毕.

利用式(8) 和式(10) 可以得到许多重要不等式. 例如，在式(8) 中令 $p = -1$，便得到著名的Kantorovič 不等式

$$X^* A^{-1} X \leqslant \frac{(\lambda_1 + \lambda_n)^2}{4\lambda_1 \lambda_n} (X^* AX)^{-1} \quad (12)$$

类似的，可以得到其他几个有用的矩阵不等式

$$X^* A^2 X \leqslant \frac{(\lambda_1 + \lambda_n)^2}{4\lambda_1 \lambda_n} (X^* AX)^2 \quad (13)$$

$$(X^* AX)^{\frac{1}{2}} \leqslant \frac{\sqrt{\lambda_1} + \sqrt{\lambda_n}}{2\sqrt{\lambda_1 \lambda_n}} X^* A^{\frac{1}{2}} X \quad (14)$$

和

$$X^* A^{-1} X - (X^* A X)^{-1} \leqslant \frac{(\sqrt{\lambda_1} + \sqrt{\lambda_n})^2}{\lambda_1 \lambda_n} I_p \quad (15)$$

$$X^* A^2 X - (X^* A X)^2 \leqslant \frac{(\lambda_1 - \lambda_n)^2}{4} I_p \quad (16)$$

$$(X^* A X)^{\frac{1}{2}} - X^* A^{\frac{1}{2}} X \leqslant \frac{(\sqrt{\lambda_1} - \sqrt{\lambda_n})^2}{4(\sqrt{\lambda_1} + \sqrt{\lambda_n})} I_p \quad (17)$$

若令

$$A = \mathrm{diag}(A_1, A_2, \cdots, A_m), X^* = (X_1^*, X_2^*, \cdots, X_m^*)$$

其中每个 $A_i$ 同阶，且特征值介于 $\lambda_n$ 和 $\lambda_1$ 之间，$X_i$ 同形，且 $\sum_{i=1}^{m} X_i^* X_i = I_p$，则容易得到Jensen型矩阵不等式

$$\sum_{i=1}^{m} X_i^* A_i X_i \leqslant \gamma (X_i^* A_i X_i)^p \quad (18)$$

$$\sum_{i=1}^{m} X_i^* A_i X_i \leqslant \tau I_p + (X_i^* A_i X_i)^p \quad (19)$$

这里 $\gamma, \tau$ 分别按照式(9) 和式(11) 来定义. 特别的，若 $X_i = x_i$ 是一个向量且满足 $\sum_{i=1}^{m} \| x_i \|^2 = 1$，则对任意整数 $p \neq 0, 1$，有 Fan Ky 不等式

$$\sum_{i=1}^{m} x_i^* A_i^p x_i \leqslant \gamma \left( \sum_{i=1}^{m} x_i^* A_i x_i \right)^p \quad (20)$$

成立.

Lah 和 Ribarić(1973) 给了一个类似于定理 1 的结果.

**定理 4**　设 $f(t)$ 在$[\lambda_n, \lambda_1]$上是凸函数，$t_i \in [\lambda_n, \lambda_1]$. 若 $\boldsymbol{\alpha} \in \Delta^n$，则不等式

$$(\lambda_1 - \lambda_n) \sum_{i=1}^{n} \alpha_i f(t_i) \leqslant f(\lambda_n)\left(\lambda_1 - \sum_{i=1}^{n} \alpha_i t_i\right) + f(\lambda_1)\left(\sum_{i=1}^{n} \alpha_i t_i - \lambda_n\right) \quad (21)$$

成立. 用 $\dfrac{p_i a_i^2}{\sum_{i=1}^n p_i a_i^2}$ 和 $\dfrac{b_i}{a_i}$ 分别代替式(21)中的 $\alpha_i$ 和 $t_i$, 容易获得如下不等式

$$\frac{(\lambda_1-\lambda_n)\sum_{i=1}^n p_i a_i^2 f\left(\frac{b_i}{a_i}\right)}{\sum_{i=1}^n p_i a_i^2} \leqslant f(\lambda_n)\left(\lambda_1-\frac{\sum_{i=1}^n p_i a_i b_i}{\sum_{i=1}^n p_i a_i^2}\right)+ f(\lambda_1)\left(\frac{\sum_{i=1}^n p_i a_i b_i}{\sum_{i=1}^n p_i a_i^2}-\lambda_n\right) \tag{22}$$

其中, $f(t)$ 在 $[\lambda_n,\lambda_1]$ 上是凸函数, $\lambda_n \leqslant \dfrac{b_i}{a_i} \leqslant \lambda_1$, $i=1,2,\cdots,n$. 在式(21)中令 $f(t)=t^p$, $p\in(-\infty,0)\cup(1,\infty)$, 则有

$$\sum_{i=1}^n \alpha_i a_i^{2-p} b_i^p + \frac{\lambda_n\lambda_1(\lambda_1^{p-1}-\lambda_n^{p-1})}{\lambda_1-\lambda_n}\sum_{i=1}^n \alpha_i a_i^2 \leqslant \frac{\lambda_1^p-\lambda_n^p}{\lambda_1-\lambda_n}\sum_{i=1}^n \alpha_i a_i b_i \tag{23}$$

特别的, 当 $p=2$ 时得到 Diaz-Metcalf 不等式.

## 2.2 Furuta 方法

Furuta 利用上节不等式(2)的向量形式获得了一组新的扩展 Kantorovič 矩阵不等式, 其实质还是沿用 Mond 和 Pečarić 的思想. 由于两者处理技术上略有不同, 这样导致了他们所获得的结果之间存在差异且互

不包含. Furuta 方法的基本结果如下.

**定理 1**　设 $\boldsymbol{A} \in H_{++}^{n}$ 且 $\boldsymbol{0} < \lambda_n \boldsymbol{I} \leqslant \boldsymbol{A} \leqslant \lambda_1 \boldsymbol{I}$, $f(t)$ 是 $[\lambda_n, \lambda_1]$ 上的连续凸函数. 若 $q > 1$, $f(\lambda_1) > f(\lambda_n)$, $\frac{f(\lambda_1)}{\lambda_1} > \frac{f(\lambda_n)}{\lambda_n}$ 且 $\frac{f(\lambda_n)}{\lambda_n} q \leqslant \mu \leqslant \frac{f(\lambda_1)}{\lambda_1} q$, 则对任意单位向量 $\boldsymbol{x}$, 有

$$(f(\boldsymbol{A})\boldsymbol{x}, \boldsymbol{x}) \leqslant \frac{\lambda_n f(\lambda_1) - \lambda_1 f(\lambda_n)}{(q-1)(\lambda_1 - \lambda_n)} \cdot \left( \frac{(q-1)(f(\lambda_1) - f(\lambda_n))}{q(\lambda_n f(\lambda_1) - \lambda_1 f(\lambda_n))} \right)^q (\boldsymbol{A}\boldsymbol{x}, \boldsymbol{x})^q \tag{1}$$

若 $q < 0$, $f(\lambda_1) < f(\lambda_n)$, $\frac{f(\lambda_1)}{\lambda_1} < \frac{f(\lambda_n)}{\lambda_n}$ 且 $\frac{f(\lambda_n)}{\lambda_n} q \leqslant \mu \leqslant \frac{f(\lambda_1)}{\lambda_1} q$, 则上述不等式依然成立.

**证明**　由于 $f(t)$ 是 $[\lambda_n, \lambda_1]$ 上的连续凸函数, 则上节不等式(2) 的向量形式成立, 即对于任意单位向量

$$(f(\boldsymbol{A})\boldsymbol{x}, \boldsymbol{x}) \leqslant f(\lambda_n) + \mu((\boldsymbol{A}\boldsymbol{x}, \boldsymbol{x}) - \lambda_n) \tag{2}$$

令 $t = (\boldsymbol{A}\boldsymbol{x}, \boldsymbol{x})$, 记

$$h(t) = \frac{1}{t^q}(f(\lambda_n) + \mu(t - \lambda_n)) \tag{3}$$

则式(2) 变成

$$(f(\boldsymbol{A})\boldsymbol{x}, \boldsymbol{x}) \leqslant h(t)(\boldsymbol{A}\boldsymbol{x}, \boldsymbol{x})^q \quad (t \in [\lambda_n, \lambda_1]) \tag{4}$$

利用微分方法容易求出, 当

$$t = \frac{q}{q-1} \cdot \frac{\lambda_n f(\lambda_1) - \lambda_1 f(\lambda_n)}{\lambda_1 - \lambda_n}$$

时, $h(t)$ 在 $[\lambda_n, \lambda_1]$ 上取极大值, 且对于上面 $q > 1$ 和 $q < 0$ 两种情况均成立, 于是结论成立. 证毕.

值得注意的是, 若在式(3) 中以 $g(t)$ 代替 $t^q$, 则可以得到比式(1) 更一般的形式, 详细讨论参见 2.4 节.

**定理 2** 设 $\boldsymbol{A}\in H_{++}^{n}$ 且 $\boldsymbol{0}<\lambda_n\boldsymbol{I}\leqslant\boldsymbol{A}\leqslant\lambda_1\boldsymbol{I}$,则对任意单位向量 $\boldsymbol{x}$,当 $p>1$ 或者 $p<0$ 时,不等式

$$(\boldsymbol{Ax},\boldsymbol{x})^p\leqslant(\boldsymbol{A}^p\boldsymbol{x},\boldsymbol{x})\leqslant\kappa(\boldsymbol{Ax},\boldsymbol{x})^p \tag{5}$$

成立,其中

$$\kappa=\frac{\lambda_n\lambda_1^p-\lambda_1\lambda_n^p}{(p-1)(\lambda_1-\lambda_n)}\left(\frac{(p-1)(\lambda_1^p-\lambda_n^p)^p}{p(\lambda_n\lambda_1^p-\lambda_1\lambda_n^p)}\right)^p \tag{6}$$

**证明** 令 $f(t)=t^p$,则当 $p>1$ 或者 $p<0$ 时,$f(t)$ 在 $(0,\infty)$ 上是凸函数. 应用定理1可以证明式(5)的右边结论. 左边结果直接利用 $f(t)$ 的凸性即可得证.

不等式(5)的左边结果又称为 Hölder-McCarthy 不等式(1967).

矩阵的幂运算一般不能保证矩阵之间的 Löwner 偏序关系,但是可以建立一些较弱的 Löwner 偏序关系. 为了获得这方面的结果,需要如下几个引理.

**引理 1** 设 $1<p<\infty$,$\frac{1}{p}+\frac{1}{q}=1$. 若 $t\geqslant1$,则

$$0\leqslant(p-1)t-pt^{\frac{1}{q}}+1 \tag{7}$$

当且仅当 $t=1$ 时等号成立.

**证明** 令 $f(t)=(p-1)t-pt^{\frac{1}{q}}+1$. 由于 $f(1)=0$ 且

$$f'(t)=(p-1)(1-t^{-\frac{1}{p}})\geqslant0$$
$$(\forall t\geqslant1,1<p<\infty)$$

于是结论成立. 证毕.

**引理 2** 设 $1<p<\infty$. 若 $t\geqslant1$,则

$$\frac{t^{\frac{1}{p}}}{t}\cdot\frac{t-1}{t^{\frac{1}{p}}-1}\leqslant p \tag{8}$$

当且仅当 $t$ 右收敛于 1 时等号成立.

**证明** 在式(7) 的两边乘以 $t^{\frac{1}{p}}$,经过适当整理后即可得证. 证毕.

**引理 3** 设 $1 < p < \infty, \frac{1}{p} + \frac{1}{q} = 1$. 若 $t \geqslant 1$,则

$$\frac{t-1}{(t^{\frac{1}{p}}-1)^{\frac{1}{p}}(t^{\frac{1}{q}}-1)^{\frac{1}{q}}t^{\frac{2}{pq}}} \leqslant p^{\frac{1}{p}}q^{\frac{1}{q}} \tag{9}$$

当且仅当 $t$ 右收敛于 1 时等号成立.

**证明** 由式(8) 容易得到

$$\left(\frac{t^{\frac{1}{p}}(t-1)}{t(t^{\frac{1}{p}}-1)}\right)^{\frac{1}{p}} \leqslant p^{\frac{1}{p}} \tag{10}$$

$$\left(\frac{t^{\frac{1}{q}}(t-1)}{t(t^{\frac{1}{q}}-1)}\right)^{\frac{1}{q}} \leqslant q^{\frac{1}{q}} \tag{11}$$

将式(10) 和式(11) 两边分别相乘即可. 证毕.

**引理 4** 设 $1 < p < \infty$. 若 $x \geqslant 1$,则

$$\frac{(p-1)^{p-1}(x^p-1)^p}{p^p(x-1)(x^p-x)^{p-1}} \leqslant x^{p-1} \tag{12}$$

当且仅当 $x$ 右收敛于 1 时等号成立.

**证明** 在式(9) 中令 $t=x^p$,并注意到 $q=\frac{p}{p-1}$ 即可. 证毕.

**定理 3** 设 $\boldsymbol{A},\boldsymbol{B} \in H_{++}^n$ 且 $\boldsymbol{0} < \lambda_n\boldsymbol{I} \leqslant \boldsymbol{A} \leqslant \lambda_1\boldsymbol{I}$, $\boldsymbol{A} \leqslant \boldsymbol{B}$. 若 $p \geqslant 1$,则

$$\boldsymbol{A}^p \leqslant \kappa\boldsymbol{B}^p \leqslant \left(\frac{\lambda_1}{\lambda_n}\right)^{p-1}\boldsymbol{B}^p \tag{13}$$

其中,$\kappa$ 按照式(6) 所定义.

**证明** 由定理 2 和引理 4 容易知道,对任意单位向量 $\boldsymbol{x}$,有

$$(\boldsymbol{A}^p\boldsymbol{x},\boldsymbol{x}) \leqslant \kappa(\boldsymbol{A}\boldsymbol{x},\boldsymbol{x})^p \leqslant \kappa(\boldsymbol{B}\boldsymbol{x},\boldsymbol{x})^p \leqslant$$

$$\kappa(\boldsymbol{B}^p\boldsymbol{x},\boldsymbol{x}) \leqslant \left(\frac{\lambda_1}{\lambda_n}\right)^{p-1}(\boldsymbol{B}^p\boldsymbol{x},\boldsymbol{x})$$

这里$\frac{\lambda_1}{\lambda_n}$替换了式(12)中的$x$,第三个不等式利用了Hölder-McCarthy不等式(5).再由$\boldsymbol{x}$的任意性知结论成立.证毕.

值得注意的是,式(13)的$\lambda_n$和$\lambda_1$可以用$\boldsymbol{B}$的最大和最小特征值来替换.这里只要在定理3中对$\boldsymbol{B}^{-1}$和$\boldsymbol{A}^{-1}$运用不等式(13),再利用已知即可.

## 2.3 Malamud方法

Malamud(1998)在沿用了Mond和Pečarić思想的同时,充分利用了非凸函数的某些特征.本节的内容是Mond和Pečarić方法的进一步发展.

**引理1** 设二元函数$F(x,y)$连续,关于$y$单调递增.若$f(t)$在$[\lambda_n,\lambda_1]$上是凸函数,则

$$F\left(\sum_{i=1}^{n}\alpha_i t_i,\sum_{i=1}^{n}\alpha_i f(t_i)\right) \leqslant \max_{t\in[\lambda_n,\lambda_1]} F(t,\mu(t-\lambda_n)+f(\lambda_n)) \tag{1}$$

这里$t_i\in[\lambda_n,\lambda_1],i=1,2,\cdots,n,\boldsymbol{\alpha}\in\Delta^n$.

**证明** 若$t_i\in[\lambda_n,\lambda_1],i=1,2,\cdots,n,\boldsymbol{\alpha}\in\Delta^n$,则

$$f\left(\sum_{i=1}^{n}\alpha_i t_i\right) \leqslant \sum_{i=1}^{n}\alpha_i f(t_i) \leqslant \mu\left(\sum_{i=1}^{n}\alpha_i t_i-\lambda_n\right)+f(\lambda_n) \tag{2}$$

由于二元函数$F$关于第二个元$y$单调递增,则$F(t,y)\leqslant F(t,\mu(t-\lambda_n)+f(\lambda_n))$.证毕.

若在引理1中令 $F(t,y)=y-f(t)$，则得到Jensen不等式的一个新的逆形式.

**引理 2**　设 $f$ 在$[\lambda_n,\lambda_1]$上是连续的凸函数，则

$$0\leqslant\sum_{i=1}^{n}\alpha_i f(t_i)-f(\sum_{i=1}^{n}\alpha_i t_i)\leqslant$$
$$\mu(t_0-\lambda_n)+f(\lambda_n)-f(t_0)=c_1 \quad (3)$$

其中，$\boldsymbol{\alpha}\in\Delta^n$，$t_0\in[\lambda_n,\lambda_1]$ 满足 $f'(t_0)=\mu$.

若 $f(t)=t^2$，则由式(3)可以得到不等式

$$0\leqslant\sum_{i=1}^{n}\alpha_i t_i^2-(\sum_{i=1}^{n}\alpha_i t)^2\leqslant\frac{(\lambda_1-\lambda_n)^2}{4} \quad (4)$$

一般说来，式(3)中的 $t_0$ 仅对于少数几种情况可以方便求出，大多数情况下是难以计算的. 下面的估计并不要求 $f$ 一定是凸函数.

**引理 3**　设 $f$ 在$[\lambda_n,\lambda_1]$上是二次连续可微的，$m=\min\limits_{t\in[\lambda_n,\lambda_1]}f''(t)$，$M=\max\limits_{t\in[\lambda_n,\lambda_1]}f''(t)$. 若 $\boldsymbol{\alpha}\in\Delta^n$，则

$$\frac{m}{2}(\sum_{i=1}^{n}\alpha_i t_i^2-(\sum_{i=1}^{n}\alpha_i t_i)^2)\leqslant$$
$$\sum_{i=1}^{n}\alpha_i f(t_i)-f(\sum_{i=1}^{n}\alpha_i t_i)\leqslant$$
$$\frac{M}{2}(\sum_{i=1}^{n}\alpha_i t_i^2-(\sum_{i=1}^{n}\alpha_i t_i)^2) \quad (5)$$

进而，若 $M>0$，则

$$\sum_{i=1}^{n}\alpha_i f(t_i)-f(\sum_{i=1}^{n}\alpha_i t_i)\leqslant\frac{M(\lambda_1-\lambda_n)^2}{8}=c_2 \quad (6)$$

**证明**　令 $g_1(t)=f(t)-\frac{1}{2}mt^2$ 和 $g_2(t)=\frac{1}{2}Mt^2-f(t)$，则两者都是凸函数. 由 Jensen 不等式可以得到不等式(5). 再利用不等式(4)及 $M>0$ 的假设

即可得到不等式(6).证毕.

**定理 1** 设 $\boldsymbol{A} \in H^n$ 且满足 $\lambda_n \boldsymbol{I} \leqslant \boldsymbol{A} \leqslant \lambda_1 \boldsymbol{I}$.

(1) 若 $f(t)$ 在 $[\lambda_n, \lambda_1]$ 上是连续的凸函数,则

$$0 \leqslant (f(\boldsymbol{A})\boldsymbol{x}, \boldsymbol{x}) - f((\boldsymbol{A}\boldsymbol{x}, \boldsymbol{x})) \leqslant c \tag{7}$$

$$(\boldsymbol{x} \in \mathbf{C}^n, \|\boldsymbol{x}\| = 1)$$

其中,$c = c_1$ 按照式(3)所定义.

(2) 若 $f(t)$ 在 $[\lambda_n, \lambda_1]$ 上二次连续可微,$M = \max\limits_{t \in [\lambda_n, \lambda_1]} f''(t) > 0$,则式(7)的上界 $c = c_2$ 按照式(6)所定义.

**证明** 不妨假定 $\boldsymbol{A}$ 是对角矩阵,对角元素为 $t_1, t_2, \cdots, t_n$.利用引理 2 和引理 3,令

$$\alpha_i = \frac{x_i^2}{\|\boldsymbol{x}\|^2} \quad (i = 1, 2, \cdots, n)$$

即可得证.证毕.

**定理 2** 设 $\boldsymbol{A} \in H^n$ 且满足 $\lambda_n \boldsymbol{I} \leqslant \boldsymbol{A} \leqslant \lambda_1 \boldsymbol{I}$.

(1) 若 $f(t)$ 在 $[\lambda_n, \lambda_1]$ 上是取正值的连续凸函数,则

$$1 \leqslant \frac{(f(\boldsymbol{A})\boldsymbol{x}, \boldsymbol{x})}{f((\boldsymbol{A}\boldsymbol{x}, \boldsymbol{x}))} \leqslant \frac{\mu(t_0 - \lambda_n) + f(\lambda_n)}{f(t_0)} = c_3 \tag{8}$$

$$(\boldsymbol{x} \in \mathbf{C}^n, \|\boldsymbol{x}\| = 1)$$

其中,$t_0$ 满足方程

$$\mu f(t_0) = (\mu(t_0 - \lambda_n) + f(\lambda_n)) f'(t_0)$$

(2) 若 $f'(t) > 0$,则当 $\boldsymbol{x} \in \mathbf{C}^n$ 且 $\|\boldsymbol{x}\| = 1$ 时,有

$$0 \leqslant f^{-1}((f(\boldsymbol{A})\boldsymbol{x}, \boldsymbol{x})) - (\boldsymbol{A}\boldsymbol{x}, \boldsymbol{x}) \leqslant f^{-1}(\mu(t_0 - \lambda_n) + f(\lambda_n)) - t_0 \tag{9}$$

其中,$t_0$ 满足方程 $f'(f^{-1}(\mu(t_0 - \lambda_n) + f(\lambda_n))) = \mu$.

(3) 若 $f'(t) > 0, f(t) > 0, \lambda_n > 0$,则当 $\boldsymbol{x} \in \mathbf{C}^n$ 且 $\|\boldsymbol{x}\| = 1$ 时,有

$$1 \leqslant \frac{f^{-1}((f(\boldsymbol{A})\boldsymbol{x},\boldsymbol{x}))}{(\boldsymbol{A}\boldsymbol{x},\boldsymbol{x})} \leqslant \frac{f^{-1}(\mu(t_0-\lambda_n)+f(\lambda_n))}{t_0}=c_4 \qquad (10)$$

其中，$t_0$ 满足方程 $\mu t_0 = f'(f^{-1}(y_0)) \cdot f^{-1}(y_0)$ 和 $y_0 = \mu(t_0-\lambda_n)+f(\lambda_n)$.

**证明**　在引理 1 中依次令 $F(t,y)=\dfrac{y}{f(t)}$，$F(t,y)=f^{-1}(y)-t$ 和 $F(t,y)=\dfrac{f^{-1}(y)}{t}$ 即可. 证毕.

**定理 3**　设 $\boldsymbol{A} \in H^n$ 且满足 $\boldsymbol{0} < \lambda_n \boldsymbol{I} \leqslant \boldsymbol{A} \leqslant \lambda_1 \boldsymbol{I}$. 若 $\boldsymbol{x} \in \mathbf{C}^n$ 且 $\|\boldsymbol{x}\|=1$，则

$$(\boldsymbol{A}\boldsymbol{x},\boldsymbol{x})(\boldsymbol{A}^{-1}\boldsymbol{x},\boldsymbol{x}) \leqslant \frac{(\lambda_1+\lambda_n)^2}{4\lambda_1\lambda_n} \qquad (11)$$

$$0 \leqslant (\boldsymbol{A}\boldsymbol{x},\boldsymbol{x})-(\boldsymbol{A}^{-1}\boldsymbol{x},\boldsymbol{x})^{-1} \leqslant (\sqrt{\lambda_1}-\sqrt{\lambda_n})^2 \qquad (12)$$

$$0 \leqslant (\boldsymbol{A}^{-1}\boldsymbol{x},\boldsymbol{x})-(\boldsymbol{A}\boldsymbol{x},\boldsymbol{x})^{-1} \leqslant \frac{(\sqrt{\lambda_1}-\sqrt{\lambda_n})^2}{\lambda_1\lambda_n} \qquad (13)$$

$$(\boldsymbol{A}^2\boldsymbol{x},\boldsymbol{x})^{\frac{1}{2}}-(\boldsymbol{A}\boldsymbol{x},\boldsymbol{x}) \leqslant \frac{(\lambda_1-\lambda_n)^2}{4(\lambda_1+\lambda_n)} \qquad (14)$$

$$\frac{(\boldsymbol{A}^2\boldsymbol{x},\boldsymbol{x})}{(\boldsymbol{A}\boldsymbol{x},\boldsymbol{x})^2} \leqslant \frac{(\lambda_1+\lambda_n)^2}{4\lambda_1\lambda_n} \qquad (15)$$

**证明**　在式(8)中令 $f(t)=t^{-1}$ 和 $f(t)=t^2$，可以得到式(11)和式(15). 在式(7)中令 $f(t)=t^{-1}$，可以得到式(13). 在式(13)中用 $\boldsymbol{A}$ 代替 $\boldsymbol{A}^{-1}$，则得到式(12). 最后式(14)可以通过在式(9)中令 $f(t)=t^2$ 获得. 证毕.

不等式(11)到不等式(15)都可以看成 CBS 不等式的逆.

上述几个不等式有相应的标量形式，下面以式

(12) 为例来说明. 当 $0<\lambda_n\leqslant y_i\leqslant\lambda_1,\rho_i\geqslant 0,i=1,2,\cdots,n,\sum_{i=1}^n\rho_i=1$ 时,由不等式(12) 可以得到

$$\sum_{i=1}^n\rho_i y_i-\left(\sum_{i=1}^n\frac{\rho_i}{y_i}\right)^{-1}\leqslant(\sqrt{\lambda_1}-\sqrt{\lambda_n})^2 \tag{16}$$

当 $0<\lambda_n\leqslant\frac{a_i}{b_i}\leqslant\lambda_1,i=1,2,\cdots,n$ 时,令

$$y_i=\frac{a_i}{b_i},\rho_i=\frac{a_ib_i}{\sum_{j=1}^n a_jb_j}$$

则得到 Shisha-Mond 不等式的标量形式

$$\frac{\sum_{j=1}^n a_j^2}{\sum_{j=1}^n a_jb_j}-\frac{\sum_{j=1}^n a_jb_j}{\sum_{j=1}^n b_j^2}\leqslant(\sqrt{\lambda_1}-\sqrt{\lambda_n})^2 \tag{17}$$

若以 $\sqrt{\rho_ja_j}$ 和 $\sqrt{\rho_jb_j}$ 分别代替式(17) 中的 $a_j,b_j$,则得到 Klamkin-McLenaghan 不等式

$$(\sum_{j=1}^n\rho_ja_j^2)(\sum_{j=1}^n\rho_jb_j^2)-(\sum_{j=1}^n\rho_ja_jb_j)^2\leqslant$$
$$(\sqrt{\lambda_1}-\sqrt{\lambda_n})^2(\sum_{j=1}^n\rho_ja_jb_j)(\sum_{j=1}^n\rho_jb_j^2) \tag{18}$$

**性质** 设 $\boldsymbol{A},\boldsymbol{B}\in H_{++}^n,\boldsymbol{0}\leqslant\lambda_n\boldsymbol{I}\leqslant\boldsymbol{A}\leqslant\lambda_1\boldsymbol{I},\boldsymbol{0}\leqslant\mu_n\boldsymbol{I}\leqslant\boldsymbol{B}\leqslant\mu_1\boldsymbol{I}$. 若 $\boldsymbol{A},\boldsymbol{B}$ 的乘积可交换,即 $\boldsymbol{AB}=\boldsymbol{BA}$,则对任意的 $\boldsymbol{x}\in\mathbf{C}^n$,有

$$0\leqslant(\boldsymbol{Bx},\boldsymbol{Bx})-\frac{(\boldsymbol{Ax},\boldsymbol{Bx})}{(\boldsymbol{Ax},\boldsymbol{Ax})}\leqslant$$
$$\frac{(\sqrt{\lambda_1\mu_1}-\sqrt{\lambda_n\mu_n})^2}{\lambda_1\mu_1\lambda_n\mu_n}(\boldsymbol{Ax},\boldsymbol{Bx}) \tag{19}$$

$$(\boldsymbol{Ax},\boldsymbol{Ax})(\boldsymbol{Bx},\boldsymbol{Bx})\leqslant\frac{(\lambda_1\mu_1+\lambda_n\mu_n)^2}{\lambda_1\mu_1\lambda_n\mu_n}(\boldsymbol{Ax},\boldsymbol{Bx})^2 \tag{20}$$

**证明**　在式(12)中用 $\boldsymbol{AB}^{-1}$ 代替 $\boldsymbol{A}$,$(\boldsymbol{AB})^{\frac{1}{2}}\boldsymbol{x}$ 代替 $\boldsymbol{x}$ 可以得到式(19). 类似的,利用式(13)可以得到式(20). 证毕.

下面的结果可以仿照 Mond 和 Pečarić 方法来证明,这里仅列出结果.

**定理 4**　设 $\boldsymbol{A}\in H_{++}^{n}$ 满足 $\lambda_n\boldsymbol{I}\leqslant\boldsymbol{A}\leqslant\lambda_1\boldsymbol{I}$,$\boldsymbol{X}\in\mathbf{C}^{n\times p}$ 满足 $\boldsymbol{X}^*\boldsymbol{X}=\boldsymbol{I}_p$.

(1) 若 $f(t)$ 在 $[\lambda_n,\lambda_1]$ 上是连续的凸函数,则

$$\mathbf{0}\leqslant\boldsymbol{X}^*f(\boldsymbol{A})\boldsymbol{X}-f(\boldsymbol{X}^*\boldsymbol{AX})\leqslant c_1\boldsymbol{I}\qquad(21)$$

(2) 若 $f(t)$ 在 $[\lambda_n,\lambda_1]$ 上二次连续可微,$M=\max\limits_{t\in[\lambda_n,\lambda_1]}f''(t)>0$,则

$$\mathbf{0}\leqslant\boldsymbol{X}^*f(\boldsymbol{A})\boldsymbol{X}-f(\boldsymbol{X}^*\boldsymbol{AX})\leqslant c_2\boldsymbol{I}\qquad(22)$$

(3) 若 $f(t)$ 在 $[\lambda_n,\lambda_1]$ 上是取正值的连续凸函数,则

$$\boldsymbol{X}^*f(\boldsymbol{A})\boldsymbol{X}\leqslant c_3f(\boldsymbol{X}^*\boldsymbol{AX})\qquad(23)$$

(4) 若 $f'(t)>0$,$f(t)>0$,$\lambda_n>0$,则

$$f^{-1}(\boldsymbol{X}^*f(\boldsymbol{A})\boldsymbol{X})\leqslant c_4\boldsymbol{X}^*\boldsymbol{AX}\qquad(24)$$

**定理 5**　设 $\boldsymbol{A}\in H_{+}^{n}$,$\lambda_1$,$\lambda_n$ 分别为 $\boldsymbol{A}$ 的最大与最小特征值,$\boldsymbol{P_A}=\boldsymbol{AA}^+$. 若 $\boldsymbol{X}\in\mathbf{C}^{n\times p}$ 使得 $\boldsymbol{X}^*\boldsymbol{P_A}\boldsymbol{X}$ 为幂等矩阵,则

$$\boldsymbol{XA}^+\boldsymbol{X}\leqslant\frac{(\lambda_1+\lambda_n)^2}{4\lambda_1\lambda_n}(\boldsymbol{X}^*\boldsymbol{AX})^+\qquad(25)$$

$$\mathbf{0}\leqslant\boldsymbol{X}^*\boldsymbol{AX}-(\boldsymbol{X}^*\boldsymbol{A}^+\boldsymbol{X})^+\leqslant(\sqrt{\lambda_1}-\sqrt{\lambda_n})^2\boldsymbol{X}^*\boldsymbol{P_A}\boldsymbol{X}\qquad(26)$$

$$\mathbf{0}\leqslant\boldsymbol{X}^*\boldsymbol{A}^+\boldsymbol{X}-(\boldsymbol{X}^*\boldsymbol{AX})^+\leqslant\frac{(\sqrt{\lambda_1}-\sqrt{\lambda_n})^2}{\lambda_1\lambda_n}\boldsymbol{X}^*\boldsymbol{P_A}\boldsymbol{X}\qquad(27)$$

$$\mathbf{0} \leqslant \boldsymbol{X}^* \boldsymbol{A}^2 \boldsymbol{X} - (\boldsymbol{X}^* \boldsymbol{A} \boldsymbol{X})^2 \leqslant \frac{(\lambda_1 - \lambda_n)^2}{\lambda_1 \lambda_n} \boldsymbol{X}^* \boldsymbol{P}_A \boldsymbol{X} \tag{28}$$

$$(\boldsymbol{X}^* \boldsymbol{A}^2 \boldsymbol{X})^{\frac{1}{2}} - \boldsymbol{X}^* \boldsymbol{A} \boldsymbol{X} \leqslant \frac{(\lambda_1 - \lambda_n)^2}{4(\lambda_1 + \lambda_n)} \boldsymbol{X}^* \boldsymbol{P}_A \boldsymbol{X} \tag{29}$$

$$\boldsymbol{X}^* \boldsymbol{A}^2 \boldsymbol{X} \leqslant \frac{(\lambda_1 + \lambda_n)^2}{4\lambda_1 \lambda_n} (\boldsymbol{X}^* \boldsymbol{A} \boldsymbol{X})^2 \tag{30}$$

类似的，可以写出关于它们的和式不等式. 这里以式(26) 为例写出其中一个

$$\mathbf{0} \leqslant \sum_{i=1}^{n} \boldsymbol{A}_i - \left(\sum_{i=1}^{n} \boldsymbol{A}_i^{-1}\right)^{-1} \leqslant (\sqrt{\lambda_1} - \sqrt{\lambda_n})^2 \boldsymbol{I} \tag{31}$$

## 2.4 等式成立的条件

Kantorovič 矩阵不等式的获得有两种主要途径：第一条途径是采用多种组合技巧进行直接证明；第二种途径是利用一元凸函数的特征和微分方法获得这类不等式. 由于第二种方式简单灵活，目前已经成为构造 Kantorovič 矩阵不等式的主要方法. 本节继续介绍这方面有意义的结果，其内容主要取材于 Micic 等人的工作(1999).

**定理 1** 设 $\boldsymbol{A}_j \in H_{++}^n$ 且满足 $\mathbf{0} < \lambda_n \boldsymbol{I} \leqslant \boldsymbol{A}_j \leqslant \lambda_1 \boldsymbol{I}$，$j = 1, 2, \cdots, k$，$f(t)$ 在 $[\lambda_n, \lambda_1]$ 上是连续的凸函数，$\boldsymbol{x}_1, \boldsymbol{x}_2, \cdots, \boldsymbol{x}_k \in \mathbf{C}^n$ 满足 $\sum_{j=1}^{k} (\boldsymbol{x}_j, \boldsymbol{x}_j) = 1$，则

$$f\left(\sum_{j=1}^{k} (\boldsymbol{A}_j \boldsymbol{x}_j, \boldsymbol{x}_j)\right) \leqslant \sum_{j=1}^{k} (f(\boldsymbol{A}_j) \boldsymbol{x}_j, \boldsymbol{x}_j) \leqslant$$

$$f(\lambda_n)+\mu(\sum_{j=1}^{k}(\boldsymbol{A}_j\boldsymbol{x}_j,\boldsymbol{x}_j)-\lambda_n) \tag{1}$$

**证明** 利用上节不等式(2) 立得. 证毕.

下面给出 2.1 节定理 1 的一个扩展，它是 2.3 节引理 1 的另一种表述.

**定理 2** 设 $g(t)$ 在$[\lambda_n,\lambda_1]$上连续，定理 1 的条件满足，又设 $F(u,v)$ 在 $[f(\lambda_n),f(\lambda_1)]\times[g(\lambda_n),g(\lambda_1)]$ 上有定义，关于 $u$ 单调递增，则

$$F(\sum_{j=1}^{k}(f(\boldsymbol{A}_j)\boldsymbol{x}_j,\boldsymbol{x}_j),g(\sum_{j=1}^{k}(\boldsymbol{A}_j\boldsymbol{x}_j,\boldsymbol{x}_j)))\leqslant \max_{\lambda_n\leqslant t\leqslant\lambda_1}F(f(\lambda_n)+\mu(t-\lambda_n),g(t)) \tag{2}$$

**定理 3** 设 $g(t)$ 在$[\lambda_n,\lambda_1]$上连续，定理 1 的条件满足，则对任意实数 $\alpha$，存在

$$\beta=\max_{\lambda_n\leqslant t\leqslant\lambda_1}\{f(\lambda_n)+\mu(t-\lambda_n)-\alpha g(t)\} \tag{3}$$

使得

$$\sum_{j=1}^{k}(f(\boldsymbol{A}_j)\boldsymbol{x}_j,\boldsymbol{x}_j)\leqslant \alpha g(\sum_{j=1}^{k}(\boldsymbol{A}_j\boldsymbol{x}_j,\boldsymbol{x}_j))+\beta \tag{4}$$

进而，若 $t_0=\sum_{j=1}^{k}(\boldsymbol{A}_j\boldsymbol{x}_j,\boldsymbol{x}_j)$ 使得

$$\beta=f(\lambda_n)+\mu(t_0-\lambda_n)-\alpha g(t_0) \tag{5}$$

则式(4) 的等号成立当且仅当存在正交向量 $\boldsymbol{y}_j,\boldsymbol{z}_j$ 使得

$$\boldsymbol{x}_j=\boldsymbol{y}_j+\boldsymbol{z}_j,\boldsymbol{A}_j\boldsymbol{y}_j=\lambda_n\boldsymbol{y}_j,\boldsymbol{A}_j\boldsymbol{z}_j=\lambda_1\boldsymbol{z}_j\quad(j=1,2,\cdots,k) \tag{6}$$

**证明** 首先由式(3) 知 $\lambda_n\leqslant t_0\leqslant\lambda_1$. 令 $F(u,v)=u-\alpha v$，其中 $u=\sum_{j=1}^{k}(f(\boldsymbol{A}_j)\boldsymbol{x}_j,\boldsymbol{x}_j)$，$v=g(t_0)$，由定理 2 得到

$$\sum_{j=1}^{k}(f(\boldsymbol{A}_j)\boldsymbol{x}_j,\boldsymbol{x}_j)-\alpha g(\sum_{j=1}^{k}(\boldsymbol{A}_j\boldsymbol{x}_j,\boldsymbol{x}_j))\leqslant$$
$$\max_{\lambda_n\leqslant t\leqslant\lambda_1}\{f(\lambda_n)+\mu(t-\lambda_n)-\alpha g(t)\} \tag{7}$$

于是不等式(4) 得证. 下面考虑等号成立的条件.

假定式(4) 中的等号成立,则

$$\sum_{j=1}^{k}(f(\boldsymbol{A}_j)\boldsymbol{x}_j,\boldsymbol{x}_j)=\alpha g(t_0)+\beta \tag{8}$$

由式(5) 得到,式(8) 等号成立当且仅当

$$\sum_{j=1}^{k}(f(\boldsymbol{A}_j)\boldsymbol{x}_j,\boldsymbol{x}_j)=f(\lambda_n)+\mu(t_0-\lambda_n) \tag{9}$$

设 $\boldsymbol{E}_j(t)$ 是自伴算子 $\boldsymbol{A}_j$ 的谱系,则 $\boldsymbol{A}_j=\int_{\lambda_n-0}^{\lambda_1}t\mathrm{d}\boldsymbol{E}_j(t)$.

对 $i=1,2,\cdots,n$,令

$$\boldsymbol{P}_j=\boldsymbol{E}_j(\lambda_1)-\boldsymbol{E}_j(\lambda_1-0)$$
$$\boldsymbol{Q}_j=\boldsymbol{E}_j(\lambda_1-0)-\boldsymbol{E}_j(\lambda_n)$$
$$\boldsymbol{R}_j=\boldsymbol{E}_j(\lambda_n)-\boldsymbol{E}_j(\lambda_n-0)$$

则

$$(\boldsymbol{A}_j\boldsymbol{P}_j\boldsymbol{x}_j,\boldsymbol{x}_j)=\lambda_1(\boldsymbol{P}_j\boldsymbol{x}_j,\boldsymbol{x}_j)$$
$$(\boldsymbol{A}_j\boldsymbol{R}_j\boldsymbol{x}_j,\boldsymbol{x}_j)=\lambda_n(\boldsymbol{R}_j\boldsymbol{x}_j,\boldsymbol{x}_j)$$

且

$$(f(\boldsymbol{A}_j)\boldsymbol{P}_j\boldsymbol{x}_j,\boldsymbol{x}_j)=\int_{\lambda_n-0}^{\lambda}f(t)\mathrm{d}(\boldsymbol{E}_j(t)\boldsymbol{P}_j\boldsymbol{x}_j,\boldsymbol{x}_j)=$$
$$f(\lambda_1)(\boldsymbol{P}_j\boldsymbol{x}_j,\boldsymbol{x}_j)=$$
$$((f(\lambda_n)+\mu(\lambda_1-\lambda_n))\boldsymbol{P}_j\boldsymbol{x}_j,\boldsymbol{x}_j)$$

$$(f(\boldsymbol{A}_j)\boldsymbol{R}_j\boldsymbol{x}_j,\boldsymbol{x}_j)=\int_{\lambda_n-0}^{\lambda}f(t)\mathrm{d}(\boldsymbol{E}_j(t)\boldsymbol{R}_j\boldsymbol{x}_j,\boldsymbol{x}_j)=$$
$$f(\lambda_n)(\boldsymbol{R}_j\boldsymbol{x}_j,\boldsymbol{x}_j)=$$
$$((f(\lambda_n)+\mu(\lambda_1-\lambda_n))\boldsymbol{R}_j\boldsymbol{x}_j,\boldsymbol{x}_j)$$

因此要使式(9) 成立,当且仅当

$$\sum_{j=1}^{k}((f(\lambda_n)+\mu(\boldsymbol{A}_j-\lambda_n)-f(\boldsymbol{A}_j))\boldsymbol{Q}_j\boldsymbol{x}_j,\boldsymbol{x}_j)=0 \tag{10}$$

因为对任意的 $s\in[\lambda_n,\lambda_1]$，$f(\lambda_n)+\mu(s-\lambda_n)-f(s)\geqslant 0$，因此式(10) 蕴涵 $\boldsymbol{Q}_j\boldsymbol{x}_j=0$，即等号成立的条件是式(6).

反之，若条件(6) 满足，则

$$\begin{aligned}
&f(\lambda_n)+\mu\left(\sum_{j=1}^{k}(\boldsymbol{A}_j\boldsymbol{x}_j,\boldsymbol{x}_j)-\lambda_n\right)=\\
&f(\lambda_n)\sum_{j=1}^{k}(\|\boldsymbol{y}_j\|^2+\|\boldsymbol{z}_j\|^2)+\\
&\mu\left(\sum_{j=1}^{k}(\lambda_n\|\boldsymbol{y}_j\|^2+\lambda_1\|\boldsymbol{z}_j\|^2)-\lambda_n\right)=\\
&f(\lambda_n)\sum_{j=1}^{k}\|\boldsymbol{y}_j\|^2+f(\lambda_1)\sum_{j=1}^{k}\|\boldsymbol{z}_j\|^2=\\
&\sum_{j=1}^{k}(f(\boldsymbol{A}_j)\boldsymbol{x}_j,\boldsymbol{x}_j)
\end{aligned}$$

即等号成立. 证毕.

等号成立的条件(6) 是有意义的，它揭示了此类不等式的一个基本属性. 此外，在定理 3 中，若 $g=f$，则式(8) 中的 $t_0$ 可以取为

$$t_0=\begin{cases}\lambda_1, \lambda_1\leqslant f'^{-1}\left(\dfrac{\mu}{\alpha}\right)\\ \lambda_n, f'^{-1}\left(\dfrac{\mu}{\alpha}\right)\leqslant\lambda_n\\ f'^{-1}\left(\dfrac{\mu}{\alpha}\right), \lambda_n<f'^{-1}\left(\dfrac{\mu}{\alpha}\right)<\lambda_1\end{cases}$$

若 $g(t)=t^q$，则得到 Furuta 不等式，2.2 节式(1) 的推广形式

$$\sum_{j=1}^{k}(f(\boldsymbol{A}_j)\boldsymbol{x}_j,\boldsymbol{x}_j)\leqslant\alpha\left(\sum_{j=1}^{k}(f(\boldsymbol{A}_j)\boldsymbol{x}_j,\boldsymbol{x}_j)\right)^q+\beta \tag{11}$$

其中

$$\beta=\begin{cases}\alpha(q-1)\left(\dfrac{\mu}{\alpha q}\right)^{\frac{q}{q-1}}+\dfrac{\lambda_1 f(\lambda_n)-\lambda_n f(\lambda_1)}{\lambda_1-\lambda_n},\mu\in[\alpha\lambda_n^{q-1}q,\alpha\lambda_1^{q-1}q]\\ \max\{f(\lambda_1)-\alpha\lambda_1^q,f(\lambda_n)-\alpha\lambda_n^q\},\mu\notin[\alpha\lambda_n^{q-1}q,\alpha\lambda_1^{q-1}q]\end{cases}$$

当 $q>1$ 时，$f(\lambda_n)<f(\lambda_1)$，$\dfrac{f(\lambda_n)}{\lambda_n}<\dfrac{f(\lambda_1)}{\lambda_1}$；当 $q<0$ 时，$f(\lambda_n)>f(\lambda_1)$，$\dfrac{f(\lambda_n)}{\lambda_n}>\dfrac{f(\lambda_1)}{\lambda_1}$.

## 2.5 Bourin 不等式

Kantorovič 不等式在优化、统计和控制等领域得到了广泛应用. 本节侧重于介绍这类矩阵不等式的应用问题，获得了一些新形式.

**引理** 设 $p>1,\tau=\dfrac{\lambda_1^p-\lambda_n^p}{\lambda_1-\lambda_n}$，$\boldsymbol{Z}\in H_{++}^n$ 且满足 $\boldsymbol{0}<\lambda_n\boldsymbol{I}\leqslant\boldsymbol{Z}\leqslant\lambda_1\boldsymbol{I}$，则对每个 $\alpha>0$，存在

$$\beta=\begin{cases}\dfrac{p-1}{p}\left(\dfrac{\tau}{\alpha p}\right)^{\frac{1}{p-1}}+\dfrac{\alpha(\lambda_1\lambda_n^p-\lambda_n\lambda_1^p)}{\lambda_1^p-\lambda_n^p},\dfrac{\tau}{p\lambda_1^{p-1}}\leqslant\alpha\leqslant\dfrac{\tau}{p\lambda_n^{p-1}}\\ (1-\alpha)\lambda_1,0\leqslant\alpha\leqslant\dfrac{\tau}{p\lambda_1^{p-1}}\\ (1-\alpha)\lambda_n,\alpha\geqslant\dfrac{\tau}{p\lambda_n^{p-1}}\end{cases} \tag{1}$$

使得

$$(\boldsymbol{Z}^p\boldsymbol{x},\boldsymbol{x})^{\frac{1}{p}} \leqslant \alpha(\boldsymbol{Z}\boldsymbol{x},\boldsymbol{x})+\beta \tag{2}$$

**证明**　这是上节定理 3 的一个直接结果. 证毕.

**定理 1**　设 $\boldsymbol{A},\boldsymbol{Z}\in H_{++}^n$ 且 $\boldsymbol{0}<\lambda_n\boldsymbol{I}\leqslant\boldsymbol{Z}\leqslant\lambda_1\boldsymbol{I}$，则对任意的 $\alpha>0$，存在按照式(1) 定义的 $\beta$ 使得

$$\|(\boldsymbol{A}\boldsymbol{Z}^p\boldsymbol{A})^{\frac{1}{p}}\| \leqslant \alpha\rho(\boldsymbol{Z}\boldsymbol{A}^{\frac{2}{p}})+\beta\|\boldsymbol{A}\|^{\frac{2}{p}}\quad(\forall\, p>1) \tag{3}$$

**证明**　设 $p>1,\boldsymbol{x}\in\mathbf{C}^n$ 为单位向量，由引理得到

$$((\boldsymbol{A}\boldsymbol{Z}^p\boldsymbol{A})^{\frac{1}{p}}\boldsymbol{x},\boldsymbol{x})\leqslant(\boldsymbol{A}\boldsymbol{Z}^p\boldsymbol{A}\boldsymbol{x},\boldsymbol{x})^{\frac{1}{p}}=$$

$$\left(\boldsymbol{Z}^p\frac{\boldsymbol{A}\boldsymbol{x}}{\|\boldsymbol{A}\boldsymbol{x}\|},\frac{\boldsymbol{A}\boldsymbol{x}}{\|\boldsymbol{A}\boldsymbol{x}\|}\right)^{\frac{1}{p}}\|\boldsymbol{A}\boldsymbol{x}\|^{\frac{2}{p}}\leqslant$$

$$\left(\alpha\left(\boldsymbol{Z}\frac{\boldsymbol{A}\boldsymbol{x}}{\|\boldsymbol{A}\boldsymbol{x}\|},\frac{\boldsymbol{A}\boldsymbol{x}}{\|\boldsymbol{A}\boldsymbol{x}\|}\right)+\beta\right)\|\boldsymbol{A}\boldsymbol{x}\|^{\frac{2}{p}}=$$

$$\alpha(\boldsymbol{Z}\boldsymbol{A}\boldsymbol{x},\boldsymbol{A}\boldsymbol{x})\|\boldsymbol{A}\boldsymbol{x}\|^{\frac{2}{p}-2}+\beta\|\boldsymbol{A}\boldsymbol{x}\|^{\frac{2}{p}}$$

由于

$$(\boldsymbol{Z}\boldsymbol{A}\boldsymbol{x},\boldsymbol{A}\boldsymbol{x})\|\boldsymbol{A}\boldsymbol{x}\|^{\frac{2}{p}-2}=$$

$$\left(\boldsymbol{A}^{\frac{1}{p}}\boldsymbol{Z}\boldsymbol{A}^{\frac{1}{p}}\frac{\boldsymbol{A}^{1-\frac{1}{p}}\boldsymbol{x}}{\|\boldsymbol{A}^{1-\frac{1}{p}}\boldsymbol{x}\|},\frac{\boldsymbol{A}^{1-\frac{1}{p}}\boldsymbol{x}}{\|\boldsymbol{A}^{1-\frac{1}{p}}\boldsymbol{x}\|}\right)\|\boldsymbol{A}\boldsymbol{x}\|^{\frac{2}{p}-2}\|\boldsymbol{A}^{1-\frac{1}{p}}\boldsymbol{x}\|^2$$

$$\|\boldsymbol{A}\boldsymbol{x}\|^{\frac{2}{p}-2}\|\boldsymbol{A}^{1-\frac{1}{p}}\boldsymbol{x}\|^2=(\boldsymbol{A}^2\boldsymbol{x},\boldsymbol{x})^{\frac{1}{p}-1}(\boldsymbol{A}^{2-\frac{2}{p}}\boldsymbol{x},\boldsymbol{x})\leqslant$$

$$(\boldsymbol{A}^2\boldsymbol{x},\boldsymbol{x})^{\frac{1}{p}-1}(\boldsymbol{A}^2\boldsymbol{x},\boldsymbol{x})^{1-\frac{1}{p}}=1$$

这里第二式中的不等式利用了条件 $0<1-\dfrac{1}{p}<1$ 和 Hölder-McCarthy 不等式(2.2 节式(5))，于是

$$((\boldsymbol{A}\boldsymbol{Z}^p\boldsymbol{A})^{\frac{1}{p}}\boldsymbol{x},\boldsymbol{x})\leqslant\alpha\|\boldsymbol{A}^{\frac{1}{p}}\boldsymbol{Z}\boldsymbol{A}^{\frac{1}{p}}\|+\beta\|\boldsymbol{A}\boldsymbol{x}\|^{\frac{2}{p}}=$$

$$\alpha\rho(\boldsymbol{A}^{\frac{1}{p}}\boldsymbol{Z}\boldsymbol{A}^{\frac{1}{p}})+\beta\|\boldsymbol{A}\boldsymbol{x}\|^{\frac{2}{p}}=$$

$$\alpha\rho(\boldsymbol{Z}\boldsymbol{A}^{\frac{2}{p}})+\beta\|\boldsymbol{A}\boldsymbol{x}\|^{\frac{2}{p}}$$

由 $\boldsymbol{x}$ 的任意性知不等式(3) 成立. 证毕.

**定理 2**　设 $p>1,\boldsymbol{Z}\in H_{++}^n$ 且满足 $\boldsymbol{0}<\lambda_n\boldsymbol{I}\leqslant$

$\boldsymbol{Z} \leqslant \lambda_1 \boldsymbol{I}$，则

$$\rho(\boldsymbol{ZA}^{\frac{2}{p}}) \leqslant \|(\boldsymbol{AZ}^p\boldsymbol{A})^{\frac{1}{p}}\| \leqslant \kappa\rho(\boldsymbol{ZA}^{\frac{2}{p}}) \tag{4}$$

其中，$\kappa$ 按照 2.2 节式(6) 所定义.

**证明** 根据2.2节定理2，仿照定理1可以证明式(4) 的右边. 另一方面，由 Hölder-McCarthy 不等式可以得到

$$\rho(\boldsymbol{ZA}^{\frac{2}{p}}) = \rho(\boldsymbol{A}^{\frac{1}{p}}\boldsymbol{ZA}^{\frac{1}{p}}) = \|\boldsymbol{A}^{\frac{1}{p}}\boldsymbol{ZA}^{\frac{1}{p}}\| \leqslant \|(\boldsymbol{AZ}^p\boldsymbol{A})^{\frac{1}{p}}\|$$

于是左边不等式也成立. 证毕.

式(4) 的左边被称为 Araki 不等式，右边不等式是它的逆形式. 若 $p=2$，则得到 Bourin 不等式

$$\|\boldsymbol{ZA}\| \leqslant \frac{\lambda_1+\lambda_n}{2\sqrt{\lambda_1\lambda_n}}\rho(\boldsymbol{ZA}) \tag{5}$$

若在定理 1 中令 $\alpha=1, p=2$，则得到

$$\|\boldsymbol{ZA}\| - \rho(\boldsymbol{ZA}) \leqslant \frac{(\lambda_1-\lambda_n)^2}{4(\lambda_1+\lambda_n)}\|\boldsymbol{A}\| \tag{6}$$

**推论** 设 $\boldsymbol{Z} \in H_{++}^n$ 且满足 $\boldsymbol{0} < \lambda_n\boldsymbol{I} \leqslant \boldsymbol{Z} \leqslant \lambda_1\boldsymbol{I}$，$\boldsymbol{A}, \boldsymbol{B} \in \mathbf{C}^{n\times n}$，其乘积 $\boldsymbol{AB}$ 半正定，则

$$\|\boldsymbol{ZAB}\| \leqslant \frac{\lambda_1+\lambda_n}{2\sqrt{\lambda_1\lambda_n}}\|\boldsymbol{BZA}\| \tag{7}$$

**证明** 由不等式(5) 知

$$\|\boldsymbol{ZAB}\| \leqslant \frac{\lambda_1+\lambda_n}{2\sqrt{\lambda_1\lambda_n}}\rho(\boldsymbol{ZAB}) = \frac{\lambda_1+\lambda_n}{2\sqrt{\lambda_1\lambda_n}}\rho(\boldsymbol{BZA}) \leqslant \frac{\lambda_1+\lambda_n}{2\sqrt{\lambda_1\lambda_n}}\|\boldsymbol{BZA}\|$$

于是结论成立. 证毕.

不等式(7) 蕴涵不等式(5). 事实上

$$\|\boldsymbol{ZA}\| \leqslant \frac{\lambda_1+\lambda_n}{2\sqrt{\lambda_1\lambda_n}}\|\boldsymbol{A}^{\frac{1}{2}}\boldsymbol{ZA}^{\frac{1}{2}}\| =$$

$$\frac{\lambda_1+\lambda_n}{2\sqrt{\lambda_1\lambda_n}}\rho(\boldsymbol{A}^{\frac{1}{2}}\boldsymbol{Z}\boldsymbol{A}^{\frac{1}{2}})\leqslant$$

$$\frac{\lambda_1+\lambda_n}{2\sqrt{\lambda_1\lambda_n}}\rho(\boldsymbol{Z}\boldsymbol{A})$$

**定理 3**　设 $\boldsymbol{A},\boldsymbol{Z}\in H_+^n$ 且满足 $\boldsymbol{0}\leqslant\boldsymbol{A}\leqslant\boldsymbol{I},\boldsymbol{0}<\lambda_n\boldsymbol{I}\leqslant\boldsymbol{Z}\leqslant\lambda_1\boldsymbol{I}$，则

$$\boldsymbol{A}\boldsymbol{Z}\boldsymbol{A}\leqslant\frac{(\lambda_1+\lambda_n)^2}{4\lambda_1\lambda_n}\boldsymbol{Z}\tag{8}$$

**证明**　不等式(8) 等价于如下不等式

$$\boldsymbol{Z}^{-\frac{1}{2}}\boldsymbol{A}\boldsymbol{Z}\boldsymbol{A}\boldsymbol{Z}^{-\frac{1}{2}}\leqslant\frac{(\lambda_1+\lambda_n)^2}{4\lambda_1\lambda_n}\boldsymbol{I}\tag{9}$$

由不等式(5) 可以得到

$$\begin{aligned}\|\boldsymbol{Z}^{-\frac{1}{2}}\boldsymbol{A}\boldsymbol{Z}\boldsymbol{A}\boldsymbol{Z}^{-\frac{1}{2}}\|=\|\boldsymbol{Z}^{-\frac{1}{2}}\boldsymbol{A}\boldsymbol{Z}^{\frac{1}{2}}\|^2\leqslant&\\ \frac{(\lambda_1+\lambda_n)^2}{4\lambda_1\lambda_n}\rho(\boldsymbol{Z}^{-\frac{1}{2}}\boldsymbol{A}\boldsymbol{Z}^{-\frac{1}{2}}\boldsymbol{Z})=&\\ \frac{(\lambda_1+\lambda_n)^2}{4\lambda_1\lambda_n}\rho(\boldsymbol{Z}^{-\frac{1}{2}}\boldsymbol{A}\boldsymbol{Z}^{\frac{1}{2}})=&\\ \frac{(\lambda_1+\lambda_n)^2}{4\lambda_1\lambda_n}\rho(\boldsymbol{A})\leqslant\frac{(\lambda_1+\lambda_n)^2}{4\lambda_1\lambda_n}&\end{aligned}$$

证毕.

## 2.6　Rennie 型不等式

Kantorovič 不等式利用函数凸性可以简单获得，前几节已经讨论了这方面的性质. 其实该不等式也可以不直接利用凸性获得，本节围绕这一主题而展开，在没有凸性假定下推广了以前的结果. 下面三个结论的证明是容易的.

**定理 1**　设一元实函数 $f(t)$ 定义在区间 $[\lambda_n,\lambda_1]$ 上，在 $t=\lambda_1$ 和 $t=\lambda_n$ 处分别取得最大值和最小值. 对任意的 $\boldsymbol{\alpha}\in\Delta^n$ 和 $t_i\in[\lambda_n,\lambda_1]$，$i=1,2,\cdots,n$，不等式

$$\sum_{i=1}^{n}\alpha_i f^2(t_i)+f(\lambda_1)f(\lambda_n)\leqslant (f(\lambda_1)+f(\lambda_n))\sum_{i=1}^{n}\alpha_i f(t_i) \tag{1}$$

成立，等号成立当且仅当 $t_i$ 要么达到最小值，要么达到最大值.

**定理 2**　在定理 1 的假定下，若 $f(\lambda_n)>0$，则

$$\sum_{i=1}^{n}\alpha_i f(t_i)+f(\lambda_1)f(\lambda_n)\sum_{i=1}^{n}\alpha_i[f(t_i)]^{-1}\leqslant f(\lambda_1)+f(\lambda_n) \tag{2}$$

且

$$\sum_{i=1}^{n}\alpha_i f^2(t_i)\sum_{i=1}^{n}\alpha_i[f(t_i)]^{-1}\leqslant\frac{(f(\lambda_1)+f(\lambda_n))^2}{4f(\lambda_1)f(\lambda_n)} \tag{3}$$

$$\sum_{i=1}^{n}\alpha_i f^2(t_i)\leqslant\frac{(f(\lambda_1)+f(\lambda_n))^2}{4f(\lambda_1)f(\lambda_n)}\Big(\sum_{i=1}^{n}\alpha_i f(t_i)\Big)^2 \tag{4}$$

**定理 3**　设 $\boldsymbol{X}\in\mathbf{C}^{n\times p}$ 且满足 $\boldsymbol{X}^*\boldsymbol{X}=\boldsymbol{I}_p$，$\boldsymbol{A}_i\in H^n$，$i=1,2,\cdots,k$. 在定理 1 的假定下，不等式

$$\sum_{i=1}^{k}\alpha_i f^2(\boldsymbol{X}^*\boldsymbol{A}_i\boldsymbol{X})+f(\lambda_1)f(\lambda_n)\boldsymbol{I}_p\leqslant (f(\lambda_1)+f(\lambda_n))\sum_{i=1}^{k}\alpha_i f(\boldsymbol{X}^*\boldsymbol{A}_i\boldsymbol{X}) \tag{5}$$

成立.

**定理 4**　在定理 3 的假定下，若 $f(\lambda_n)>0$，则

$$\sum_{i=1}^{k}\alpha_i f(\boldsymbol{X}^*\boldsymbol{A}_i\boldsymbol{X})+f(\lambda_1)f(\lambda_n)\sum_{i=1}^{k}\alpha_i[f(\boldsymbol{X}^*\boldsymbol{A}_i\boldsymbol{X})]^{-1}\leqslant$$

$$(f(\lambda_1)+f(\lambda_n))\boldsymbol{I}_p \tag{6}$$

且

$$\left(\sum_{i=1}^{k}\alpha_i f^2(\boldsymbol{X}^*\boldsymbol{A}_i\boldsymbol{X})\right)^{\frac{1}{2}} \leqslant \frac{f(\lambda_1)+f(\lambda_n)}{2\sqrt{f(\lambda_1)f(\lambda_n)}}\sum_{i=1}^{k}\alpha_i f(\boldsymbol{X}^*\boldsymbol{A}_i\boldsymbol{X}) \tag{7}$$

$$\sum_{i=1}^{k}\alpha_i f(\boldsymbol{X}^*\boldsymbol{A}_i\boldsymbol{X}) \leqslant \frac{(f(\lambda_1)+f(\lambda_n))^2}{4f(\lambda_1)f(\lambda_n)}\left(\sum_{i=1}^{k}\alpha_i[f(\boldsymbol{X}^*\boldsymbol{A}_i\boldsymbol{X})]^{-1}\right)^{-1} \tag{8}$$

**证明**　这里仅证明不等式(8).令

$$\boldsymbol{A}=\sum_{i=1}^{k}\alpha_i f(\boldsymbol{X}^*\boldsymbol{A}_i\boldsymbol{X}),\boldsymbol{H}=\sum_{i=1}^{k}\alpha_i[f(\boldsymbol{X}^*\boldsymbol{A}_i\boldsymbol{X})]^{-1}$$

不等式(6)可以改写为

$$\boldsymbol{A}+f(\lambda_1)f(\lambda_n)\boldsymbol{H}\leqslant(f(\lambda_1)+f(\lambda_n))\boldsymbol{I}_p$$

另一方面,由于

$$(f(\lambda_1)+f(\lambda_n))\boldsymbol{I}_p\leqslant\frac{(f(\lambda_1)+f(\lambda_n))^2}{4f(\lambda_1)f(\lambda_n)}\boldsymbol{H}^{-1}+f(\lambda_1)f(\lambda_n)\boldsymbol{H}$$

则

$$\boldsymbol{A}\leqslant\frac{(f(\lambda_1)+f(\lambda_n))^2}{4f(\lambda_1)f(\lambda_n)}\boldsymbol{H}^{-1}$$

于是结论成立.证毕.

关于几个矩阵的代数均值与调和均值,下面的结论是有趣的.

**定理 5**　设 $\boldsymbol{A}_i\in H_{++}^n$ 且满足 $\lambda_n\boldsymbol{I}\leqslant\boldsymbol{A}_i\leqslant\lambda_1\boldsymbol{I}$, $\lambda_i\geqslant 0,i=1,2,\cdots,k$,且 $\sum_{i=1}^{k}\lambda_i=1$,则

$$\sum_{i=1}^{k}\lambda_i\boldsymbol{A}_i^{-1} \leqslant \sum_{i=1}^{k}\lambda_i\boldsymbol{A}_i \leqslant \frac{(\lambda_1+\lambda_n)^2}{4\lambda_n\lambda_1}\left(\sum_{i=1}^{k}\lambda_i\boldsymbol{A}_i^{-1}\right)^{-1} \tag{9}$$

证略.

# Kantorovič 不等式在统计中的应用

第3章

## 3.1 Kantorovič 不等式的延拓与均方误差比效率

对于 Gauss-Markov 模型，重庆交通学院的杨虎教授 1988 年考虑了其最小二乘估计的四种形式的相对效率，主要研究了均方误差比效率并给出了它的下界.

考虑 Gauss-Markov 模型

$$\boldsymbol{Y}=\boldsymbol{X\beta}+\boldsymbol{\varepsilon},E(\boldsymbol{\varepsilon})=\boldsymbol{0},\mathrm{Cov}(\boldsymbol{\varepsilon})=\boldsymbol{\Sigma} \tag{1}$$

这里$\boldsymbol{Y}$，$\boldsymbol{\varepsilon}$为$n$维向量，$\boldsymbol{\beta}$为$p$维向量，$\boldsymbol{\Sigma}$为$\boldsymbol{\varepsilon}$的正定协方差矩阵，$\boldsymbol{\beta}$的最佳线性无偏估计为

$$\boldsymbol{\beta}^*=(\boldsymbol{X}^{\mathrm{T}}\boldsymbol{\Sigma}^{-1}\boldsymbol{X})^{-1}\boldsymbol{X}^{\mathrm{T}}\boldsymbol{\Sigma}^{-1}\boldsymbol{Y} \tag{2}$$

当错误地选取协方差阵 $\boldsymbol{\Sigma}_0$（正定）时，会给 $\boldsymbol{\beta}$ 的估计带来一定的损失，这时我们实际上是用 $\hat{\boldsymbol{\beta}}=(\boldsymbol{X}^{\mathrm{T}}\boldsymbol{\Sigma}_0^{-1}\boldsymbol{X})^{-1}\boldsymbol{X}^{\mathrm{T}}\boldsymbol{\Sigma}_0^{-1}\boldsymbol{Y}$ 来估计 $\boldsymbol{\beta}$，$\hat{\boldsymbol{\beta}}$ 是 $\boldsymbol{\beta}$ 的广义最小二乘估计. 通常，我们不妨假设 $\boldsymbol{\Sigma}_0=\boldsymbol{I}$，用最小二乘估计

$$\hat{\boldsymbol{\beta}}=(\boldsymbol{X}^{\mathrm{T}}\boldsymbol{X})^{-1}\boldsymbol{X}^{\mathrm{T}}\boldsymbol{Y} \tag{3}$$

作为 $\boldsymbol{\beta}$ 的估计，一个实际的问题是：用 $\hat{\boldsymbol{\beta}}$ 去估计 $\boldsymbol{\beta}$ 与用 $\boldsymbol{\beta}^*$ 估计 $\boldsymbol{\beta}$ 究竟有多大的差距. 刻画这种差异的一种重要方法就是相对效率. 在 1.3.1 中，我们介绍了几种常见的相对效率及相应地对 Kantorovič 不等式的推广，在 1.3.2 中，我们拓广了 Kantorovič 不等式，并给出了均方误差比效率的下界.

这里需要说明的是我们假设 $\boldsymbol{\Sigma}_0=\boldsymbol{I}$ 是可取，对一般的正定阵 $\boldsymbol{\Sigma}_0$，我们用 $\boldsymbol{\Sigma}_0^{-\frac{1}{2}}$ 去乘模型(1)，有

$$\boldsymbol{\Sigma}_0^{-\frac{1}{2}}\boldsymbol{Y}=\boldsymbol{\Sigma}_0^{-\frac{1}{2}}\boldsymbol{X}\boldsymbol{\beta}+\boldsymbol{\Sigma}_0^{-\frac{1}{2}}\boldsymbol{\varepsilon} \tag{4}$$

令 $\widetilde{\boldsymbol{Y}}=\boldsymbol{\Sigma}_0^{-\frac{1}{2}}\boldsymbol{Y}$，$\widetilde{\boldsymbol{X}}=\boldsymbol{\Sigma}_0^{-\frac{1}{2}}\boldsymbol{X}$，$\widetilde{\boldsymbol{\varepsilon}}=\boldsymbol{\Sigma}_0^{-\frac{1}{2}}\boldsymbol{\varepsilon}$，$\widetilde{\boldsymbol{\Sigma}}=\boldsymbol{\Sigma}_0^{-\frac{1}{2}}\boldsymbol{\Sigma}\boldsymbol{\Sigma}_0^{-\frac{1}{2}}$，则得到模型

$$\widetilde{\boldsymbol{Y}}=\widetilde{\boldsymbol{X}}\boldsymbol{\beta}+\widetilde{\boldsymbol{\varepsilon}},\ E(\widetilde{\boldsymbol{\varepsilon}})=\boldsymbol{0},\ \mathrm{Cov}(\widetilde{\boldsymbol{\varepsilon}})=\widetilde{\boldsymbol{\Sigma}} \tag{5}$$

当错误地用 $\boldsymbol{\Sigma}_0$ 代替 $\boldsymbol{\Sigma}$ 时，模型(5)就正好满足我们的要求，因为此时 $\mathrm{Cov}(\widetilde{\boldsymbol{\varepsilon}})=\boldsymbol{I}$，这时是用最小二乘估计 $\hat{\boldsymbol{\beta}}=(\widetilde{\boldsymbol{X}}^{\mathrm{T}}\widetilde{\boldsymbol{X}})^{-1}\widetilde{\boldsymbol{X}}^{\mathrm{T}}\widetilde{\boldsymbol{Y}}$ 去代替最佳线性无偏估计 $\boldsymbol{\beta}^*=(\widetilde{\boldsymbol{X}}^{\mathrm{T}}\widetilde{\boldsymbol{\Sigma}}^{-1}\widetilde{\boldsymbol{X}})^{-1}\widetilde{\boldsymbol{X}}^{\mathrm{T}}\widetilde{\boldsymbol{\Sigma}}^{-1}\widetilde{\boldsymbol{Y}}$ 作为 $\boldsymbol{\beta}$ 的估计.

### 3.1.1 常见的相对效率及其下界

设 $\lambda_1\geqslant\lambda_2\geqslant\cdots\geqslant\lambda_n$ 为 $\boldsymbol{\Sigma}$ 的特征根，$\boldsymbol{x}$ 为 $n$ 维向量，Kantorovič 在 1948 年给出了不等式

$$1\leqslant\frac{(\boldsymbol{x}^{\mathrm{T}}\boldsymbol{\Sigma}\boldsymbol{x})(\boldsymbol{x}^{\mathrm{T}}\boldsymbol{\Sigma}^{-1}\boldsymbol{x})}{(\boldsymbol{x}^{\mathrm{T}}\boldsymbol{x})^2}\leqslant\frac{(\lambda_1+\lambda_n)^2}{4\lambda_1\lambda_n} \tag{6}$$

Bloomfield 和 Watson，Knott 推广了这个不等式，并把

它应用于研究最小二乘估计的相对效率. 定义相对效率为 $\boldsymbol{\beta}^*$ 和 $\hat{\boldsymbol{\beta}}$ 的广义协方差比,即

$$\rho_1(\hat{\boldsymbol{\beta}})=\frac{|\operatorname{Cov}(\boldsymbol{\beta}^*)|}{|\operatorname{Cov}(\hat{\boldsymbol{\beta}})|} \tag{7}$$

以下我们均用 $\rho(\hat{\boldsymbol{\beta}})$ 表示 $\hat{\boldsymbol{\beta}}$ 相对于 $\boldsymbol{\beta}^*$ 的效率,它满足 $0<\rho(\hat{\boldsymbol{\beta}})\leqslant 1$,$\rho(\hat{\boldsymbol{\beta}})$ 越接近 1,用 $\hat{\boldsymbol{\beta}}$ 代替 $\boldsymbol{\beta}^*$ 去估计 $\boldsymbol{\beta}$ 的损失就越小. [8,9] 给出了(7) 的下界

$$\rho_1(\hat{\boldsymbol{\beta}})\geqslant\prod_{i=1}^{p}\frac{4\lambda_i\lambda_{n-i+1}}{(\lambda_i+\lambda_{n-i+1})^2}\quad(n\geqslant 2p) \tag{8}$$

因为

$$\rho_1(\hat{\boldsymbol{\beta}})=\frac{|\operatorname{Cov}(\boldsymbol{\beta}^*)|}{|\operatorname{Cov}(\hat{\boldsymbol{\beta}})|}=\frac{|(\boldsymbol{X}^{\mathrm{T}}\boldsymbol{\Sigma}^{-1}\boldsymbol{X})^{-1}|}{|(\boldsymbol{X}^{\mathrm{T}}\boldsymbol{X})^{-1}\boldsymbol{X}^{\mathrm{T}}\boldsymbol{\Sigma}\boldsymbol{X}(\boldsymbol{X}^{\mathrm{T}}\boldsymbol{X})^{-1}|}=\frac{|\boldsymbol{X}^{\mathrm{T}}\boldsymbol{X}|^2}{|\boldsymbol{X}^{\mathrm{T}}\boldsymbol{\Sigma}\boldsymbol{X}||\boldsymbol{X}^{\mathrm{T}}\boldsymbol{\Sigma}^{-1}\boldsymbol{X}|}$$

式(8) 实际上给出了 Kantorovič 不等式的推广形式

$$1\leqslant\frac{|\boldsymbol{X}^{\mathrm{T}}\boldsymbol{\Sigma}\boldsymbol{X}||\boldsymbol{X}^{\mathrm{T}}\boldsymbol{\Sigma}^{-1}\boldsymbol{X}|}{|\boldsymbol{X}^{\mathrm{T}}\boldsymbol{X}|^2}\leqslant\prod_{i=1}^{p}\frac{(\lambda_i+\lambda_{n-i+1})^2}{4\lambda_i\lambda_{n-i+}1} \tag{9}$$

第二种常见的相对效率为方差比效率,其定义为

$$\rho_2(\hat{\boldsymbol{\beta}})=\frac{\operatorname{Var}(\boldsymbol{C}^{\mathrm{T}}\boldsymbol{\beta}^*)}{\operatorname{Var}(\boldsymbol{C}^{\mathrm{T}}\hat{\boldsymbol{\beta}})} \tag{10}$$

$\boldsymbol{C}$ 为 $p$ 维向量,使得 $\boldsymbol{C}^{\mathrm{T}}\boldsymbol{\beta}$ 可估(关于可估的定义见[10]),则

$$\rho_2(\hat{\boldsymbol{\beta}})\geqslant\frac{4\lambda_1\lambda_n}{(\lambda_1+\lambda_n)^2} \tag{11}$$

刘爱义、王松桂[11] 提出了一种新的相对效率

$$\rho_3(\hat{\boldsymbol{\beta}})=\frac{\operatorname{tr}\operatorname{Cov}(\boldsymbol{\beta}^*)}{\operatorname{tr}\operatorname{Cov}(\hat{\boldsymbol{\beta}})} \tag{12}$$

给出了 $\rho_2(\hat{\boldsymbol{\beta}})$ 和 $\rho_1(\hat{\boldsymbol{\beta}})$,Hotelling[12] 广义相关系数之间的关系,并证明了

$$\rho_3(\hat{\boldsymbol{\beta}}) \geqslant \frac{\sum_{i=1}^{p} \delta_i^{-1} \lambda_{n-p+i}}{\sum_{i=1}^{p} \delta_i^{-1} \lambda_{p-i+1}} \tag{13}$$

其中,$\delta_1 > \delta_2 > \cdots > \delta_p > 0$ 为 $\boldsymbol{X}^{\mathrm{T}}\boldsymbol{X}$ 的特征根.下面我们考虑另一种均方误差比效率

$$\rho_4(\hat{\boldsymbol{\beta}}) = \frac{\text{MSE } \boldsymbol{X}\boldsymbol{\beta}^*}{\text{MSE } \boldsymbol{X}\hat{\boldsymbol{\beta}}} \tag{14}$$

并在定理 2 中给出了 $\rho_4(\hat{\boldsymbol{\beta}})$ 的下界.

关于相对效率的研究还有一些很好的结果[13],特别是作为工具的Kantorovič不等式近年来不断地被推广扩大[14],并且形成了一个与相对效率研究平行的方向——估计精度,这方面的工作可参见文献[15].

### 3.1.2 均方误差比效率的下界

为了得到(14)的下界,我们先证明一个不等式,它是 Kantorovič 不等式的延拓.

**定理 1** 设 $\boldsymbol{U}$ 为 $n \times p$ 矩阵,满足 $\boldsymbol{U}^{\mathrm{T}}\boldsymbol{U} = \boldsymbol{I}_p$, $\boldsymbol{\Lambda} = \operatorname{diag}(\lambda_1, \lambda_2, \cdots, \lambda_n)$, $\lambda_1 \geqslant \lambda_2 \geqslant \cdots \geqslant \lambda_n > 0$, $n > 2p$,则

$$1 \leqslant \frac{\operatorname{tr} \boldsymbol{U}^{\mathrm{T}}\boldsymbol{\Lambda}\boldsymbol{U}}{\operatorname{tr}(\boldsymbol{U}^{\mathrm{T}}\boldsymbol{\Lambda}^{-1}\boldsymbol{U})^{-1}} \leqslant \left( \frac{\sum_{i=1}^{p} (\lambda_i + \lambda_{n-i+1})}{2\sum_{i=1}^{p} \sqrt{\lambda_i \lambda_{n-i+1}}} \right)^2 \tag{15}$$

**证明** 考虑对数 Lagrange 表达式

$$\ln \operatorname{tr} \boldsymbol{U}^{\mathrm{T}}\boldsymbol{\Lambda}\boldsymbol{U} - \ln \operatorname{tr}(\boldsymbol{U}^{\mathrm{T}}\boldsymbol{\Lambda}^{-1}\boldsymbol{U})^{-1} - \operatorname{tr}\boldsymbol{H}(\boldsymbol{U}^{\mathrm{T}}\boldsymbol{U} - \boldsymbol{I}) \tag{16}$$

其中 $\boldsymbol{H}$ 为对称 Lagrange 乘数矩阵.记 $a = \operatorname{tr} \boldsymbol{U}^{\mathrm{T}}\boldsymbol{\Lambda}\boldsymbol{U}$, $b = \operatorname{tr}(\boldsymbol{U}^{\mathrm{T}}\boldsymbol{\Lambda}^{-1}\boldsymbol{U})^{-1}$,因为

$$\frac{\partial \ln a}{\partial \boldsymbol{U}} = a^{-1}\boldsymbol{U}^{\mathrm{T}}\boldsymbol{\Lambda}$$

$$\frac{\partial \ln b}{\partial \boldsymbol{U}} = -b^{-1}(\boldsymbol{U}^{\mathrm{T}}\boldsymbol{\Lambda}^{-1}\boldsymbol{U})^{-2}\boldsymbol{U}^{\mathrm{T}}\boldsymbol{\Lambda}^{-1}$$

$$\frac{\partial \mathrm{tr}\ \boldsymbol{H}(\boldsymbol{U}^{\mathrm{T}}\boldsymbol{U}-\boldsymbol{I})}{\partial \boldsymbol{U}} = \boldsymbol{H}\boldsymbol{U}^{\mathrm{T}}$$

所以(16) 各项分别对矩阵 $\boldsymbol{U}$ 求导并令其为零，我们得到

$$a^{-1}\boldsymbol{U}^{\mathrm{T}}\boldsymbol{\Lambda} + b^{-1}(\boldsymbol{U}^{\mathrm{T}}\boldsymbol{\Lambda}^{-1}\boldsymbol{U})^{-2}\boldsymbol{U}^{\mathrm{T}}\boldsymbol{\Lambda}^{-1} = \boldsymbol{H}\boldsymbol{U}^{\mathrm{T}} \tag{17}$$

等式两端同时右乘 $\boldsymbol{U}$ 得

$$\boldsymbol{H} = a^{-1}\boldsymbol{U}^{\mathrm{T}}\boldsymbol{\Lambda}\boldsymbol{U} + b^{-1}(\boldsymbol{U}^{\mathrm{T}}\boldsymbol{\Lambda}^{-1}\boldsymbol{U})^{-1} \tag{18}$$

将式(18) 代入(17) 得

$$\begin{aligned} &a^{-1}\boldsymbol{U}^{\mathrm{T}}\boldsymbol{\Lambda} + b^{-1}(\boldsymbol{U}^{\mathrm{T}}\boldsymbol{\Lambda}^{-1}\boldsymbol{U})^{-2}\boldsymbol{U}^{\mathrm{T}}\boldsymbol{\Lambda}^{-1} = \\ &(a^{-1}\boldsymbol{U}^{\mathrm{T}}\boldsymbol{\Lambda}\boldsymbol{U} + b^{-1}(\boldsymbol{U}^{\mathrm{T}}\boldsymbol{\Lambda}^{-1}\boldsymbol{U})^{-1})\boldsymbol{U}^{\mathrm{T}} \end{aligned} \tag{19}$$

两端再同时右乘 $\boldsymbol{\Lambda}\boldsymbol{U}$，得

$$\begin{aligned} &a^{-1}\boldsymbol{U}^{\mathrm{T}}\boldsymbol{\Lambda}^2\boldsymbol{U} + b^{-1}(\boldsymbol{U}^{\mathrm{T}}\boldsymbol{\Lambda}^{-1}\boldsymbol{U})^{-2} = \\ &a^{-1}(\boldsymbol{U}^{\mathrm{T}}\boldsymbol{\Lambda}\boldsymbol{U})^2 + b^{-1}(\boldsymbol{U}^{\mathrm{T}}\boldsymbol{\Lambda}^{-1}\boldsymbol{U})^{-1}\boldsymbol{U}^{\mathrm{T}}\boldsymbol{\Lambda}\boldsymbol{U} \end{aligned}$$

从而

$$\begin{aligned} &(\boldsymbol{U}^{\mathrm{T}}\boldsymbol{\Lambda}^{-1}\boldsymbol{U})^{-1}\boldsymbol{U}^{\mathrm{T}}\boldsymbol{\Lambda}\boldsymbol{U} = \\ &ba^{-1}[\boldsymbol{U}^{\mathrm{T}}\boldsymbol{\Lambda}^2\boldsymbol{U} - (\boldsymbol{U}^{\mathrm{T}}\boldsymbol{\Lambda}\boldsymbol{U})^2] + (\boldsymbol{U}^{\mathrm{T}}\boldsymbol{\Lambda}^{-1}\boldsymbol{U})^{-2} \end{aligned} \tag{20}$$

式(20) 右端为对称阵，从而左端的 $(\boldsymbol{U}^{\mathrm{T}}\boldsymbol{\Lambda}^{-1}\boldsymbol{U})^{-1}$ 与 $\boldsymbol{U}^{\mathrm{T}}\boldsymbol{\Lambda}\boldsymbol{U}$ 的积可交换，故 $\boldsymbol{U}^{\mathrm{T}}\boldsymbol{\Lambda}^{-1}\boldsymbol{U}$ 与 $\boldsymbol{U}^{\mathrm{T}}\boldsymbol{\Lambda}\boldsymbol{U}$ 可交换，所以存在正交阵 $\boldsymbol{Q}$ 使 $\boldsymbol{U}^{\mathrm{T}}\boldsymbol{\Lambda}^{-1}\boldsymbol{U}$，$\boldsymbol{U}^{\mathrm{T}}\boldsymbol{\Lambda}\boldsymbol{U}$ 同时对角化，即有

$$\begin{cases} \boldsymbol{U}^{\mathrm{T}}\boldsymbol{\Lambda}\boldsymbol{U} = \boldsymbol{Q}\boldsymbol{E}\boldsymbol{Q}^{\mathrm{T}} \\ \boldsymbol{U}^{\mathrm{T}}\boldsymbol{\Lambda}^{-1}\boldsymbol{U} = \boldsymbol{Q}\boldsymbol{\Delta}\boldsymbol{Q}^{\mathrm{T}} \end{cases} \tag{21}$$

$$\boldsymbol{E} = \mathrm{diag}(e_1, e_2, \cdots, e_p), \boldsymbol{\Delta} = \mathrm{diag}(\delta_1, \delta_2, \cdots, \delta_p)$$

记 $\boldsymbol{W} = \boldsymbol{U}\boldsymbol{Q}$，由(19) 得

$$\begin{aligned} &a^{-1}\boldsymbol{Q}\boldsymbol{W}^{\mathrm{T}}\boldsymbol{\Lambda} + b^{-1}(\boldsymbol{Q}\boldsymbol{\Delta}\boldsymbol{Q}^{\mathrm{T}})^{-2}\boldsymbol{Q}\boldsymbol{W}^{\mathrm{T}}\boldsymbol{\Lambda}^{-1} = \\ &(a^{-1}\boldsymbol{Q}\boldsymbol{E}\boldsymbol{Q}^{\mathrm{T}} + b^{-1}\boldsymbol{Q}\boldsymbol{\Delta}^{-1}\boldsymbol{Q}^{\mathrm{T}})\boldsymbol{Q}\boldsymbol{W}^{\mathrm{T}} \end{aligned}$$

$$a^{-1}\boldsymbol{Q}\boldsymbol{W}^{\mathrm{T}}\boldsymbol{\Lambda} + b^{-1}\boldsymbol{Q}\boldsymbol{\Delta}^{-2}\boldsymbol{W}^{\mathrm{T}}\boldsymbol{\Lambda}^{-1} = a^{-1}\boldsymbol{Q}\boldsymbol{E}\boldsymbol{W}^{\mathrm{T}} + b^{-1}\boldsymbol{Q}\boldsymbol{\Delta}^{-1}\boldsymbol{W}^{\mathrm{T}}$$

$$a^{-1}\boldsymbol{W}^{\mathrm{T}}\boldsymbol{\Lambda}+b^{-1}\boldsymbol{\Delta}^{-2}\boldsymbol{W}^{\mathrm{T}}\boldsymbol{\Lambda}^{-1}=(a^{-1}\boldsymbol{E}+b^{-1}\boldsymbol{\Delta}^{-1})\boldsymbol{W}^{\mathrm{T}}$$

设$(w_1,w_2,\cdots,w_n)$为 $\boldsymbol{W}^{\mathrm{T}}$ 的第 $i$ 行,从而

$$a^{-1}w_j\lambda_j+b^{-1}\delta_i^{-2}w_j\lambda_j^{-1}=(a^{-1}e_i+b^{-1}\delta_i^{-1})w_j\quad(j=1,2,\cdots,n)\tag{22}$$

从(22)可知,$w_j(j=1,2,\cdots,n)$至多只能有两个不为零,我们分两种情况来讨论:

1. $w_r\neq w_s$ 均不为零,则

$$a^{-1}\lambda+b^{-1}\delta_i^{-2}\lambda^{-1}=a^{-1}e_i+b^{-1}\delta_i^{-1}\tag{23}$$

有两个不同的根 $\lambda_r,\lambda_s$. 由根与系数的关系

$$\begin{cases}\lambda_r+\lambda_s=e_i+ab^{-1}\delta_i^{-1}\\ \lambda_r\lambda_s=ab^{-1}\delta_i^{-2}\end{cases}$$

解此方程得

$$\begin{cases}\delta_i^{-1}=\sqrt{ba^{-1}\lambda_r\lambda_s}\\ e_i=\lambda_r+\lambda_s-\sqrt{ab^{-1}\lambda_r\lambda_s}\end{cases}\tag{24}$$

2. 只有唯一的一个 $w_r$ 不为零,这时(23)有一个二重根,因而其判别式为零,即

$$(e_i+ab^{-1}\delta_i^{-1})^2-4ab^{-1}\delta_i^{-2}=0$$

从而得到

$$e_i=(-ab^{-1}\pm2\sqrt{ab^{-1}})\delta_i^{-1}\tag{25}$$

因为 $e_i,\delta_i$ 均为正数,且不妨假设 $0<ab^{-1}<4$,因而应取

$$e_i=(2\sqrt{ab^{-1}}-ab^{-1})\delta_i^{-1}$$

这时方程(23)的解为

$$\lambda_r=\frac{1}{2}(e_i+ab^{-1}\delta_i^{-1})=\sqrt{ab^{-1}}\delta_i^{-1}$$

所以有

$$\delta_i^{-1}=\sqrt{ba^{-1}}\lambda_r,e_i=(2-\sqrt{ab^{-1}})\lambda_r\tag{26}$$

现在我们来求 $\frac{a}{b}$ 的上界. 由(21) 得

$$\frac{a}{b}=\frac{\operatorname{tr}\boldsymbol{QEQ}^{\mathrm{T}}}{\operatorname{tr}\boldsymbol{Q\Delta}^{-1}\boldsymbol{Q}^{\mathrm{T}}}=\frac{\operatorname{tr}\boldsymbol{E}}{\operatorname{tr}\boldsymbol{\Delta}^{-1}}=\frac{\sum_{i=1}^{p}e_i}{\sum_{i=1}^{p}\delta_i^{-1}} \tag{27}$$

对于(26), $\frac{a}{b}=1$, 可见 $\frac{a}{b}$ 的最大值不会在(23) 只有单根的情况下达到. 考虑(24), 将其代入(27) 得

$$\frac{a}{b}=\frac{\sum_{i=1}^{p}(\lambda_{si}+\lambda_{ti}-\sqrt{ab^{-1}\lambda_{si}\lambda_{ti}})}{\sum_{i=1}^{p}\sqrt{ba^{-1}\lambda_{si}\lambda_{ti}}} \tag{28}$$

这里 $s_1,s_2,\cdots,s_p,t_1,t_2,\cdots,t_p$ 为 $1,2,\cdots,n$ 中任意 $2p$ 个数的一个排列. 我们需要解决的是从 $\lambda_1,\lambda_2,\cdots,\lambda_n$ 中选取 $(\lambda_{s1},\lambda_{s2},\cdots,\lambda_{sp})$, $(\lambda_{t1},\lambda_{t2},\cdots,\lambda_{tp})$ 使得(28) 达到最大值. 由(28) 可得

$$\sqrt{\frac{a}{b}}\sum_{i=1}^{p}\sqrt{\lambda_{si}\lambda_{ti}}=\sum_{i=1}^{p}(\lambda_{si}+\lambda_{ti})-\sqrt{\frac{a}{b}}\sum_{i=1}^{p}\sqrt{\lambda_{si}\lambda_{ti}}$$

故

$$\frac{a}{b}=\left|\frac{\sum_{i=1}^{p}(\lambda_{si}+\lambda_{ti})}{2(\sum_{i=1}^{p}\sqrt{\lambda_{si}\lambda_{ti}})}\right|^2 \tag{29}$$

只需选择 $(\lambda_{s1},\lambda_{s2},\cdots,\lambda_{sp})$ 和 $(\lambda_{t1},\lambda_{t2},\cdots,\lambda_{tp})$ 使(29) 达到最大即可.

要使(29) 达到最大, 首先应选取 $\lambda_1$ 和 $\lambda_n$, 因为对 $\lambda_1\geqslant\lambda_i,\lambda_j\geqslant\lambda_n$, 易知

$$\sqrt{\lambda_1\lambda_n}+\sqrt{\lambda_i\lambda_j}\leqslant\sqrt{\lambda_1\lambda_i}+\sqrt{\lambda_n\lambda_j}$$

所以

$$\frac{\lambda_1+\lambda_n+\lambda_i+\lambda_j}{2\sqrt{\lambda_1\lambda_n}+2\sqrt{\lambda_i\lambda_j}}\geqslant\frac{\lambda_1+\lambda_i+\lambda_n+\lambda_j}{2\sqrt{\lambda_1\lambda_i}+2\sqrt{\lambda_n\lambda_j}}$$

接下来，应该选取 $\lambda_2$ 和 $\lambda_{n-1}$，对 $\lambda_2\geqslant\lambda_i,\lambda_j\geqslant\lambda_{n-1}$，同样有

$$\frac{\lambda_1+\lambda_n+\lambda_2+\lambda_{n-1}+\lambda_i+\lambda_j}{2\sqrt{\lambda_1\lambda_n}+2\sqrt{\lambda_2\lambda_{n-1}}+2\sqrt{\lambda_i\lambda_j}}\geqslant$$
$$\frac{\lambda_1+\lambda_n+\lambda_2+\lambda_i+\lambda_{n-1}+\lambda_j}{2\sqrt{\lambda_1\lambda_n}+2\sqrt{\lambda_2\lambda_i}+2\sqrt{\lambda_{n-1}\lambda_j}}$$

如此类推下去，使得到 $\sqrt{\frac{a}{b}}$ 的最大值为

$$\frac{\sum_{i=1}^{p}(\lambda_i+\lambda_{n-i+1})}{2\sum_{i=1}^{p}\sqrt{\lambda_i\lambda_{n-i+1}}}$$

由此即可得到式(15). 证毕.

现在我们给出式(14) 中效率 $\rho_4(\hat{\boldsymbol{\beta}})$ 的下界.

**定理 2** 对 Gauss-Markov 模型(1)，$n>2p$ 时，有

$$\rho_4(\hat{\boldsymbol{\beta}})\geqslant\frac{4\left(\sum_{i=1}^{p}\sqrt{\lambda_i\lambda_{n-i+1}}\right)^2}{\left(\sum_{i=1}^{p}(\lambda_i+\lambda_{n-i+1})\right)^2}\tag{30}$$

**证明**

$$\rho_4(\hat{\boldsymbol{\beta}})=\frac{\text{MSE }\boldsymbol{X}\boldsymbol{\beta}^*}{\text{MSE }\boldsymbol{X}\hat{\boldsymbol{\beta}}}=\frac{\text{tr Cov}(\boldsymbol{X}\boldsymbol{\beta}^*)}{\text{tr Cov}(\boldsymbol{X}\hat{\boldsymbol{\beta}})}=$$
$$\frac{\text{tr}[\boldsymbol{X}(\boldsymbol{X}^{\mathrm{T}}\boldsymbol{\Sigma}^{-1}\boldsymbol{X})^{-1}\boldsymbol{X}^{\mathrm{T}}]}{\text{tr}[\boldsymbol{X}(\boldsymbol{X}^{\mathrm{T}}\boldsymbol{X})^{-1}\boldsymbol{X}^{\mathrm{T}}\boldsymbol{\Sigma}\boldsymbol{X}(\boldsymbol{X}^{\mathrm{T}}\boldsymbol{X})^{-1}\boldsymbol{X}^{\mathrm{T}}]}=$$
$$\frac{\text{tr}[(\boldsymbol{X}^{\mathrm{T}}\boldsymbol{\Sigma}^{-1}\boldsymbol{X})^{-1}\boldsymbol{X}^{\mathrm{T}}\boldsymbol{X}]}{\text{tr}[\boldsymbol{\Sigma}\boldsymbol{X}(\boldsymbol{X}^{\mathrm{T}}\boldsymbol{X})^{-1}\boldsymbol{X}^{\mathrm{T}}]}=$$

$$\frac{\operatorname{tr}[(\boldsymbol{X}^{\mathrm{T}}\boldsymbol{X})^{\frac{1}{2}}(\boldsymbol{X}^{\mathrm{T}}\boldsymbol{\Sigma}^{-1}\boldsymbol{X})^{-1}(\boldsymbol{X}^{\mathrm{T}}\boldsymbol{X})^{\frac{1}{2}}]}{\operatorname{tr}[(\boldsymbol{X}^{\mathrm{T}}\boldsymbol{X})^{-\frac{1}{2}}\boldsymbol{X}^{\mathrm{T}}\boldsymbol{\Sigma}\boldsymbol{X}(\boldsymbol{X}^{\mathrm{T}}\boldsymbol{X})^{-\frac{1}{2}}]}=$$

$$\frac{\operatorname{tr}[(\boldsymbol{X}^{\mathrm{T}}\boldsymbol{X})^{-\frac{1}{2}}\boldsymbol{X}^{\mathrm{T}}\boldsymbol{\Sigma}^{-1}\boldsymbol{X}(\boldsymbol{X}^{\mathrm{T}}\boldsymbol{X})^{-\frac{1}{2}}]^{-1}}{\operatorname{tr}[(\boldsymbol{X}^{\mathrm{T}}\boldsymbol{X})^{-\frac{1}{2}}\boldsymbol{X}^{\mathrm{T}}\boldsymbol{\Sigma}\boldsymbol{X}(\boldsymbol{X}^{\mathrm{T}}\boldsymbol{X})^{-\frac{1}{2}}]}$$

设 $\boldsymbol{\Sigma}$ 的谱分解为 $\boldsymbol{\Sigma}=\boldsymbol{P\Lambda P}^{\mathrm{T}},\boldsymbol{\Lambda}=\operatorname{diag}(\lambda_1,\lambda_2,\cdots,\lambda_n),\boldsymbol{P}$ 为正交矩阵，令 $\boldsymbol{U}=\boldsymbol{P}^{\mathrm{T}}\boldsymbol{X}(\boldsymbol{X}^{\mathrm{T}}\boldsymbol{X})^{-\frac{1}{2}}$. 则 $\boldsymbol{U}^{\mathrm{T}}\boldsymbol{U}=\boldsymbol{I}$，从而

$$\rho_4(\hat{\boldsymbol{\beta}})=\frac{\operatorname{tr}(\boldsymbol{U}^{\mathrm{T}}\boldsymbol{\Lambda}^{-1}\boldsymbol{U})^{-1}}{\operatorname{tr}\boldsymbol{U}^{\mathrm{T}}\boldsymbol{\Lambda}\boldsymbol{U}}$$

应用定理 1，即得不等式(30). 证毕.

**注 1**　定理 1,2 中的 $n>2p$ 仅仅是为了求和简捷，我们可以去掉这个条件，从而(15) 和(30) 分别应为

$$1\leqslant\frac{\operatorname{tr}\boldsymbol{U}^{\mathrm{T}}\boldsymbol{\Lambda}\boldsymbol{U}}{\operatorname{tr}(\boldsymbol{U}^{\mathrm{T}}\boldsymbol{\Lambda}^{-1}\boldsymbol{U})^{-1}}\leqslant\left(\frac{\sum\limits_{i=1}^{\min\{p,n-p\}}(\lambda_i+\lambda_{n-i+1})}{2\sum\limits_{i=1}^{\min\{p,n-p\}}\sqrt{\lambda_i\lambda_{n-i+1}}}\right)^2$$

和

$$\rho_4(\hat{\boldsymbol{\beta}})\geqslant\frac{4\left(\sum\limits_{i=1}^{\min\{p,n-p\}}\sqrt{\lambda_i\lambda_{n-i+1}}\right)^2}{\left(\sum\limits_{i=1}^{\min\{p,n-p\}}(\lambda_i+\lambda_{n-i+1})\right)^2}$$

**注 2**　当 $\boldsymbol{X}^{\mathrm{T}}\boldsymbol{X}=\boldsymbol{I}$ 时，$\rho_4(\hat{\boldsymbol{\beta}})=\rho_3(\hat{\boldsymbol{\beta}})$，$\rho_3(\hat{\boldsymbol{\beta}})$ 的下界与 $\boldsymbol{X}$ 有关有它的可取之处，但却给实际计算带来较多的麻烦，况且 $\rho_3(\hat{\boldsymbol{\beta}})$ 的下界是分子分母分别求的，这必然会影响结果的精确程度. 本节给出的 $\rho_4(\hat{\boldsymbol{\beta}})$ 其下界与 $\boldsymbol{X}$ 无关，这和[8,15] 等相应的结果是一致的.

## 3.2 一类新的 Kantorovič 型不等式及其在统计中的应用

我们称

$$x^{\mathrm{T}}\boldsymbol{\Lambda}xx^{\mathrm{T}}\boldsymbol{\Lambda}^{-1}x \leqslant \frac{(\lambda_1+\lambda_n)^2}{4\lambda_1\lambda_n} \tag{1}$$

为 Kantorovič 不等式，其中 $\boldsymbol{x}$ 是满足 $\boldsymbol{x}^{\mathrm{T}}\boldsymbol{x}=1$ 的 $n$ 维向量，$\boldsymbol{\Lambda}=\mathrm{diag}(\lambda_1,\lambda_2,\cdots,\lambda_n)$，$\lambda_1\geqslant\lambda_2\geqslant\cdots\geqslant\lambda_n>0$. 不等式(1) 当 $\boldsymbol{x}^{\mathrm{T}}=\frac{1}{\sqrt{2}}(1,0,\cdots,0,1)$ 时等号成立. 式(1)有各种各样的推广形式，它们总称为 Kantorovič 型不等式. Kantorovič 型不等式在统计中的应用主要是讨论广义 Gauss-Markov 模型中回归系数向量的最小二乘估计相对于最佳线性无偏估计的效率的界，见文[16] 及其参考文献. 淮南矿业学院的高道德教授 1993 年证明了一类新的 Kantorovič 型不等式，以及它在估计一类新的最小二乘估计效率的界中的应用，并且给出了它在估计一类广义相关系数和多元正态线性模型下一类线性假设检验统计量的界中的应用.

对于具有 $n$ 个实特征根的 $n$ 阶矩阵 $\boldsymbol{A}$，记号 $ch_i(\boldsymbol{A})$ 表示 $\boldsymbol{A}$ 的第 $i$ 个顺序特征根，即

$$ch_1(\boldsymbol{A})\geqslant ch_2(\boldsymbol{A})\geqslant\cdots\geqslant ch_n(\boldsymbol{A})$$

$\boldsymbol{I}_l$ 表示 $l$ 阶单位阵，$\mu(\boldsymbol{B})$ 表示由矩阵 $\boldsymbol{B}$ 的所有列向量张成的线性空间，$\boldsymbol{e}_i$ 表示第 $i$ 个分量为 1 其余分量为 0 的 $n$ 维向量，$a_+=\begin{cases}a, a>0\\0, a\leqslant 0\end{cases}$.

**定理 1**　设 $\boldsymbol{L}$ 是 $n \times p$ 阶列正交阵，且

$$\theta_i = ch_i[\boldsymbol{L}^{\mathrm{T}}\boldsymbol{\Lambda}^2\boldsymbol{L}(\boldsymbol{L}^{\mathrm{T}}\boldsymbol{\Lambda}\boldsymbol{L})^{-2}] \quad (i=1,2,\cdots,p)$$

$$\boldsymbol{\Lambda} = \mathrm{diag}(\lambda_1,\lambda_2,\cdots,\lambda_n)$$

则有

$$\prod_{i=1}^{k}\theta_i \leqslant \prod_{i=1}^{r(k)}\frac{(\lambda_i+\lambda_{n-i+1})^2}{4\lambda_i\lambda_{n-i+1}} \quad (k=1,2,\cdots,p) \quad (2)$$

其中 $r(k)=\min\{k,n-p\}$.

**证明**　(1) 先讨论 $k=p$. 令

$$\ln g(\boldsymbol{L}) = \ln|\boldsymbol{L}^{\mathrm{T}}\boldsymbol{\Lambda}^2\boldsymbol{L}| - 2\ln|\boldsymbol{L}^{\mathrm{T}}\boldsymbol{\Lambda}\boldsymbol{L}|$$

由求条件极值的 Lagrange 乘子法得 $g(\boldsymbol{L}) = |\boldsymbol{L}^{\mathrm{T}}\boldsymbol{\Lambda}^2\boldsymbol{L}(\boldsymbol{L}^{\mathrm{T}}\boldsymbol{\Lambda}\boldsymbol{L})^{-2}|$ 在约束条件 $\boldsymbol{L}^{\mathrm{T}}\boldsymbol{L}=\boldsymbol{I}_p$ 下的极大值点满足

$$(\boldsymbol{L}^{\mathrm{T}}\boldsymbol{\Lambda}^2\boldsymbol{L})^{-1}\boldsymbol{L}^{\mathrm{T}}\boldsymbol{\Lambda}^2 - 2(\boldsymbol{L}^{\mathrm{T}}\boldsymbol{\Lambda}\boldsymbol{L})^{-1}\boldsymbol{L}^{\mathrm{T}}\boldsymbol{\Lambda} = \boldsymbol{L}^{\mathrm{T}} \quad (3)$$

在式(3) 两边右乘 $\boldsymbol{\Lambda}^{-1}\boldsymbol{L}$ 得

$$(\boldsymbol{L}^{\mathrm{T}}\boldsymbol{\Lambda}^2\boldsymbol{L})^{-1}\boldsymbol{L}^{\mathrm{T}}\boldsymbol{\Lambda}\boldsymbol{L} - 2(\boldsymbol{L}^{\mathrm{T}}\boldsymbol{\Lambda}\boldsymbol{L})^{-1} = \boldsymbol{L}^{\mathrm{T}}\boldsymbol{\Lambda}^{-1}\boldsymbol{L}$$

因而$(\boldsymbol{L}^{\mathrm{T}}\boldsymbol{\Lambda}^2\boldsymbol{L})^{-1}\boldsymbol{L}^{\mathrm{T}}\boldsymbol{\Lambda}\boldsymbol{L}$ 是对称阵. 故存在正交阵 $\boldsymbol{Q}$，使 $\boldsymbol{Q}^{\mathrm{T}}\boldsymbol{L}^{\mathrm{T}}\boldsymbol{\Lambda}^2\boldsymbol{L}\boldsymbol{Q}$，$\boldsymbol{Q}^{\mathrm{T}}\boldsymbol{L}^{\mathrm{T}}\boldsymbol{\Lambda}\boldsymbol{L}\boldsymbol{Q}$ 都为对角阵. 不妨设 $\boldsymbol{L}^{\mathrm{T}}\boldsymbol{\Lambda}^2\boldsymbol{L}$ 和 $\boldsymbol{L}^{\mathrm{T}}\boldsymbol{\Lambda}\boldsymbol{L}$ 已是对角阵，即设

$$\boldsymbol{L}^{\mathrm{T}}\boldsymbol{\Lambda}^2\boldsymbol{L} = \mathrm{diag}(\mu_1,\mu_2,\cdots,\mu_p)$$

$$\boldsymbol{L}^{\mathrm{T}}\boldsymbol{\Lambda}\boldsymbol{L} = \mathrm{diag}(\nu_1,\nu_2,\cdots,\nu_p)$$

此时，$g(\boldsymbol{L}) = \prod_{i=1}^{p}\mu_i\nu_i^{-2}$. 再设 $\boldsymbol{L} = (\boldsymbol{l}_1,\boldsymbol{l}_2,\cdots,\boldsymbol{l}_p) = (l_{ij})_{n\times p}$，由式(3) 得

$$l_{ij}(\mu_i^{-1}\lambda_j^2 - 2\nu_i^{-1}\lambda_j + 1) = 0$$

$$(j=1,2,\cdots,p;i=1,2,\cdots,n)$$

因此，对固定的 $i$，$l_{ij}$ 至多只有两项不为 0. 如果只有一个不为 0，显然

$$\mu_i\nu_i^{-2} = \boldsymbol{l}_i^{\mathrm{T}}\boldsymbol{\Lambda}^2\boldsymbol{l}_i(\boldsymbol{l}_i^{\mathrm{T}}\boldsymbol{\Lambda}\boldsymbol{l}_i)^{-2} = 1$$

如果有两项不为 0，不妨设 $l_{ik}, l_{it}(k<t)$ 不为 0，令 $l_{ik}^2=x$，则 $l_{it}^2=1-x$，此时

$$\mu_i=\lambda_k^2x+\lambda_t^2(1-x)$$

$$\nu_i=\lambda_kx+\lambda_t(1-x)$$

$$\mu_i\nu_i^{-2}=\boldsymbol{l}_i^{\mathrm{T}}\boldsymbol{\Lambda}^2\boldsymbol{l}_i(\boldsymbol{l}_i^{\mathrm{T}}\boldsymbol{\Lambda}\boldsymbol{l}_i)^2=\frac{\lambda_k^2x+\lambda_t^2(1-x)}{[\lambda_kx+\lambda_t(1-x)]^2} \quad (4)$$

容易算得式(4) 的最大值在 $x=\dfrac{\lambda_t}{\lambda_k+\lambda_t}$ 处取得最大值为 $\dfrac{(\lambda_k+\lambda_t)^2}{4\lambda_k\lambda_t}$. 与文[8] 或文[9] 类似讨论得

$$|\boldsymbol{L}^{\mathrm{T}}\boldsymbol{\Lambda}^2\boldsymbol{L}(\boldsymbol{L}^{\mathrm{T}}\boldsymbol{\Lambda}\boldsymbol{L})^{-2}|\leqslant\prod_{i=1}^{r(p)}\frac{(\lambda_i+\lambda_{n-i+1})^2}{4\lambda_i\lambda_{n-i+1}} \quad (5)$$

(2) 当 $k<p$ 时，令 $\boldsymbol{R}$ 是 $n\times(n-p)$ 阶列正交阵且 $\boldsymbol{R}^{\mathrm{T}}\boldsymbol{L}=\boldsymbol{0}$，则有

$$\prod_{i=1}^{k}\theta_i=\prod_{i=1}^{r(k)}ch_i(\boldsymbol{I}_{n-p}+\boldsymbol{R}^{\mathrm{T}}\boldsymbol{\Lambda}\boldsymbol{L}(\boldsymbol{L}^{\mathrm{T}}\boldsymbol{\Lambda}\boldsymbol{L})^{-2}\boldsymbol{L}^{\mathrm{T}}\boldsymbol{\Lambda}\boldsymbol{R})$$

因而存在 $(n-p)\times r(k)$ 阶列正交阵 $\boldsymbol{T}_1$ 使

$$\prod_{i=1}^{k}\theta_i=|\boldsymbol{I}_{r(k)}+\boldsymbol{T}_1^{\mathrm{T}}\boldsymbol{R}^{\mathrm{T}}\boldsymbol{\Lambda}\boldsymbol{L}(\boldsymbol{L}^{\mathrm{T}}\boldsymbol{\Lambda}\boldsymbol{L})^{-2}\boldsymbol{L}^{\mathrm{T}}\boldsymbol{\Lambda}\boldsymbol{R}\boldsymbol{T}_1| \quad (6)$$

记 $\boldsymbol{T}=\boldsymbol{R}\boldsymbol{T}_1$，则 $\boldsymbol{T}^{\mathrm{T}}\boldsymbol{T}=\boldsymbol{I}_{r(k)}$，$\boldsymbol{T}^{\mathrm{T}}\boldsymbol{L}=\boldsymbol{0}$. 再记 $\boldsymbol{P}=(\boldsymbol{L}\vdots\boldsymbol{T})$，$\boldsymbol{\Sigma}=\boldsymbol{P}\boldsymbol{P}^{\mathrm{T}}\boldsymbol{\Lambda}\boldsymbol{P}\boldsymbol{P}^{\mathrm{T}}$，则 $\mu(\boldsymbol{\Sigma})=\mu(\boldsymbol{P})$ 且 $\boldsymbol{P}^{\mathrm{T}}\boldsymbol{P}=\boldsymbol{I}_{p+r(k)}$. 令 $\boldsymbol{Q}$ 是正交阵使

$$\boldsymbol{Q}^{\mathrm{T}}\boldsymbol{\Sigma}\boldsymbol{Q}=\begin{pmatrix}\boldsymbol{\Lambda}_1 & \boldsymbol{0}\\ \boldsymbol{0} & \boldsymbol{0}\end{pmatrix}$$

$$\boldsymbol{\Lambda}_1=\mathrm{diag}(\zeta_1,\zeta_2,\cdots,\zeta_{p+r(k)})$$

$$(\zeta_1\geqslant\zeta_2\geqslant\cdots\geqslant\zeta_{p+r(k)}>1)$$

因而有 $\boldsymbol{Q}^{\mathrm{T}}\boldsymbol{P}=\begin{pmatrix}\boldsymbol{P}_1\\ \boldsymbol{0}\end{pmatrix}$，$\boldsymbol{P}_1$ 是 $p+r(k)$ 阶正交阵. 记

$\boldsymbol{Q}^{\mathrm{T}}\boldsymbol{L}=\begin{pmatrix}\boldsymbol{L}_1\\ \boldsymbol{0}\end{pmatrix}$，$\boldsymbol{Q}^{\mathrm{T}}\boldsymbol{T}=\begin{pmatrix}\boldsymbol{R}_1\\ \boldsymbol{0}\end{pmatrix}$，故 $\boldsymbol{P}_1=(\boldsymbol{L}_1\ \vdots\ \boldsymbol{R}_1)$ 是正交阵.

注意到 $\boldsymbol{L}_1$，$\boldsymbol{R}_1$ 都是列正交阵，$\boldsymbol{L}_1^{\mathrm{T}}\boldsymbol{R}_1=\boldsymbol{0}$，且 $\boldsymbol{L}_1$ 是$(p+r(k))\times r(k)$ 阶矩阵，因此由(6) 和(5) 得

$$\begin{aligned}\prod_{i=1}^{k}Q_i=&|\boldsymbol{I}_{r(k)}+\boldsymbol{T}^{\mathrm{T}}\boldsymbol{\Lambda}\boldsymbol{L}(\boldsymbol{L}^{\mathrm{T}}\boldsymbol{\Lambda}\boldsymbol{L})^{-2}\boldsymbol{L}^{\mathrm{T}}\boldsymbol{\Lambda}\boldsymbol{T}|=\\&|\boldsymbol{I}_{r(k)}+\boldsymbol{T}^{\mathrm{T}}\boldsymbol{\Sigma}\boldsymbol{L}(\boldsymbol{L}^{\mathrm{T}}\boldsymbol{\Sigma}\boldsymbol{L})^{-2}\boldsymbol{L}^{\mathrm{T}}\boldsymbol{\Sigma}\boldsymbol{T}|=\\&|\boldsymbol{I}_{r(k)}+\boldsymbol{R}_1^{\mathrm{T}}\boldsymbol{\Lambda}_1\boldsymbol{L}_1(\boldsymbol{L}_1^{\mathrm{T}}\boldsymbol{\Lambda}_1\boldsymbol{L}_1)^{-2}\boldsymbol{L}_1^{\mathrm{T}}\boldsymbol{\Sigma}\boldsymbol{R}_1|=\\&|\boldsymbol{L}_1^{\mathrm{T}}\boldsymbol{\Lambda}_1^2\boldsymbol{L}_1(\boldsymbol{L}_1^{\mathrm{T}}\boldsymbol{\Lambda}_1\boldsymbol{L}_1)^{-2}|\leqslant\\&\prod_{i=1}^{r(k)}\frac{(\zeta_i+\zeta_{p+r(k)-i-1})^2}{4\xi_i\xi_{p+r(k)-i+1}}\end{aligned}\tag{7}$$

又对 $i=1,2,\cdots,p+r(k)$，$\zeta_i=ch_i(\boldsymbol{P}\boldsymbol{P}^{\mathrm{T}}\boldsymbol{\Lambda}\boldsymbol{P}\boldsymbol{P}^{\mathrm{T}})=ch_i(\boldsymbol{P}^{\mathrm{T}}\boldsymbol{\Lambda}\boldsymbol{P})$，由 Poincaré 分隔定理得

$$\lambda_{n-p-r(k)+i}\leqslant\zeta_i\leqslant\lambda_i$$

因此
$$\varphi_i=\frac{\zeta_i}{\zeta_{p+r(k)-i+1}}\leqslant\frac{\lambda_i}{\lambda_{n-i+1}}$$

注意到函数$\frac{(x+1)^2}{4x}$是 $x$ 的单调增函数，由(7) 得

$$\prod_{i=1}^{k}\theta_i=\prod_{i=1}^{r(k)}\frac{(\varphi_i+1)^2}{4\varphi_i}\leqslant\prod_{i=1}^{r(k)}\frac{(\lambda_i+\lambda_{n-i+1})^2}{4\lambda_i\lambda_{n-i+1}}$$

命题得证.

记 $\alpha_i=\frac{(\lambda_i+\lambda_{n-i+1})^2}{4\lambda_i\lambda_{n-i+1}}$，$i=1,2,\cdots,r(p)$，如果 $p>n-p$，再记 $\alpha_i=1$，$i=r(p),1,\cdots,p$. 由定理 1 得

$$\sum_{i=1}^{k}\ln\theta_i\leqslant\sum_{i=1}^{k}\ln\alpha_i\quad(k=1,2,\cdots,p)\tag{8}$$

由文[16] 中引理 1 得

$$\sum_{i=1}^{p}\mathrm{e}^{\ln\theta_i}\leqslant\sum_{i=1}^{p}\mathrm{e}^{\ln\alpha_i}$$

从而有如下推论：

**推论**

$$\mathrm{tr}(\boldsymbol{L}^{\mathrm{T}}\boldsymbol{\Lambda L}(\boldsymbol{L}^{\mathrm{T}}\boldsymbol{\Lambda L})^{-2}) \leqslant \prod_{i=1}^{r(p)} \frac{(\lambda_i+\lambda_{n-i+1})^2}{4\lambda_i\lambda_{n-i+1}} + (2p-n)_+ \tag{9}$$

**注** (1) 不等式(2) 和(9) 称为新的 Kantorovič 型不等式.

(2)Kantorovič 型不等式(2) 对 $k(1\leqslant k\leqslant p)$,等号在

$$\boldsymbol{L}=(\boldsymbol{l}_1,\boldsymbol{l}_2,\cdots,\boldsymbol{l}_p)$$

$$\boldsymbol{l}_i=\pm\sqrt{\frac{\lambda_{n-i+1}}{\lambda_i+\lambda_{n-i+1}}}\boldsymbol{e}_i\pm\sqrt{\frac{\lambda_i}{\lambda_i+\lambda_{n-i+1}}}\boldsymbol{e}_{n-i+1}$$
$$(i=1,2,\cdots,r(k))$$

$$\boldsymbol{l}_i=\pm\boldsymbol{e}_i\quad(i=r(k)+1,r(k)+2,\cdots,p)$$

处成立.

### 3.2.1 最小二乘估计的效率的界

对于广义 Gauss-Markov 模型

$$\begin{cases}\underset{n\times1}{\boldsymbol{y}}=\underset{n\times p}{\boldsymbol{X}}\underset{p\times1}{\boldsymbol{\beta}}+\underset{n\times1}{\boldsymbol{e}}\\ E(\boldsymbol{e})=\boldsymbol{0},\mathrm{Cov}(\boldsymbol{e})=\boldsymbol{V}>\boldsymbol{0}\end{cases} \tag{10}$$

假如 $\mathrm{rank}(\boldsymbol{X})=p$,则回归系数 $\boldsymbol{\beta}$ 的最小二乘估计和最佳线性无偏估计分别为

$$\hat{\boldsymbol{\beta}}_L=(\boldsymbol{X}^{\mathrm{T}}\boldsymbol{X})^{-1}\boldsymbol{X}^{\mathrm{T}}\boldsymbol{y}$$

和
$$\hat{\boldsymbol{\beta}}_B=(\boldsymbol{X}^{\mathrm{T}}\boldsymbol{V}^{-1}\boldsymbol{X})^{-1}\boldsymbol{X}^{\mathrm{T}}\boldsymbol{V}^{-1}\boldsymbol{y}$$

根据文[15] 中式(3.1) 知 $\hat{\boldsymbol{\beta}}_L=\hat{\boldsymbol{\beta}}_B$ 的充要条件是

$$\boldsymbol{P_X V}^2\boldsymbol{P_X}-(\boldsymbol{P_X V P_X})^2=\boldsymbol{0} \tag{11}$$

其中 $\boldsymbol{P_X}=\boldsymbol{X}(\boldsymbol{X}^{\mathrm{T}}\boldsymbol{X})^{-1}\boldsymbol{X}^{\mathrm{T}}$. 文[9] 考虑用 $\mathrm{tr}[\boldsymbol{P_X V}^2\boldsymbol{P_X}-(\boldsymbol{P_X V P_X})^2]$ 作为 $\hat{\boldsymbol{\beta}}_L$(相对于 $\hat{\boldsymbol{\beta}}_B$) 的效率,并证明

$$0 \leqslant \operatorname{tr}[\boldsymbol{P_X V^2 P_X} - (\boldsymbol{P_X V P_X})^2] \leqslant$$
$$\frac{1}{4}\prod_{i=1}^{r(p)}(\lambda_i - \lambda_{n-i+1})^2$$

这里 $\lambda_i = ch_i(\boldsymbol{V}), i=1,2,\cdots,n$. 记 $\boldsymbol{P_X} = \boldsymbol{LL}^{\mathrm{T}}$, $\boldsymbol{L}$ 是 $n \times p$ 阶列正交阵，则式(11) 等价于

$$\boldsymbol{L}^{\mathrm{T}}\boldsymbol{V}^2\boldsymbol{L} = (\boldsymbol{L}^{\mathrm{T}}\boldsymbol{VL})^2 \tag{12}$$

因此可以定义以下三式作为 $\hat{\boldsymbol{\beta}}_L$ 的效率

$$\boldsymbol{e}_1(\hat{\boldsymbol{\beta}}_L \mid \hat{\boldsymbol{\beta}}_B) = |\boldsymbol{L}^{\mathrm{T}}\boldsymbol{V}^2\boldsymbol{L}(\boldsymbol{L}^{\mathrm{T}}\boldsymbol{VL})^{-2}|$$
$$\boldsymbol{e}_2(\hat{\boldsymbol{\beta}}_L \mid \hat{\boldsymbol{\beta}}_B) = ch_1(\boldsymbol{L}^{\mathrm{T}}\boldsymbol{V}^2\boldsymbol{L}(\boldsymbol{L}^{\mathrm{T}}\boldsymbol{VL})^{-2})$$
$$\boldsymbol{e}_3(\hat{\boldsymbol{\beta}}_L \mid \hat{\boldsymbol{\beta}}_B) = \operatorname{tr}(\boldsymbol{L}^{\mathrm{T}}\boldsymbol{V}^2\boldsymbol{L}(\boldsymbol{L}^{\mathrm{T}}\boldsymbol{VL})^{-2})$$

由定理 1 和推论易得如下定理.

**定理 2**　记 $\lambda_i = ch_1(\boldsymbol{V}), i=1,2,\cdots,n$，则有

$$1 \leqslant \boldsymbol{e}_1(\hat{\boldsymbol{\beta}}_L \mid \hat{\boldsymbol{\beta}}_B) \leqslant \prod_{i=1}^{r(p)}\frac{(\lambda_i + \lambda_{n-i+1})^2}{4\lambda_i\lambda_{n-i+1}}$$
$$1 \leqslant \boldsymbol{e}_2(\hat{\boldsymbol{\beta}}_L \mid \hat{\boldsymbol{\beta}}_B) \leqslant \frac{(\lambda_1 + \lambda_n)^2}{4\lambda_1\lambda_n}$$
$$p \leqslant \boldsymbol{e}_3(\hat{\boldsymbol{\beta}}_L \mid \hat{\boldsymbol{\beta}}_B) \leqslant \sum_{i=1}^{r(p)}\frac{(\lambda_i + \lambda_{n-i+1})^2}{4\lambda_i\lambda_{n-i+1}} + (2p-n)_+$$

### 3.2.2　多元正态线性模型的线性假设检验统计量的界

考虑模型

$$\begin{cases} \boldsymbol{EY}_{N\times p} = \boldsymbol{X}_{N\times q}\boldsymbol{\Theta}_{q\times p} \\ \boldsymbol{y}_{(1)}, \boldsymbol{y}_{(2)}, \cdots, \boldsymbol{y}_{(N)} \text{ 独立,正态分布,同协差阵} \end{cases} \tag{13}$$

其中 $(\boldsymbol{y}_{(1)}, \boldsymbol{y}_{(2)}, \cdots, \boldsymbol{y}_{(N)}) = \boldsymbol{Y}^{\mathrm{T}}$. 记 $\boldsymbol{X} = (\boldsymbol{X}_1 \vdots \boldsymbol{X}_2)$, $\boldsymbol{\Theta}^{\mathrm{T}} = (\boldsymbol{\theta}_1^{\mathrm{T}} \vdots \boldsymbol{\theta}_2^{\mathrm{T}})$, $\boldsymbol{X}_1, \boldsymbol{\theta}_1$ 分别是 $N \times q_1$ 和 $q_1 \times p$ 阶矩阵. 则

$$\boldsymbol{S}_e = \boldsymbol{Y}^{\mathrm{T}}\boldsymbol{Y} - \boldsymbol{Y}^{\mathrm{T}}\boldsymbol{X}(\boldsymbol{X}^{\mathrm{T}}\boldsymbol{X})^{+}\boldsymbol{X}^{\mathrm{T}}\boldsymbol{Y}$$
$$\boldsymbol{S}_W = \boldsymbol{Y}^{\mathrm{T}}\boldsymbol{Y} - \boldsymbol{Y}^{\mathrm{T}}\boldsymbol{X}_1(\boldsymbol{X}_1^{\mathrm{T}}\boldsymbol{X}_1)^{+}\boldsymbol{X}_1^{\mathrm{T}}\boldsymbol{Y}$$

$$\boldsymbol{S}_B = \boldsymbol{S}_W - \boldsymbol{S}_e$$

其中 $\boldsymbol{A}^+$ 表示矩阵 $\boldsymbol{A}$ 的 Moore 逆. 对于假设

$$\boldsymbol{H}_o : \boldsymbol{\theta}_2 = \boldsymbol{0}$$

文[17] 提出了五种检验统计量,其中有三个有

$$\Lambda_1 = \| \boldsymbol{S}_W^+ (\boldsymbol{S}_W - \boldsymbol{S}_e) \|$$

$$\Lambda_2 = \mathrm{tr}[\boldsymbol{S}_W^+ (\boldsymbol{S}_W - \boldsymbol{S}_e)]^+$$

$$\Lambda_3 = \boldsymbol{S}_W^+ (\boldsymbol{S}_W - \boldsymbol{S}_e)$$

的最小非零特征根. 记号 $\| \boldsymbol{A} \|$ 表示方阵 $\boldsymbol{A}$ 的所有非零特征根的乘积. 记

$$\boldsymbol{\Sigma} = \boldsymbol{Y}\boldsymbol{Y}^{\mathrm{T}}$$

$$\boldsymbol{Q} = \boldsymbol{Y}(\boldsymbol{Y}^{\mathrm{T}}\boldsymbol{Y})^+ \boldsymbol{Y}^{\mathrm{T}}(\boldsymbol{X}(\boldsymbol{X}^{\mathrm{T}}\boldsymbol{X})^+ \boldsymbol{X}^{\mathrm{T}} - \boldsymbol{X}_1(\boldsymbol{X}_1^{\mathrm{T}}\boldsymbol{X}_1)^+ \boldsymbol{X}_1^{\mathrm{T}})$$

$$r = \mathrm{rank}(\boldsymbol{Q}), s = \mathrm{rank}(\boldsymbol{Y})$$

$$f = \mathrm{rank}(\boldsymbol{X}(\boldsymbol{X}^{\mathrm{T}}\boldsymbol{X})^+ \boldsymbol{X}^{\mathrm{T}} - \boldsymbol{X}_1(\boldsymbol{X}_1^{\mathrm{T}}\boldsymbol{X}_1)^+ \boldsymbol{X}_1^{\mathrm{T}})$$

$$\mu_i = ch_i(\boldsymbol{Q}) \quad (i = 1, 2, \cdots, r)$$

$$\lambda_i = ch_i(\boldsymbol{\Sigma}) \quad (i = 1, 2, \cdots, s)$$

$$t = \min\{r, s - r\}$$

显然 $r = \mathrm{rank}(\boldsymbol{S}_B), s = \mathrm{rank}(\boldsymbol{\Sigma})$. 令 $\boldsymbol{L}_1, \boldsymbol{L}_2$ 为列正交阵使 $\boldsymbol{S}_W = \boldsymbol{Y}^{\mathrm{T}}\boldsymbol{L}_1\boldsymbol{L}_1^{\mathrm{T}}\boldsymbol{Y}, \boldsymbol{S}_B = \boldsymbol{Y}^{\mathrm{T}}\boldsymbol{L}_2\boldsymbol{L}_2^{\mathrm{T}}\boldsymbol{Y}$, 易得 $\boldsymbol{L}_1^{\mathrm{T}}\boldsymbol{L}_2 = \boldsymbol{0}$, $\boldsymbol{L}_2$ 是 $f$ 列的矩阵. 又对 $i = 1, 2, \cdots, r$ 有

$$ch_i(\boldsymbol{S}_W^+\boldsymbol{S}_B) = ch_{r-i+1}^{-1}(\boldsymbol{S}_B^+\boldsymbol{S}_W) = ch_{r-i+1}^{-1}(\boldsymbol{S}_B^+\boldsymbol{S}_B + \boldsymbol{S}_B^+\boldsymbol{S}_e) = (1 + ch_{r-i+1}(\boldsymbol{S}_B^+\boldsymbol{S}_e))^{-1} \tag{14}$$

注意到 $(\boldsymbol{A}\boldsymbol{A}^{\mathrm{T}})^+ = \boldsymbol{A}(\boldsymbol{A}^{\mathrm{T}}\boldsymbol{A})^{+2}\boldsymbol{A}^{\mathrm{T}}$,因此有

$$ch_i(\boldsymbol{S}_B^+\boldsymbol{S}_e) = ch_i[(\boldsymbol{Y}^{\mathrm{T}}\boldsymbol{L}_2\boldsymbol{L}_2^{\mathrm{T}}\boldsymbol{Y})^+ \boldsymbol{Y}^{\mathrm{T}}\boldsymbol{L}_1\boldsymbol{L}_1^{\mathrm{T}}\boldsymbol{Y}] = ch_i[(\boldsymbol{L}_1^{\mathrm{T}}\boldsymbol{\Sigma}\boldsymbol{L}_2(\boldsymbol{L}_2^{\mathrm{T}}\boldsymbol{\Sigma}\boldsymbol{L}_2)^{+2}\boldsymbol{L}_2^{\mathrm{T}}\boldsymbol{\Sigma}\boldsymbol{L}_1]$$

又 $\boldsymbol{L}_1\boldsymbol{L}_1^{\mathrm{T}} + \boldsymbol{L}_2\boldsymbol{L}_2^{\mathrm{T}} \leqslant \boldsymbol{I}_N$,所以由上式得

$$ch_i(\boldsymbol{S}_B^+\boldsymbol{S}_e) \leqslant ch_i(\boldsymbol{L}_2^{\mathrm{T}}\boldsymbol{\Sigma}^2\boldsymbol{L}_2(\boldsymbol{L}_2^{\mathrm{T}}\boldsymbol{\Sigma}\boldsymbol{L}_2)^{+2}) - 1 \tag{15}$$

因为存在 $\boldsymbol{N}$ 阶正交阵 $\boldsymbol{P}$,使

$$\boldsymbol{\Sigma}=\boldsymbol{P}\begin{pmatrix}\boldsymbol{\Lambda} & \boldsymbol{0}\\ \boldsymbol{0} & \boldsymbol{0}\end{pmatrix}\boldsymbol{P}^{\mathrm{T}},\boldsymbol{\Lambda}=\mathrm{diag}(\lambda_1,\lambda_2,\cdots,\lambda_s)$$

记

$$\boldsymbol{L}=\boldsymbol{\Sigma}(\boldsymbol{\Sigma}^{\mathrm{T}}\boldsymbol{\Sigma})^{+}\boldsymbol{\Sigma}^{\mathrm{T}}\boldsymbol{L}_2=\boldsymbol{Y}(\boldsymbol{Y}^{\mathrm{T}}\boldsymbol{Y})^{+}\boldsymbol{Y}^{\mathrm{T}}\boldsymbol{L}_2$$

则 $\boldsymbol{P}^{\mathrm{T}}\boldsymbol{L}=\begin{pmatrix}\boldsymbol{V}\\ \boldsymbol{0}\end{pmatrix}$，$\boldsymbol{V}$ 是 $s\times f$ 阶矩阵且

$$\begin{aligned}\mathrm{rank}(\boldsymbol{V})=\mathrm{rank}(\boldsymbol{L}^{\mathrm{T}}\boldsymbol{L})=&\mathrm{rank}(\boldsymbol{L}_2^{\mathrm{T}}\boldsymbol{\Sigma}(\boldsymbol{\Sigma}^{\mathrm{T}}\boldsymbol{\Sigma})^{+}\boldsymbol{\Sigma}^{\mathrm{T}}\boldsymbol{L}_2)=\\ &\mathrm{rank}(\boldsymbol{Y}(\boldsymbol{Y}^{\mathrm{T}}\boldsymbol{Y})^{+}\boldsymbol{Y}^{\mathrm{T}}\boldsymbol{L}_2\boldsymbol{L}_2^{\mathrm{T}})=\\ &\mathrm{rank}(\boldsymbol{Q})=r\end{aligned}$$

从而存在 $s\times r$ 阶列正交阵 $\boldsymbol{Z}$ 和 $f\times r$ 阶列满秩阵 $\boldsymbol{W}$ 使

$$\boldsymbol{V}=\boldsymbol{Z}\boldsymbol{W}^{\mathrm{T}}$$

注意到

$$(\boldsymbol{W}\boldsymbol{Z}^{\mathrm{T}}\boldsymbol{\Lambda}\boldsymbol{Z}\boldsymbol{W}^{\mathrm{T}})^{+}=\boldsymbol{W}(\boldsymbol{W}^{\mathrm{T}}\boldsymbol{W})^{-1}(\boldsymbol{Z}^{\mathrm{T}}\boldsymbol{\Lambda}\boldsymbol{Z})^{-1}(\boldsymbol{W}^{\mathrm{T}}\boldsymbol{W})^{-1}\boldsymbol{W}^{\mathrm{T}}$$

所以

$$\begin{aligned}&ch_i(\boldsymbol{L}_2^{\mathrm{T}}\boldsymbol{\Sigma}^2\boldsymbol{L}_2(\boldsymbol{L}_2^{\mathrm{T}}\boldsymbol{\Sigma}\boldsymbol{L}_2)^{+1})=\\ &ch_i(\boldsymbol{L}^{\mathrm{T}}\boldsymbol{\Sigma}^2\boldsymbol{L}(\boldsymbol{L}^{\mathrm{T}}\boldsymbol{\Sigma}\boldsymbol{L})^{+2})=\\ &ch_i(\boldsymbol{V}^{\mathrm{T}}\boldsymbol{\Lambda}^2\boldsymbol{V}(\boldsymbol{V}^{\mathrm{T}}\boldsymbol{\Lambda}\boldsymbol{V})^{+2})=\\ &ch_i(\boldsymbol{W}\boldsymbol{Z}^{\mathrm{T}}\boldsymbol{\Lambda}^2\boldsymbol{Z}(\boldsymbol{Z}^{\mathrm{T}}\boldsymbol{\Lambda}\boldsymbol{Z})^{-1}(\boldsymbol{W}^{\mathrm{T}}\boldsymbol{W})^{-1}(\boldsymbol{Z}^{\mathrm{T}}\boldsymbol{\Lambda}\boldsymbol{Z})^{-1}(\boldsymbol{W}^{\mathrm{T}}\boldsymbol{W})^{-1}\boldsymbol{W}^{\mathrm{T}})=\\ &ch_i((\boldsymbol{W}^{\mathrm{T}}\boldsymbol{W})^{-1}(\boldsymbol{Z}^{\mathrm{T}}\boldsymbol{\Lambda}\boldsymbol{Z})^{-1}\boldsymbol{Z}^{\mathrm{T}}\Lambda^2\boldsymbol{Z}(\boldsymbol{Z}^{\mathrm{T}}\boldsymbol{\Lambda}\boldsymbol{Z})^{-1})\end{aligned}\tag{16}$$

**引理** 设 $\boldsymbol{A},\boldsymbol{B}$ 都是 $n$ 阶正定阵，则有

$$\prod_{i=1}^{k}ch_i(\boldsymbol{A}\boldsymbol{B})\leqslant\prod_{i=1}^{k}ch_i(\boldsymbol{A})ch_i(\boldsymbol{B})$$
$$(k=1,2,\cdots,n)$$

**证明** 存在 $n\times k$ 阶正交阵 $\boldsymbol{Z}$ 使

$$\prod_{i=1}^{k}ch_i(\boldsymbol{A}\boldsymbol{B})=|\boldsymbol{Z}^{\mathrm{T}}\boldsymbol{B}^{\frac{1}{2}}\boldsymbol{A}\boldsymbol{B}^{\frac{1}{2}}\boldsymbol{Z}|$$

设 $n$ 阶正交阵 $\boldsymbol{Q}$ 使得 $\boldsymbol{Q}^{\mathrm{T}}\boldsymbol{B}^{\frac{1}{2}}\boldsymbol{Z}\boldsymbol{Z}^{\mathrm{T}}\boldsymbol{B}^{\frac{1}{2}}\boldsymbol{Q}=\begin{pmatrix}\boldsymbol{\Lambda}_k & \boldsymbol{0}\\ \boldsymbol{0} & \boldsymbol{0}\end{pmatrix}$，其中

$$\boldsymbol{\Lambda}_k=\operatorname{diag}(\zeta_1,\zeta_2,\cdots,\zeta_k)\quad(\zeta_1\geqslant\zeta_2\geqslant\cdots\geqslant\zeta_k>0)$$

再设
$$\boldsymbol{Q}^{\mathrm{T}}\boldsymbol{A}\boldsymbol{Q}=\begin{pmatrix}\boldsymbol{D}_1 & \boldsymbol{D}_2\\ \boldsymbol{D}_2^{\mathrm{T}} & \boldsymbol{D}_3\end{pmatrix}$$

其中 $\boldsymbol{D}_1$ 是 $k\times k$ 阶矩阵. 对于 $\varepsilon\neq 0$ 有

$$|\boldsymbol{Z}^{\mathrm{T}}\boldsymbol{B}^{\frac{1}{2}}\boldsymbol{A}\boldsymbol{B}^{\frac{1}{2}}\boldsymbol{Z}+\varepsilon\boldsymbol{I}_k|=$$
$$|\boldsymbol{A}\boldsymbol{B}^{\frac{1}{2}}\boldsymbol{Z}\boldsymbol{Z}^{\mathrm{T}}\boldsymbol{B}^{\frac{1}{2}}+\varepsilon\boldsymbol{I}_n|\,\varepsilon^{k-n}=$$
$$\left|\boldsymbol{Q}^{\mathrm{T}}\boldsymbol{A}\boldsymbol{Q}\begin{pmatrix}\boldsymbol{\Lambda}_k & \boldsymbol{0}\\ \boldsymbol{0} & \boldsymbol{0}\end{pmatrix}+\varepsilon\boldsymbol{I}_n\right|\varepsilon^{k-n}=$$
$$|\boldsymbol{D}_1\boldsymbol{\Lambda}_k+\varepsilon\boldsymbol{I}_k|$$

令 $\varepsilon\to 0$ 得

$$\prod_{i=1}^{k}ch_i(\boldsymbol{AB})=\lim_{\varepsilon\to 0}|\boldsymbol{Z}^{\mathrm{T}}\boldsymbol{B}^{\frac{1}{2}}\boldsymbol{A}\boldsymbol{B}^{\frac{1}{2}}\boldsymbol{Z}+\varepsilon\boldsymbol{I}_k|=$$
$$\lim_{\varepsilon\to 0}|\boldsymbol{D}_1\boldsymbol{\Lambda}_k+\varepsilon\boldsymbol{I}_k|=$$
$$\prod_{i=1}^{k}\zeta_i ch_i(\boldsymbol{D}_1)\tag{17}$$

又

$$\zeta_i=ch_i(\boldsymbol{Q}^{\mathrm{T}}\boldsymbol{B}^{\frac{1}{2}}\boldsymbol{Z}\boldsymbol{Z}^{\mathrm{T}}\boldsymbol{B}^{\frac{1}{2}}\boldsymbol{Q})=ch_i(\boldsymbol{Z}\boldsymbol{Z}^{\mathrm{T}}\boldsymbol{B})\leqslant ch_i(\boldsymbol{B})$$

再由 Poincaré 分隔定理得

$$ch_i(\boldsymbol{D}_1)\leqslant ch_i(\boldsymbol{Q}^{\mathrm{T}}\boldsymbol{A}\boldsymbol{Q})=ch_i(\boldsymbol{A})$$

根据(17) 得

$$\prod_{i=1}^{k}ch_i(\boldsymbol{AB})\leqslant\prod_{i=1}^{k}ch_i(\boldsymbol{A})ch_i(\boldsymbol{B})$$

引理得证.

注意到对 $i=1,2,\cdots,r,ch_i(\boldsymbol{W}^{\mathrm{T}}\boldsymbol{W})=ch_i(\boldsymbol{V}^{\mathrm{T}}\boldsymbol{V})=ch_i(\boldsymbol{Q})$,记 $\alpha_i=\dfrac{(\lambda_i+\lambda_{s-i+1})^2}{4\lambda_i\lambda_{s-i+1}}$,$i=1,2,\cdots,t$,当 $r>s-r$ 时,记 $\alpha_i=1,i=s-r+1,\cdots,r$. 由引理、式(16) 及定理 1 得

$$\prod_{i=1}^{k} ch_i(\boldsymbol{L}_2^{\mathrm{T}}\boldsymbol{\Sigma}^2\boldsymbol{L}_2(\boldsymbol{L}_2^{\mathrm{T}}\boldsymbol{\Sigma}\boldsymbol{L}_2)^{+2}) \leqslant$$

$$\prod_{i=1}^{k} \mu_{r-i+1}^{-1}\alpha_i \quad (k=1,2,\cdots,r) \tag{18}$$

与(9)类似讨论得

$$\sum_{i=1}^{r} ch_i(\boldsymbol{L}_2^{\mathrm{T}}\boldsymbol{\Sigma}^2\boldsymbol{L}_2(\boldsymbol{L}_2^{\mathrm{T}}\boldsymbol{\Sigma}\boldsymbol{L}_2)^{+2}) \leqslant \sum_{i=1}^{r}\mu_{r-i+1}^{-1}\alpha_i \tag{19}$$

又对 $i=r+1,\cdots,N, ch_i(\boldsymbol{S}_W^+\boldsymbol{S}_B)=0$. 由(14)(15)(18)(19)得如下定理：

**定理 3**

$$1 \geqslant \Lambda_1 \geqslant \left(\prod_{i=1}^{r}\mu_i^{-1}\prod_{i=1}^{t}\frac{(\lambda_i+\lambda_{s-i+1})^2}{4\lambda_i\lambda_{s-i+1}}\right)^{-1}$$

$$r \leqslant \Lambda_2 \leqslant \sum_{i=1}^{t}\mu_{r-i+1}^{-1}\frac{(\lambda_i+\lambda_{s-i+1})^2}{4\lambda_i\lambda_{s-i+1}} + \sum_{i=t+1}^{r}\mu_{r-i+1}^{-1}$$

$$1 \geqslant \Lambda_3 \geqslant \mu_r\frac{4\lambda_1\lambda_s}{(\lambda_1+\lambda_s)^2}$$

### 3.2.3　广义关系数的界

设 $\boldsymbol{x},\boldsymbol{y},\boldsymbol{z}$ 分别是 $p\times 1, g\times 1, r\times 1$ 阶的随机向量，记 $\boldsymbol{V}_{xy}=\mathrm{Cov}(\boldsymbol{x},\boldsymbol{y})$，则由文[17]中第六章定理 1.1 知，$\boldsymbol{x}$ 和 $\boldsymbol{y}$ 在 $\boldsymbol{z}$ 上的投影为

$$P(\boldsymbol{x}\mid\boldsymbol{z})=E(\boldsymbol{x})+\boldsymbol{V}_{xz}\boldsymbol{V}_{zz}^{-}(\boldsymbol{z}-E(\boldsymbol{z}))$$

$$P(\boldsymbol{y}\mid\boldsymbol{z})=E(\boldsymbol{y})+\boldsymbol{V}_{yz}\boldsymbol{V}_{zz}^{-}(\boldsymbol{z}-E(\boldsymbol{z}))$$

这里 $\boldsymbol{A}^-$ 表示矩阵 $\boldsymbol{A}$ 的广义逆，满足 $\boldsymbol{A}\boldsymbol{A}^-\boldsymbol{A}=\boldsymbol{A}$，记

$$\hat{\boldsymbol{x}}=\boldsymbol{x}-P(\boldsymbol{x}\mid\boldsymbol{y}), \hat{\boldsymbol{y}}=\boldsymbol{y}-P(\boldsymbol{y}\mid\boldsymbol{z})$$

$$\boldsymbol{V}_{11}=\mathrm{Cov}(\hat{\boldsymbol{x}},\hat{\boldsymbol{x}}), \boldsymbol{V}_{12}=\mathrm{Cov}(\hat{\boldsymbol{x}},\hat{\boldsymbol{y}})$$

$$\boldsymbol{V}_{21}=\boldsymbol{V}_{12}^{\mathrm{T}}, \boldsymbol{V}_{22}=\mathrm{Cov}(\hat{\boldsymbol{y}},\hat{\boldsymbol{y}})$$

易证

$$\boldsymbol{V}_{11}=\boldsymbol{V}_{xx}-\boldsymbol{V}_{xz}\boldsymbol{V}_{zz}^{-}\boldsymbol{V}_{zx}$$

$$\boldsymbol{V}_{12}=\boldsymbol{V}_{xy}-\boldsymbol{V}_{xz}\boldsymbol{V}_{zz}^{-}\boldsymbol{V}_{zy}$$

$$\boldsymbol{V}_{22}=\boldsymbol{V}_{yy}-\boldsymbol{V}_{yz}\boldsymbol{V}_{zz}^{-}\boldsymbol{V}_{zy}$$

再记 $\hat{\boldsymbol{x}}$ 和 $\hat{\boldsymbol{y}}$ 的典型相关系数为 $\lambda_i, i=1,2,\cdots,\min\{p,q\}$，则有

$$\lambda_i=ch_i(\boldsymbol{V}_{11}^{+}\boldsymbol{V}_{12}\boldsymbol{V}_{22}^{+}\boldsymbol{V}_{21})\quad (i=1,2,\cdots,\min\{p,q\})$$

文[17]定义了两个随机向量的五种广义相关系数，其中有

$$\rho_1=(\lambda_1\lambda_2\cdots\lambda_t)^{\frac{1}{t}},\rho_2=\left(\frac{1}{t}\sum_{i=1}^{t}\lambda_i^{-1}\right)^{-1},\rho_3=\min_{1\leqslant i\leqslant t}\lambda_i$$

这里 $t=\operatorname{rank}(\boldsymbol{V}_{11}^{+}\boldsymbol{V}_{12}\boldsymbol{V}_{22}^{+}\boldsymbol{V}_{21})$. 由于

$$\boldsymbol{V}=\begin{pmatrix}\boldsymbol{V}_{xx} & \boldsymbol{V}_{xy} & \boldsymbol{V}_{xz}\\ \boldsymbol{V}_{yx} & \boldsymbol{V}_{yy} & \boldsymbol{V}_{yz}\\ \boldsymbol{V}_{zx} & \boldsymbol{V}_{zy} & \boldsymbol{V}_{zz}\end{pmatrix}$$

是非负定阵，设 $\operatorname{rank}(\boldsymbol{V})=f$，则存在 $(p\mid q\mid r)\times r$ 阶列满秩矩阵 $\boldsymbol{L}$，使 $\boldsymbol{V}=\boldsymbol{L}\boldsymbol{L}^{\mathrm{T}}$. 记 $\boldsymbol{L}^{\mathrm{T}}=(\boldsymbol{X}^{\mathrm{T}}\mid\boldsymbol{Y}^{\mathrm{T}}\mid\boldsymbol{Z}^{\mathrm{T}})$，$\boldsymbol{X}$，$\boldsymbol{Y}$，$\boldsymbol{Z}$ 分别是 $p\times f,q\times f,r\times f$ 阶矩阵. 记

$$\boldsymbol{T}_1^{\mathrm{T}}=(\boldsymbol{X}^{\mathrm{T}}\mid\boldsymbol{Z}^{\mathrm{T}})$$

$$\boldsymbol{S}_W=\boldsymbol{Y}(\boldsymbol{I}_f-\boldsymbol{Z}^{\mathrm{T}}(\boldsymbol{Z}\boldsymbol{Z}^{\mathrm{T}})^{+}\boldsymbol{Z})\boldsymbol{Y}^{\mathrm{T}}$$

$$\boldsymbol{S}_e=\boldsymbol{Y}(\boldsymbol{I}_f-\boldsymbol{T}_1^{\mathrm{T}}(\boldsymbol{T}_1\boldsymbol{T}_1^{\mathrm{T}})^{+}\boldsymbol{T}_1)\boldsymbol{Y}^{\mathrm{T}}$$

与文[17]类似的推导得

$$R_{yx}(\boldsymbol{z})=\boldsymbol{V}_{22}^{+}\boldsymbol{V}_{21}\boldsymbol{V}_{11}^{+}\boldsymbol{V}_{12}=\boldsymbol{S}_W^{+}(\boldsymbol{S}_W-\boldsymbol{S}_e)$$

注意到 $\boldsymbol{x}$ 与 $\boldsymbol{y}$ 的对称性以及与定理 3 相类似的推导得如下定理.

**定理 4** 记

$$\boldsymbol{\Sigma}_1=\boldsymbol{Y}\boldsymbol{Y}^{\mathrm{T}},\boldsymbol{\Sigma}_2=\boldsymbol{X}\boldsymbol{X}^{\mathrm{T}}$$

$$s_1=\operatorname{rank}(\boldsymbol{Y}),s_2=\operatorname{rank}(\boldsymbol{Z})$$

$$\boldsymbol{T}_1^{\mathrm{T}}=(\boldsymbol{X}^{\mathrm{T}}\vdots\boldsymbol{Z}^{\mathrm{T}}),\boldsymbol{T}_2^{\mathrm{T}}=(\boldsymbol{Y}^{\mathrm{T}}\vdots\boldsymbol{Z}^{\mathrm{T}})$$

$$\boldsymbol{Q}_1=\boldsymbol{Y}^{\mathrm{T}}(\boldsymbol{Y}\boldsymbol{Y}^{\mathrm{T}})^{+}\boldsymbol{Y}(\boldsymbol{T}_1^{\mathrm{T}}(\boldsymbol{T}_1\boldsymbol{T}_1^{\mathrm{T}})^{+}\boldsymbol{T}_1-\boldsymbol{Z}^{\mathrm{T}}(\boldsymbol{Z}\boldsymbol{Z}^{\mathrm{T}})^{+}\boldsymbol{Z})$$

$$\boldsymbol{Q}_2 = \boldsymbol{X}^{\mathrm{T}}(\boldsymbol{X}\boldsymbol{X}^{\mathrm{T}})^{+}\boldsymbol{X}(\boldsymbol{T}_2^{\mathrm{T}}(\boldsymbol{T}_2\boldsymbol{T}_2^{\mathrm{T}})^{+}\boldsymbol{T}_2 - \boldsymbol{Z}^{\mathrm{T}}(\boldsymbol{Z}\boldsymbol{Z}^{\mathrm{T}})^{+}\boldsymbol{Z})$$

$$\mu_{ji} = ch_i(\boldsymbol{Q}_j) \quad (j=1,2;i=1,2,\cdots,t)$$

$$\lambda_{ji} = ch_i(\boldsymbol{\Sigma}_j) \quad (i=1,2,\cdots,s_j;j=1,2)$$

$$t_i = \min\{t, t-s_i\} \quad (i=1,2)$$

则有

$$1 \geqslant \rho_1 \geqslant \max_{j=1,2}\left[\prod_{i=1}^{t}\mu_{ji}^{-1}\prod_{i=1}^{t_j}\left(\frac{(\lambda_{ji}+\lambda_{j(t-i+1)})^2}{4\lambda_{ji}\lambda_{j(t-i+1)}}\right)\right]^{-\frac{1}{t}}$$

$$\sqrt[t]{t} \geqslant \rho_2 \geqslant$$

$$\max_{j=1,2}\left[\frac{1}{t}\sum_{i=1}^{t_j}\mu_{j(t-i+1)}^{-1}\frac{(\lambda_{ji}+\lambda_{j(t-i+1)})^2}{4\lambda_{ji}\lambda_{j(t-i+1)}}+\frac{1}{t}\sum_{i=t_{j+1}}^{t}\mu_{j(t-i+1)}^{-1}\right]^{-1}$$

$$1 \geqslant \rho_3 \geqslant \max_{j=1,2}\left[\mu_{jt}^{-1}\frac{4\lambda_{j1}\lambda_{jt}}{(\lambda_{j1}+\lambda_{jt})^2}\right]$$

# 双料冠军——Kantorovič

第4章

## 4.1 官方简介

本章的主人公 Kantorovič 是数学与经济学的双冠王，苏联人. 从小就显出超常的数学天赋. 14 岁进入列宁格勒大学，并成为斯米尔诺夫等人主持的讨论班的积极参加者. 1932 年开始实际担任教授工作，1934 年正式被任命为教授，当时年仅 22 岁. 1935 年未经答辩就被授予博士学位. 1958 年至 1971 年在苏联科学院西伯利亚分院工作. 1971 年回到莫斯科，在国家科委所属的国民经济管理学院工作. 1976 年起在全苏系统工程科学研究所工作. 他是苏联国家科委的成员、国家科委所属的国民经济最佳预算科学研究理事会主席，还是国家物价管理局所属物价形成研究理事会副主席、交通部所属运输理事会副主席. 1958 年被选为苏联科学院通讯院士，1964 年成为院士.

Kantorovič 在数学的许多领域都做出了重大贡献.

第一，他是最优化数学方法的创立者之一. 他首先于 1939 年 5 月提出了最优化生产计划基本理论的报告. 同年发表了《组织和计划生产的数学方法》，这是具有划时代意义的著作，为创立线性规划这个数学的新的分支学科、为经济学的最优化的思想奠定了坚实的科学基础. 后来，他继续发展了线性规划的算法，广泛研究了条件极值(包括非线性问题)，进行了计划工作和经济指标的结构分析. 1943 年他在系列研究成果的基础上，撰写了专著《经济资源的最优利用》，但由于不被当时许多人所理解，直到 1959 年才正式出版. 他和 Rubinstein 还研究了与无限多变量类似的运输问题，提出了以度量紧空间上的有限测度作为新的定额. 这个空间称为 Kantorovič-Rubinstein 空间，在数学经济学和概率论等领域有广泛的应用. 在 Kantorovič 的建议下，为了交流各国数学家在经济中应用数学方法的学术成果，召开过多次国际会议. 目前，经济数学已成为新兴的边缘交叉学科，Kantorovič 正是这个学科的奠基人.

第二，他是计算数学的创始人之一. 20 世纪 30 年代初，计算数学尚未成为数学的二级学科，但 Kantorovič 却系统地提出了保角映射的近似方法、变分法、面积公式、积分方程和偏微分方程近似方法，并于 1936 年发表了专著《偏微分方程的近似解法》，以后又修订，改书名为《高等分析近似方法》再版，该书被译成英、德、中、匈牙利、罗马尼亚文出版，是计算数学的奠基著作之一. 他继续不断在这个领域进行创造性的工作. 1943 年他提出了以最简形式求解 Hilbert 空间上具有正定算子的线性方程，以泛函分析为工具，深入研究了 Newton 方法，创立了现在文献中所称的 Newton-Kantorovič 方法. 1949 年在《数学科学成就》上发表题为《泛函分析与应用数学》的著名论文，文中将他的方法更加系统化、理论化了. 他还研究了处理程序设计自动化以及电子计算机上进行分析计算的独特方法.

第三，在泛函分析方面. 早在 1934 年他与菲赫金戈尔茨合作完成了关于线性泛函和线性算子表示问题. 他引入了理想函数以便充实 Hilbert 空间，提出了独创的完备化方式以及一类具有完备性的半序线性空间. 这个空间文献上称为 $K$ — 空间. 1956 年他在《数学科学成就》上发表了论文《积分算子》，进一步发展了索波列夫的思想，开拓了关于算子的解析表示的研究，提出了嵌入定理的新模式以及一类新的重要的核，这种核对应的积分算子具有紧性. 这样的核在文献中称为Kantorovič 核，它在现代算子理论中有广泛的应用. 在这个领域，他和他的学生完成了好几部专著，如《半序空间中的泛函分析》(有中译本)、《赋范空间的泛函分析》(有中译本) 等.

Kantorovič 1949 年获苏联国家奖金，1959 年获列宁奖金，1975 年获诺贝尔经济学奖.

## 4.2　Kantorovič 自传

1912 年 1 月 19 日，我生在列宁格勒. 我的父亲于 1922 年去世，是我的母亲保林娜（萨克斯）把我养大的. 我儿童时代所经历的头等大事是：1917 年的二月革命和十月革命；内战时到白俄罗斯旅行一年.

大约在 1920 年，我对科学的兴趣和独立思考的气质第一次表现出来. 当 1926 年进入列宁格勒大学数学系时，我主要是对科学感兴趣（但是感谢 E. 塔勒院士的最生动的讲课，使我对政治经济学和现代史也产生了兴趣）.

在大学里，我听 V. I. 斯密尔诺夫、G. M. 费区腾高斯、B. N. 德劳奈讲课，并参加他们的讨论班. 我的大学朋友是 I. P. 那汤松、S. L. 索波列夫、S. G. 米奇林、D. K. 法捷耶夫和 V. N. 法捷耶夫.

我的科学活动是在大学二年级开始的，涉及更抽象的数学领域. 那些日子，我的最重要的研究课题是关于集合和投影集合的分析运算（1929 ～ 1930），我解了一些 N. N. 鲁辛问题. 我在哈科夫的第一次全联盟数学大会（1930）上报告了这些成果. 我参加大会的工作，这是我生活中的一个重大事件，我在这里遇到了像 S. N. 伯恩斯坦、P. S. 亚历山大洛夫、A. N. 柯尔莫哥洛夫、A. O. 盖尔芳德等这样的苏联著名数学家，以及一些外国客人，其中有 J. 哈大马德、P. 蒙特尔、W. 白拉希克.

彼得堡数学学派把理论和应用研究结合起来.

1930 年大学毕业后，在高等院校教学的同时，我开始研究应用问题. 国家不断扩大的工业化，营造了这种发展的适宜氛围. 正是在那个时候，我的《近似保形映射的新方法》和《新变分法》等著作发表了. 这项研究成果刊载于《高等分析近似方法》，那是我和 V. I. 克雷洛夫写的一本书(1936). 那时，我是正教授，早在 1934 年我已获得这个职称. 1935 年苏联恢复学位制度时，我获得博士学位. 那时我在列宁格勒大学并在工业建筑工程研究所工作.

20 世纪 30 年代是泛函分析加速发展的时代，它已变成现代数学的基础部分之一.

我自己在这个领域中的工作集中于一个新方向，泛函空间的系统研究，给某些元素规定了次序. 这种部分有序空间证明富于成果，约在同一时间它在美国、日本和荷兰得到发展. 为这个题目，我接触了 J. 冯 · 诺伊曼、G. 伯克霍夫、A. W. 土克、M. 弗莱歇及其他数学家，和他们在莫斯科拓扑学大会上见面(1935). 由于 T. 卡尔曼的约请，我的关于泛函方程的一篇备忘录发表在《数学学报》上. 1950 年，我的同事 B. E. 伏里克、A. G. 平斯克和我写的《半序空间中的泛函分析》出版了，这是我们在这个领域中贡献的第一本完整的书.

在那些日子里，我的理论和应用研究没有共同之处. 但是以后，特别在战后时期，我成功地把它们联系起来，并证明了在数值数学中利用泛函分析思想的广泛可能性. 在我的论文中，证明了这一点，它的题目就是《泛函分析和应用数学》，在那时似乎是谬误的. 1949 年，这个工作获得国家奖金. 以后，论文收录在与 G. P. 阿基劳夫合写的《赋范空间中的泛函分析》一书中(1959).

20世纪30年代开始研究的经济学对我是重要的，而出发点本身是比较偶然的.1938年，作为大学教授的我，在一个很特殊的极值问题上充当胶合板托拉斯实验室的顾问.从经济上说，它是在某些条件限制下，为了使设备生产率最大化而分配某些初始原料的问题.从数学上说，它是在一个凸多面体上使一个线性函数最大化的问题.为人熟知的用一般微分方法来比较多面体顶点的函数值失灵了，因为即使在很简单的问题中，顶点数目也是很大的.

但是，这个偶然的问题事实上是很有代表性的.我发现许多不同的经济问题有同样的数学形式：设备的工作安排，播种面积的最好利用，合理下料，复合资源的利用，运输流量的分配.①这就使我有充分理由去寻找一种解答问题的有效方法.在泛函分析思想的影响下，我找到了这个方法，并称之为“分解乘数法”.

1939年，列宁格勒出版社出版了我的《生产计划和组织的数学方法》一书，它致力于陈述基本经济问题的数学形式，概述求解方法，以及它的经济意义的初步讨论.实质上，它包含了线性规划的理论和算法.这本书许多年不为西方学者所知，后来，佳林.库普曼斯、乔治.丹齐格等人也发现了这些成果，而且用他们自己的表述方式.但是到20世纪50年代中期以前，我仍然不知道他们的贡献.

我在早期就认识到这个工作的宽广前景.它可向

① 在我之前，A.托尔斯泰曾讲过这个问题(1930)，他得出求解它的近似法.以后，F.希区考克陈述了同样的问题.

三个方向前进：

(1) 进一步完善求解这些极值问题的方法和推广它们在各类问题中的应用.

(2) 这些问题的数学推广，例如非线性问题、泛函空间问题，把这些方法应用于数学、力学和技术科学的极值问题.

(3) 把描写和分析方法，从各个经济问题推广到一般经济系统，把它们应用于一个产业、一个地区、整个国民经济级的计划问题，以及经济指标结构的分析.

我在上述两个方向进行了一些活动，但是第三个方向对我最有吸引力. 我希望在我的诺贝尔讲演中能说清楚我的理由.

研究因战争中断. 战时我担任海军工程学院教授的工作. 但是即使那时，我一有时间就继续在经济学领域内做思考. 我的书的第一版就是在那个时候写的. 1944 年回到列宁格勒后，我在大学和苏联科学院数学研究所工作，担任近似方法室主任. 那时我已对计算问题感兴趣，并在规划的自动化和计算机设计上有些成果.

我的经济学研究也有进展. 我特别愿意提到 1948 ～1950 年，在我的指导下，几何学家 V. A. 沙尔加勒在列宁格勒车辆制造厂所做的工作. 在那里，用线性规划方法计算了钢板的最优利用而节省了材料. 我们的 1951 年的书总结了我们的经验，并对我们的算法提出了系统的说明，包括线性规划与动态规划思想的结合(独立于 R. 贝尔曼).

20 世纪 50 年代中期，苏联改善经济控制的兴趣显著提高，研究数学方法和计算机用于经济学和计划工作一般问题的条件比较好.那时我做了一系列报告,发表了一系列文章,并且准备出版上述书籍.它在 1959 年以《经济资源的最佳利用》的题目发表了,包括对计划、价格、租金评价、存量效率、“经济核算”问题和决策分散化之类经济学中心问题的广泛阐述.正是在那个时候,我接触了这方面的外国学者.作为一项具体结果,感谢佳林.库普曼斯的创意,我的 1939 年的小书在《管理科学》上发表,而且稍晚一些,1959 年那本书也译出来了.

有些苏联经济学家以保守态度看待新方法.除那本书外,我必须提到科学院召开的经济学和计划工作的数学方法特别会议.会议的参加者是一些苏联著名的数学家和经济学家.会议批准了新科学方向.到这时我们在它的应用上,已取得一些积极的经验.

这个领域吸引了一些年轻有才华的科学家,并在列宁格勒、莫斯科和一些其他城市开始培养这种混合专家(数理经济学家).值得注意的是,新成立的科学院西伯利亚分院,新科学方向的条件特别有利.成立了一个把数学应用于经济学的专门实验室,以 V.S.涅姆钦诺夫和我为首.它的主体属于列宁格勒和莫斯科学派.在科学院城,它并入数学研究所,作为一个室.

1958 年,我被选为科学院通信院士,并在 1960 年来到新西伯利亚.在这里,我们一群人中出现了一些有才能的数学家和经济学家.

尽管不断地讨论和一些批判,科学方向得到了科学社会和政府机关两方面愈来愈多的承认.这种承认的象征是我在 1965 年被授予列宁奖金.

现在我领导莫斯科的国民经济控制研究所的实验

室，在那里向高级干部介绍控制和管理的新方法. 我担任各个政府机关的顾问.

我在 1938 年结婚. 我的妻子娜塔丽是一名医生. 我们有两个成年的女儿和儿子，都从事数理经济学方面的工作.

成员：苏联科学院、通信院士(1958)、院士(1964)、经济计量学会会友(1972)、匈牙利科学院院士(1967)、波士顿美国艺术科学院院士(1969).

荣誉奖：荣誉勋章(1944)、劳动红旗勋章(1949，1950，1975)、列宁勋章(1967)、国家奖金(1949)、列宁奖金和 V. V. 诺沃基洛夫及 V. S. 涅姆钦诺夫合得(1965).

名誉博士：格拉斯哥、格兰诺勃、尼斯、赫尔辛基、巴黎第一(索邦)和其他大学.

## 4.3 经济学中的数学：成就、困难、前景

**1975 年 12 月 11 日讲演**

我深深地被给我的那个很高的荣誉所感动，并且对于有机会在此出席作为这个荣誉讲演系列的参加者而感到愉快.

在我们的时代中，数学已经如此巩固、广泛而多方面地深入经济学，而且所选的主题联系着如此多样的事实和问题，因而它使我们援引柯兹玛·普鲁柯夫的在我国很流行的话："一个人不能拥抱那个不能拥抱的东西". 这句聪明话不因这位伟大的思想家只是一个笔名这个事实而降低其适宜性.

所以,我要限制我的主题于对我较近的问题,主要为最优化模型和在经济控制中利用它们,为了达到最好效果将资源做最好利用的目的.我将接触计划经济,特别是苏联经济的问题和经验.而在这些范围内,我只能考虑以下几个问题:

### 4.3.1　问题的特殊性

在讨论方法和成果之前,我想谈谈我们的问题的特殊性将是有用的.对苏联经济而言,这些特点是显著的,而且其中许多在十月革命后起初几年已经出现.那时在历史上一切主要生产资料第一次转到人民手中,而且发生了对国家的经济集中统一控制的很大需要.这种需要是在很复杂社会条件中出现的,有一些特殊性.以下问题与经济理论及计划和控制的实践都有关系:

(1) 首先,经济理论的主要目的改变了,出现了从研究和观察经济过程以及从孤立的政策措施转到经济的系统控制,转到根据共同目标和包括很长计划期的共同而统一的计划工作的必然性.这种计划工作必须如此详细,要包括各企业在特定时期中的特定任务,而且这个巨大的决策集合保证整体有共同一致性.

显然,这样规模的计划问题确实第一次出现,所以它的求解不能根据现有的经验和经济理论.

(2) 经济科学必须不仅产生关于整个国民经济的一般经济问题的结论,而且也作为关于单个企业和项目的答案的基础.所以,它需要适当的信息和方法来提供按照国民经济一般目标和利益的决策.最后,它必须不仅贡献一般定性建议,而且也贡献具体定量的和充分精确的核算方法，后者能提供经济决策的客观选择.

(3) 连同资本主义经济中的物质流和基金外，也研究和直接观察了物价、租金和利息率之类重要经济指标及其静态和动态性质. 这些指标是一切经济计算、加总、编制综合指标的背景. 一致性的计划经济不能没有表征类似方面的指标，这一点变得清楚了. 它们在这里不能观察到而作为规范值给出. 然而它们的计算问题不仅限于计算和统计的技术方面，重要的是在新条件中相似的指标得到完全不同的意义和重要性，而且对它们的性质、作用和结构发生了一些问题. 例如，在土地归人民所有的社会中，是否应当存在地租，或者像利息率这样的指标是否有权存在，这一点是不清楚和有待讨论的.

(4) 前面几个问题在计划经济的又一个特点中显示出来. 显然如此规模和复杂性的经济不能完全集中，“直到小指头”，而决策的一个重要部分应当留给控制系统的下层.

不同控制级别和不同地点的决策，必须用物质平衡关系联系起来，并且应当服从经济的主要目标.

问题是设计一个信息、核算、经济指标和刺激体系，使局部决策机关从全局经济观点评价它们的决策的优点. 换句话说，使得对它们有利的决策对系统有利，产生一种可能性，也从全局经济的观点检查局部机关活动的工作的有效性.

(5) 经济控制的新问题和新方法提出控制组织的最有效结构形式问题.

既由于完善控制系统的趋势，也由于经济本身的变化，它们与经济规模增大，关系的复杂性增加，以及新问题和条件有关，这些形式已经发生了一些变化．一个计划系统的最有效结构的问题也有一个科学方面，但是它的答案还不是很先进．

(6) 经济控制的有些复杂问题是当代经济发展，所谓科技革命产生的．我是指在不同部门的比重大幅度变化的条件中，在生产和技术迅速变化的条件中，国民经济的预测和控制问题．估计技术革新和技术进步的一般效应问题．与人类活动影响下自然环境的深刻变化有关的生态学问题，自然资源耗竭的前景问题．社会变化和它们对经济的影响的预测．在当代计算技术、通信手段、管理方法等存在下的变化．

在资本主义国家中，大多数也有这些问题，但在社会主义经济中，它们有自己的困难和特殊性．

为了解决这些困难问题，既没有经验，又没有充分的理论基础．

卡尔・马克思的经济理论成为新建立的苏联经济科学和新控制系统的方法论背景．它对一般经济情况的一些重要和基本的论述，事实上可以立即用于社会主义经济．然而，马克思思想的实际应用需要严肃的理论研究．在新条件下，没有实际经济经验．

这些问题，实际上是由政府机关和经济领导干部解决的．它们是在建国初期，在内战破坏和战后重建的困难条件中解决的．然而，建设一个有效的经济机制的问题解决了．我没有可能来详细描写它，但是我只是要指出，计划机关系统是在我国创始人 V. 列宁的创意下建立的，并且同时在同一创意下引入一种经济核算制度，它对各种经济活动给出某种财务形式的平衡和控制．这种机制的显著效率的一个证据，在于经济的很大改善,成功地解决了工业化问题,第二次世界大战前和战时国防,战后重建和进一步发展的经济问题.

联系到新问题,改进和改变了计划和经济机关系统.这种经验的概括,预先积累了计划社会主义经济理论.

同时在我国,进一步改善控制机制的必要性,资源利用的一些缺点,计划经济的潜在优点未完全实现,被多次指出来.这类改善应当根据新思想和新手段,这是明显的.这一点自然带来引入和利用定量数学方法的思想.

### 4.3.2 新方法

在苏联经济研究中第一批使用数学的尝试是在20世纪20年代.让我提一下著名的E.斯勒茨基和A.康纽斯的需求模型,G.费尔曼的第一批增长模型,中央统计局做的“棋盘表”平衡分析,它以后在数学和经济两方面被W.列昂惕夫发展,使用美国经济的数据.L.杰希柯夫决定投资效率的尝试在V.诺沃基洛夫的研究中得到深刻的继续.上述研究与同时发展的和在R.哈罗德、E.多玛、F.拉姆赛、A.瓦尔德、J.冯·诺伊曼、J.希克斯等人的著作中陈述的西方经济科学的数学方向有共同特点.

在此,我愿意主要谈谈20世纪30年代后期在我国(以及以后独立地在美国)出现的最优化模型,它们在某种意义上是处理我提到的问题的最适当的手段.

最优化方法在这里是一件头等重要的事.把经济作为单一系统来处理,加以控制走向一种一致的目标,使大量信息材料有效地系统化,它的深刻分析用于有效的决策. 有趣的是，即使不能形成这种一致的目标，许多推断仍然有效，没有一致目标的原因或是它不很清楚，或是它由多种目标所组成，每一个都要考虑.

现在多产品线性最优化模型似乎用得最多. 我认为现在它在经济科学中推广不次于例如力学中的 Lagrange 运动方程.

我看不用详细描写这种著名的模型，它基于把经济描写为一组主要生产类别(或者用 T. 库普曼斯教授的话 —— 活动)，每一类用货物和资源的利用与生产来表征. 人们都知道，在某种资源和计划限制下选择最优规划，即这些活动的强度的集合，给我们一个问题，使满足一些线性限制的许多变量的一个线性函数最大化.

这个方法已经被描写过太多次，所以可以把它看成是大家熟知的. 较重要的是指出决定它的广泛而多样用途的那些性质. 我可以提出下面几项：

(1) 普适性和灵活性. 模型结构允许它的应用有多种不同形式，它能描写很不同的实际情况，用于极不同的经济部门和经济控制级别. 在达不到所需描写精确度时，有可能考虑一系列模型，逐步引入必要的条件和限制.

在较复杂的情况中，线性假设显然不符合问题的特点，而且我们必须考虑非线性投入和产出，不可分决策和非决定论的信息. 这里，线性模型变成一个好的“基本块”和推广的出发点.

(2) 简单性. 尽管它的普适性和好的精确性，线性模型的工具是很初级的，它们主要是线性代数的工具，所以仅有不多数学训练的人能理解和掌握它. 为了创造性地和非常规地使用模型给出的分析工具，这一点是很重要的.

（3）高效的可计算性. 求解极值线性问题的迫切性意味着设计专门的、高效的方法，它是在苏联（逐步改进法，分解乘数法）和美国（G. 丹齐格的著名的单纯形法）研究出来的，以及这些方法的详细理论. 这些方法的算法结构使后者能写出相应的计算机程序，现在，这些方法的现代方案要在现代计算机上迅速解出，有成百上千的限制，有几万几十万个变量的问题.

（4）定性分析，指标. 连同最优计划解，模型对具体任务和整个问题的定性分析给出有价值的方法. 与最优解同时求出，并且符合它的活动指标和限制因素体系，产生这种可能性. T. 库普曼斯教授称它们为“影子价格”，我的名词是“分解乘数”，因为它们像 Lagrange 乘数那样被用作求最优解的辅助工具. 不过在它们的经济意义和重要性被发现后短时期内，它们在经济讨论中被称为客观决定的评价（俄语缩写为“O. O. O.”）. 它们的意义是对一个给定问题内在决定的，货物和要素等价物的价值指标，并且表示在极值状态的波动中如何能交换货物和要素. 因此，这些评价给出一种客观方式来计算核算价格和其他经济指标，以及分析它们的结构的一种方式.

（5）方法与问题对应. 虽然在资本主义国家中，各企业乃至政府机关成功地使用了这些方法，它们的精神更接近社会主义经济的问题. 它们的效率的证据是在它们对经济科学和运筹学的一些具体问题的成功的应用中. 它们有如此大规模的应用，例如苏联经济有些部门的长期计划，农业生产的地区分布. 现在，我们再讨论模型复合体问题，包括整个国民经济的长期计划模型. 研究这些问题是在专门的大研究所中——莫斯科的中央经济数学研究所（所长是 N. 费多伦柯院士）以及新西伯利亚的经济科学和工业组织研究所（所长是 A. 阿甘拜疆院士）.

还需要指出苏联经济科学的理论研究中最优计划和数学方法的现状. 已证明线性模型是计划控制和经济分析的最简单的逻辑描述的一种好手段. 它已使定价问题有显著进展. 例如，它对生产价格中核算基本基金给出了根据，并给出了核算自然资源的利用的原则. 它也给出反映投资中时间因素的定量方法. 请注意，描写一个简单的经济指标的模型有时有比较精致的数学形式（在这里作为一个例子，我们可以提到一个设备存量的模型，由它导出折旧金的结构）.

需要特别指出的一个问题是分散决策问题. 对一种两级模型复合体的研究引导我们到一个结论，借助于正确设计局部模型中的目标，分散决策而遵守复合体的总目标在原则上是可能的. 我们在此必须指出 G. 丹齐格和 Ph. 华尔菲给出的分解思想的光辉的数学形式. 他们 1960 年的论文的价值远超过算法及其数学基础. 它在全世界而且特别在我国引起许多活跃的讨论和不同的处理.

除投入产出分析和最优化模型外，由于很多科学家活动的结果，经济理论和实践有了这样的分析工具，如统计学和随机规划、最优控制、模拟方法、需求分析、社会经济科学，等等.

总结起来，我们说，由于约 15 年对上述方法的努力发展和传播的结果，我们有一些显著的成果.

### 4.3.3 困难

然而,发展水平特别是应用水平可能造成一种不满意的感觉.许多问题尚未完全解决.许多应用是偶然的,应用并未变成经常性的,并且没有联成一个系统.在最复杂的和有前途的问题中,例如国民计划问题,到现在没有找到有效的和普遍接受的实现形式.对这些方法的态度像对许多其他革新一样,有时从怀疑和阻碍通过热心和过分的希望到有些失望和不满.

我们肯定可以说,对于已过去的这么短时期而言,结果不太坏.我们可以参考许多技术革新的较长普及时期或者参考物理学和力学,虽有 200 年经验,有些理论模型尚未实现.不过我们愿意提一些具体问题,以澄清主要困难和它们的原因,并且列举克服它们的一些方式.困难既从所研究的对象的特性产生,也从研究及其实际实现中的缺点产生.

经济问题由于它的复杂性和特殊性,对于数学描述而言,是一种困难的对象.模型只重视它的少数性质,并且很粗糙而近似地考虑实际经济情况,因此,估计描述和推断的正确性,一般是困难的.

模型及其推广尽管有上述普遍性,常规的方法常常是无效率的.对每个严肃的模型及其实际应用需要经济学家、数学家和具体领域的专家共同努力,做艰难的研究设计,但是即使在成功的例子中,模型的推广需要若干年,特别在实际指南的检验和改进方面.

特别重要的是检验模型与实际的差异对所得结果的影响并改正结果或模型本身.这部分工作不经常做.

编制模型中的困难问题是收集,而且常常要编制必要的数据，它们在许多例子中有很大误差，而且有时完全没有数据，因为以前没有人需要它们. 理论上的困难在于预测将来的数据和估计产业发展方案方面.

计算最优解也有它的困难. 虽然有效率高的算法和程序，实际线性规划不太简单，因为它们是很大的. 当线性模型的任何一般性质有修改时，困难显著增加.

前面提到，从理论上讲在线性模型中最优解和根据“O. O. O.”估计的指标和刺激是完全吻合和协调的. 然而实际决策和地方机关的工作不用理论指标而用实际价格和不便代替的估计方法来评价. 即使一个部门或地区采用它的适当指标，在与它的邻居的边界上将出现不协调. 而且经济系统的各部分用数学模型描写时成功不易，且有些部分不总是有清楚的定量特性. 因此，工业生产比需求和消费偏好描写得好. 同时，在计划最优化问题的宽广陈述中，自然不仅要达到可能最少地使用资源，而且也要达到对消费者最优的生产结构. 这个条件使目标函数的正确选择复杂化了.

情况肯定不是无希望的. 例如，人们可以用一种极值状态的思想(即不能全面改善的状态，A. 瓦尔德的“有效决策”思想)，这个极值状态是足够简要的. 然后人们可以做出少数几个判断标准的妥协，或者不很严格，用最优化方法求解问题的工业部分，而用传统专家方法求解消费部分. 人们可以设法利用经济计量学 —— 太多的“可以”说明问题离解决很远.

在计划工作中，分散化的思想必须与连接全系统中各个比较自主的部分的计划的日常工作联系起来. 这里，人们可以借助于规定从一部分传递到另一部分的流量和参数的数值，应用系统的有条件分离的方法.

人们可以应用参数相继再计算的思想，许多作者对丹齐格－华尔菲方案和对加总线性模型成功地发展了这种思想.

求解新出现的经济问题，特别是与科技革命有关的问题，常常不能根据现有方法而需要新的思想和方法. 例如保护自然的问题. 求解技术革新效率及其传播速度的经济评价问题，只有依靠长期估计直接效果，不计算新工业技术特点的结果，以及它对技术进步的总的贡献.

根据数学模型的核算方法，计算机用于计算和信息数据处理，只构成控制机制的一部分，另一部分是控制结构. 所以，控制的成功决定于系统中在什么程度上和怎样保证个人对正确而完全的信息，对正确实现做出的决策的关心的可能性. 设计这种关心和考核制度都不是容易的事情.

而且，为了实现新方法的真实推广，必须从事于计划工作和经济科学的人学习和掌握它们. 必须改组制度，克服某种心理障碍，从用了多年的常规转到新的常规.

为此目的，我们有一个教育制度，使计划机关直至最高一级熟悉新方法. 重新组织核算工作通常与引入基于计算机的信息系统结合起来. 方法和意识的这种改组，显然是困难而费时的.

### 4.3.4 展望

虽有上述困难，我乐观地看经济科学和各级经济控制中的数学方法，特别是最优化方法广泛传播的前景. 它能使我们的计划活动显著改进，资源更好地得到利用,国民收入和生活水平显著提高.

编制模型和创造数据的困难可以克服,像相似的困难在自然和技术科学中可以克服一样.我的根据是,这个领域中新方法和算法的愈来愈浓的研究氛围,出现新理论方法和问题陈述的事实,关于各个经济部门的一般和特殊问题的一系列具体研究,现在有一支有才能的青年研究人员大军在这个领域中工作的事实.

目前在计算机软硬件的发展和掌握它们方面有显著进展.

数学家们、经济学家们和实务经理们已达到较好的互相了解.

近年来,我国当局对控制方法及其改进的大家熟知的重要讲话在这个领域中给出了有利的工作条件.

# 瑞典皇家科学院拉格纳·本策尔教授讲话

## 附录Ⅰ

陛下们、殿下们、女士们和先生们：

在一切社会中，不论这些社会的特征是资本主义、社会主义或其他政治组织形式，基本经济问题是相同的．由于每个地方的生产资源供给都是有限的，因此一切社会都面临一系列的问题，特别是关于现有资源的最优利用和收入在公民之间的公平分配．这类规范性的问题，可以用一种科学的方式处理，不决定于所研究的社会的政治组织，这个事实很好地被今年的两位得奖人——列昂尼德·Kantorovič和佳林·库普曼斯教授证明了．虽然他们中的一位生活和工作在苏联，而另一位在美国，这两位学者在问题和方法的选择上，表现出惊人的相似. 对他们两人来说,生产效率是他们分析的中心题目,他们互相独立地发展了类似的生产模型.

20 世纪 30 年代末,Kantorovič 面临一个具体计划问题——如何以这样一种方式把工厂中现有生产资源结合起来使生产最大化. 他发明了一种新的分析方法,以后称为线性规划,解决了这个问题. 这是在线性不等式组成的约束下,求一个线性函数的最大值的一种技术. 这种技术的一个特点是,计算作为副产品给出一些数字,称为影子价格,它们具有某些品质,使它们可作为核算价格使用.

在以后的 20 年中,Kantorovič 进一步发展了他的分析,并在 1959 年出版的一本书中,他也把它用于宏观经济问题. 此外,他采取了一个进一步的和很重要的步骤,用社会主义经济中最优计划理论来研究线性规划定理. 他得到结论,合理的计划工作应当基于线性规划形式的最优计算得到的结果,而且,生产决策可以分散化而不损失效率,只要使下级决策者用影子价格作为它们的盈利性计算的基础.

Kantorovič 的研究,强烈地影响了苏联的经济辩论. 他成为苏联经济学家中"数理学派",并且因而成为建议改革集中计划技术的一群学者中最著名的成员. 他们的论点的一个重要部分是,集中计划经济中生产决策分散化取得成功的可能性,决定于存在一个合理编制的价格体系,包括一个唯一的利息率.

20 世纪 40 年代中,独立于俄国学者以外,线性规划也被一些美国经济学家,包括佳林·库普曼斯发展出来. 战时,他在华盛顿美国商船代表处工作,当一名统计学家,那时他遇到一个空船最优路线问题. 他按照线性规划模型写出这个问题.他在处理这个问题时强调影子价格的重要性,而且他设计了一个模型求数值解的方法.

库普曼斯在早期看到了线性规划可与传统宏观经济理论联系起来.他看到竞争经济中的资源分配,可以看成是解一个巨大的线性规划问题,并且生产模型可以作为全部均衡理论的严格形式的基础.1951年,他在一篇著名的著作中阐述了这个见解,提出了一种称为活动分析的理论,说明在竞争经济中技术效率基本上与价格系统和资源分配相联系.他在规范性的资源分配理论和描述性的全部均衡理论之间搭了一座桥梁.他与Kantorovič一致,得出结论,影子价格的利用,创造了生产决策分散化的可能性.

在20世纪60年代发表的一系列论文中,库普曼斯讨论了如何以最优方式在消费和投资之间分配国民收入的问题.这个问题在所有长期经济计划中都是重要的,它有关在现在和将来的消费之间选择并因而涉及对不同代人之间分配福利的判断.库普曼斯在这个研究领域内是伟大的先驱.他教导我们如何陈述问题,并且他证明了一些关于最优条件的重要定理.

Kantorovič 和库普受斯博士:

我代表皇家科学院请你们从国王陛下手中接受你们的奖金.

# Kantorovič 不等式的一个初等证明及一个应用

附录 Ⅲ

Kantorovič 不等式在优化理论(特别是线性规划)中是一个很重要的不等式,天津吴振奎先生给出它的一个初等证明.

这个不等式原来是由向量和矩阵形式给出的,经过一些变换,可化成与它等价的命题:

**命题** 若 $a_i>0(i=1,2,\cdots,n)$ 且 $\sum_{i=1}^{n}a_i=1$,又 $0<\lambda_1\leqslant\lambda_2\leqslant\cdots\leqslant\lambda_n$,则

$$\left(\sum_{i=1}^{n}\lambda_ia_i\right)\left(\sum_{i=1}^{n}\frac{a_i}{\lambda_i}\right)\leqslant\frac{(\lambda_1+\lambda_n)^2}{4\lambda_1\lambda_n}$$

**证明** 我们用归纳法.

(1) 当 $n=2$ 时,由 $a_1+a_2=1$,有

$$(\lambda_1 a_1+\lambda_2 a_2)\left(\frac{a_1}{\lambda_1}+\frac{a_2}{\lambda_2}\right)=$$

$$a_1^2+a_2^2+\frac{\lambda_1^2+\lambda_2^2}{\lambda_1\lambda_2}a_1 a_2=$$

$$(a_1+a_2)^2+a_1 a_2\left(\frac{\lambda_1^2+\lambda_2^2}{\lambda_1\lambda_2}-2\right)=$$

$$1+\frac{a_1 a_2(\lambda_1-\lambda_2)^2}{\lambda_1\lambda_2}\leqslant$$

$$1+\frac{(\lambda_1-\lambda_2)^2}{4\lambda_1\lambda_2}=\frac{(\lambda_1+\lambda_2)^2}{4\lambda_1\lambda_2}$$

这里，因为$(a_1+a_2)^2=1$及$a_1^2+a_2^2\geqslant 2a_1 a_2$，所以$a_1 a_2\leqslant\frac{1}{4}$.

(2) 设当$n=k$时命题成立，今考虑$n=k+1$的情形，下面分两种情况考虑：

1) 若$\lambda_{k+1}=\lambda_k$，注意到

$$\left(\sum_{i=1}^{k+1}\lambda_i a_i\right)\left(\sum_{i=1}^{k+1}\frac{a_i}{\lambda_i}\right)=\left(\sum_{i=1}^{k-1}\lambda_i a_i+\lambda_k a_k+\lambda_{k+1}a_{k+1}\right)\cdot\left(\sum_{i=1}^{k-1}\frac{a_i}{\lambda_i}+\frac{a_k}{\lambda_k}+\frac{a_{k+1}}{\lambda_{k+1}}\right)=\left[\sum_{i=1}^{k-1}\lambda_i a_i+\lambda_k(a_k+a_{k+1})\right]\cdot\left[\sum_{i=1}^{k-1}\frac{a_i}{\lambda_i}+\frac{1}{\lambda_k}(a_k+a_{k+1})\right]$$

显然化为$n=k$的情形，只需注意到这时$a'_k=a_k+a_{k+1}$即可.

2) 若$\lambda_k<\lambda_{k+1}$，且$\lambda_k\neq\lambda_1$(否则可以化成上面类似的情形)，我们先来证明存在$x$满足

$$\begin{cases}\lambda_k\leqslant\lambda_1 x+(1-x)\lambda_{k+1} & (1)\\ \dfrac{1}{\lambda_k}=\dfrac{x}{\lambda_1}+\dfrac{1-x}{\lambda_{k+1}} & (2)\end{cases}$$

由式(2)解得

$$x=\frac{\dfrac{1}{\lambda_k}-\dfrac{1}{\lambda_{k+1}}}{\dfrac{1}{\lambda_1}-\dfrac{1}{\lambda_{k+1}}}=\frac{\lambda_1}{\lambda_k}\cdot\frac{\lambda_{k+1}-\lambda_k}{\lambda_{k+1}-\lambda_1}$$

又由式(1)有

$$x(\lambda_1-\lambda_{k+1})\geqslant\lambda_k-\lambda_{k+1}$$

注意到 $\lambda_1-\lambda_{k+1}<0$,故有

$$x\leqslant\frac{\lambda_k-\lambda_{k+1}}{\lambda_1-\lambda_{k+1}}$$

因为$\frac{\lambda_1}{\lambda_k}<1$,显然满足式(2)的 $x$ 必满足式(1).下面我们回到命题的证明

$$\left(\sum_{i=1}^{k+1}\lambda_i a_i\right)\left(\sum_{i=1}^{k+1}\frac{a_i}{\lambda_i}\right)=$$

$$\left(\sum_{i=2}^{k-1}\lambda_i a_i+\lambda_1 a_1+\lambda_k a_k+\lambda_{k+1}a_{k+1}\right)\cdot$$

$$\left(\sum_{i=2}^{k-1}\frac{a_i}{\lambda_i}+\frac{a_1}{\lambda_1}+\frac{a_k}{\lambda_k}+\frac{a_{k+1}}{\lambda_{k+1}}\right)\leqslant$$

$$\left\{\sum_{i=2}^{k-1}\lambda_i a_i+\lambda_1 a_1+[\lambda_1 x+\lambda_{k+1}(1-x)]a_k+\lambda_{k+1}a_{k+1}\right\}\cdot$$

$$\left\{\sum_{j=2}^{k-1}\frac{a_i}{\lambda_i}+\frac{a_1}{\lambda_1}+\left(\frac{x}{\lambda_1}+\frac{1-x}{\lambda_{k+1}}\right)a_k+\frac{a_{k+1}}{\lambda_{k+1}}\right\}=$$

$$\left\{\sum_{i=2}^{k-1}\lambda_i a_i+\lambda_1(a_1+xa_k)+\lambda_{k+1}[(1-x)a_k+a_{k+1}]\right\}\cdot$$

$$\left\{\sum_{i=2}^{k-1}\frac{a_i}{\lambda_i}+\frac{1}{\lambda_1}(a_1+xa_k)+\frac{1}{\lambda_{k+1}}[(1-x)a_k+a_{k+1}]\right\}$$

此时又可化为 $n=k$ 的情形.

综上,$n=k+1$ 时命题亦成立.根据数学归纳法证毕.

**注** 当 $n=3$ 时，即为1979年北京市中学数学竞赛复试第5题，在那儿是用演绎推导的，但那个方法不便推广为一般情形.

利用它我们可以给出一些不等式的另外证法.

对任意 $0\leqslant a_1\leqslant a_2\leqslant\cdots\leqslant a_n$ 和 $0\leqslant b_1\leqslant b_2\leqslant\cdots\leqslant b_n$，证明

$$(a_1^2+a_2^2+\cdots+a_n^2)(b_1^2+b_2^2+\cdots+b_n^2)\leqslant$$
$$(a_1b_1+a_1b_2+\cdots+a_nb_n)^2\cdot$$
$$\frac{1}{4}\left(\sqrt{\frac{a_nb_n}{a_1b_1}}+\sqrt{\frac{a_1b_1}{a_nb_n}}\right)^2$$

这是罗马尼亚国家集训队的一个问题.原解法如下：

由于 $a_i$ 和 $b_i$ 的次序相同，因此由Chebyshev不等式可知

$$(a_1^2+a_2^2+\cdots+a_n^2)(b_1^2+b_2^2+\cdots+b_n^2)\leqslant$$
$$n(a_1^2b_1^2+a_2^2b_2^2+\cdots+a_n^2b_n^2)$$

如果用 $\alpha_i$ 表示 $a_ib_i$，那么只需证明对 $0\leqslant\alpha_1\leqslant\alpha_2\leqslant\cdots\leqslant\alpha_n$，有

$$n(\alpha_1^2+\alpha_2^2+\cdots+\alpha_n^2)\leqslant$$
$$(\alpha_1+\alpha_2+\cdots+\alpha_n)^2\cdot\frac{(\alpha_n+\alpha_1)^2}{4\alpha_1\alpha_n}\qquad(3)$$

成立即可.

注意，如果存在 $k,l$ 使得 $\alpha_1<\alpha_k<\alpha_l<\alpha_n$，那么我们就可把 $a_l$ 放大成 $a_l+\varepsilon$，把 $a_k$ 减小成 $a_k-\varepsilon$ 即可使式(3)的右边保持不变而使左边增大.所以为了使左边最大就必须 $\alpha_1,\alpha_2,\cdots,\alpha_n$ 中所有的数或等于 $\alpha_1$ 或等于 $\alpha_n$.

假设在式(3)左边达到最大时 $\alpha_1,\alpha_2,\cdots,\alpha_n$ 中有 $k$

个数等于 $\alpha_1$，有 $l$ 个数等于 $\alpha_n$，其中 $k+l=n$. 那么式(3) 就成为

$$(k+l)(k\alpha_1^2+l\alpha_n^2)\leqslant(k\alpha_1+l\alpha_n)^2\cdot\frac{(\alpha_1+\alpha_n)^2}{4\alpha_1\alpha_n}\Leftrightarrow$$

$$4\alpha_1\alpha_n(k(k+l)\alpha_1^2+l(k+l)\alpha_n^2)\leqslant$$

$$(k^2\alpha_1^2+2kl\alpha_1\alpha_n+l^2\alpha_n^2)(\alpha_1^2+2\alpha_1\alpha_n+\alpha_n^2)\Leftrightarrow$$

$$2k(k+l)\alpha_1^3\alpha_n+2l(k+l)\alpha_n^3\alpha_1\leqslant$$

$$k^2\alpha_1^4+(k^2+4kl+l^2)\alpha_1^2\alpha_n^2+l^2\alpha_n^4\Leftrightarrow$$

$$(k\alpha_1-(k+l)\alpha_1\alpha_n+l\alpha_n)^2\geqslant 0$$

最后一式显然成立. 但是是否式(3) 左边的最大值可能是在 $\alpha_1,\alpha_2,\cdots,\alpha_n$ 中有 $k$ 个数等于 $\alpha_1$，有 $l$ 个数等于 $\alpha_n$，此外还有一个数等于 $e$，其中 $\alpha_1<e<\alpha_n$ 时达到的情况？这时式(3) 成为

$$(k+l+1)(k\alpha_1^2+l\alpha_n^2+e^2)-(k\alpha_1+l\alpha_n+e)^2\,\frac{(\alpha_1+\alpha_n)^2}{4\alpha_1\alpha_n}\leqslant 0 \tag{4}$$

如果

$$(k+l+1)-\frac{(\alpha_1+\alpha_n)^2}{4\alpha_1\alpha_n}\leqslant 0$$

那么式(4) 肯定成立. 由于显然有

$$(k\alpha_1^2+l\alpha_n^2+e^2)\leqslant(k\alpha_1+l\alpha_n+e)^2$$

但是如果

$$(k+l+1)-\frac{(\alpha_1+\alpha_n)^2}{4\alpha_1\alpha_n}>0$$

式(4) 左边将是 $e$ 的首项系数为正的二次多项式，因此是一个凸函数. 因而其最大值将在 $e=\alpha_1$ 或 $e=\alpha_n$ 时达到，但是我们在上面已经证明当所有的数等于 $\alpha_1$ 或等于 $\alpha_n$ 时不等式成立，因而问题已得证.

中科院冯贝叶先生指出：本题的证法本质上也不能算错，实际上是在求极值问题时的一种局部调整法，

或称磨光法，在历史上发现和证明一些著名的不等式时（如算数－几何平均不等式）也曾被使用过. 不过作为一种想法当然是很有价值的，但是作为一种正式的证明，却总让人觉得说的不太清楚和利落. 所以下面再介绍一种以所谓 Kantorovič 不等式为基础的证法：

**Kantorovič 定理** 设 $x_1, x_2, \cdots, x_n$ 和 $\lambda_1, \lambda_2, \cdots, \lambda_n$ 都是正实数，并且

$$x_1 + x_2 + \cdots + x_n = 1$$

$$0 < \lambda_1 \leqslant \lambda_2 \leqslant \cdots \leqslant \lambda_n$$

那么

$$\left(\frac{x_1}{\lambda_1} + \frac{x_2}{\lambda_2} + \cdots + \frac{x_n}{\lambda_n}\right)(\lambda_1 x_1 + \lambda_2 x_2 + \cdots + \lambda_n x_n) \leqslant \frac{(\lambda_1 + \lambda_n)^2}{4\lambda_1\lambda_n}$$

**证明** 设

$$f(x) = \left(\frac{x_1}{\lambda_1} + \frac{x_2}{\lambda_2} + \cdots + \frac{x_n}{\lambda_n}\right)x^2 - \frac{\lambda_1 + \lambda_n}{\sqrt{\lambda_1\lambda_n}}x + (\lambda_1 x_1 + \lambda_2 x_2 + \cdots + \lambda_n x_n)$$

则 $f(x)$ 的图像是开口向上的抛物线.

但是

$$\begin{aligned} & f(\sqrt{\lambda_1\lambda_n}) = \\ & \left(\frac{x_1}{\lambda_1} + \frac{x_2}{\lambda_2} + \cdots + \frac{x_n}{\lambda_n}\right)(\lambda_1\lambda_n) - (\lambda_1 + \lambda_n) + \\ & (\lambda_1 x_1 + \lambda_2 x_2 + \cdots + \lambda_n x_n) = \\ & \lambda_n x_1 + \lambda_1 x_n + \left(\frac{x_2}{\lambda_2} + \cdots + \frac{x_{n-1}}{\lambda_{n-1}}\right)\lambda_1\lambda_n - \\ & (\lambda_1 + \lambda_n)(x_1 + x_2 + \cdots + x_{n-1} + x_n) + \\ & \lambda_1 x_1 + \lambda_n x_n + (\lambda_2 x_2 + \cdots + \lambda_{n-1} x_{n-1}) = \end{aligned}$$

$$\lambda_n x_1+\lambda_1 x_n+\left(\frac{\lambda_1\lambda_n}{\lambda_2}x_2+\cdots+\frac{\lambda_1\lambda_n}{\lambda_{n-1}}x_{n-1}\right)-$$

$$\lambda_1 x_2-\lambda_1 x_n-\lambda_n x_1-\lambda_n x_n-$$

$$(\lambda_1+\lambda_n)(x_2+\cdots+x_{n-1})+\lambda_1 x_1+$$

$$\lambda_n x_n+(\lambda_2 x_2+\cdots+\lambda_{n-1}x_{n-1})=$$

$$\left(\frac{\lambda_1\lambda_n}{\lambda_2}-\lambda_1-\lambda_n+\lambda_2\right)x_2+$$

$$\left(\frac{\lambda_1\lambda_n}{\lambda_3}-\lambda_1-\lambda_n+\lambda_3\right)x_3+\cdots+$$

$$\left(\frac{\lambda_1\lambda_n}{\lambda_{n-1}}-\lambda_1-\lambda_n+\lambda_{n-1}\right)x_{n-1}=$$

$$\frac{\lambda_1\lambda_n-\lambda_1\lambda_2-\lambda_2\lambda_n+\lambda_2^2}{\lambda_2}x_2+\cdots+$$

$$\frac{\lambda_1\lambda_n-\lambda_1\lambda_{n-1}-\lambda_{n-1}\lambda_n+\lambda_{n-1}^2}{\lambda_{n-1}}x_{n-1}=$$

$$\frac{(\lambda_1-\lambda_2)(\lambda_n-\lambda_2)}{\lambda_2}x_2+\cdots+$$

$$\frac{(\lambda_1-\lambda_{n-1})(\lambda_n-\lambda_{n-1})}{\lambda_{n-1}}x_{n-1}\leqslant 0$$

这就说明 $f(x)$ 是开口向上但最小值小于或等于 0 的变号函数(至多为半正定的),因此其判别式必为非负数,即

$$\frac{(\lambda_1+\lambda_n)^2}{\lambda_1\lambda_n}-4\left(\frac{x_1}{\lambda_1}+\frac{x_2}{\lambda_2}+\cdots+\frac{x_n}{\lambda_n}\right)\cdot$$

$$(\lambda_1 x_1+\lambda_2 x_2+\cdots+\lambda_n x_n)\geqslant 0$$

由此容易推出所需的不等式. 令

$$\mu=\alpha_1+\alpha_2+\cdots+\alpha_n$$

$$x_1=\frac{\alpha_1}{\mu},\cdots,x_n=\frac{\alpha_n}{\mu}$$

$$\lambda_1=\mu\alpha_1,\cdots,\lambda_n=\mu\alpha_n$$

那么

$$x_1 + x_2 + \cdots + x_n = 1$$

$$0 < \lambda_1 \leqslant \lambda_2 \leqslant \cdots \leqslant \lambda_n$$

因此定理的条件满足,应用这一定理即得出不等式(3).

# Kantorovič 不等式的初等证法

附录Ⅲ

设 $\boldsymbol{Q}$ 为 $n\times n$ 正定矩阵，$a,A$ 为 $\boldsymbol{Q}$ 的最小及最大特征值，则对任一矢量 $\boldsymbol{X}$ 有

$$\frac{(\boldsymbol{X}^{\mathrm{T}}\boldsymbol{Q}\boldsymbol{X})(\boldsymbol{X}^{\mathrm{T}}\boldsymbol{Q}^{-1}\boldsymbol{X})}{(\boldsymbol{X}^{\mathrm{T}}\boldsymbol{X})^2}\leqslant\frac{(a+A)^2}{4aA}$$

此即 Kantorovič 不等式. 它的一个等价形式为：

设 $a_i>0$，$\sum a_i=1$，且 $0<\lambda_1\leqslant\lambda_2\leqslant\cdots\leqslant\lambda_n$，则

$$\left(\sum a_i\lambda_i\right)\left(\sum a_i\lambda_i^{-1}\right)\leqslant\frac{(\lambda_1+\lambda_n)^2}{4\lambda_1\lambda_n}$$

记号“$\sum$”表示“$\sum\limits_{i=1}^{n}$”.

吴振奎同志曾用归纳法对不等式的等价形式给出一个初等证明方法，此处再给出一个比归纳法更为简单的初等证明方法.

**证明** 当 $\lambda_1=\lambda_n$ 时,结论显然成立. 当 $\lambda_1\neq\lambda_n$ 时,令 $a_i\lambda_i=u_i\lambda_1+v_i\lambda_n, a_i\lambda_i^{-1}=u_i\lambda_1^{-1}+v_i\lambda_n^{-1}, i=1,2,\cdots,n$. 易知 $u_i\geqslant 0, v_i\geqslant 0$,而且

$$a_i^2=(a_i\lambda_i)(a_i\lambda_i^{-1})=u_i^2+u_iv_i\left(\frac{\lambda_1}{\lambda_n}+\frac{\lambda_n}{\lambda_1}\right)+v_i^2\geqslant (u_i+v_i)^2$$

从而有 $a_i\geqslant u_i+v_i$. 因此可得到

$$(u+v)^2\leqslant(\sum a_i)^2=1\quad(u=\sum u_i, v=\sum v_i)$$

所以

$$\begin{aligned}&(\sum a_i\lambda_i)(\sum a_i\lambda_i^{-1})=\\&(\sum u_i\lambda_1+\sum v_i\lambda_n)(\sum u_i\lambda_1^{-1}+\sum v_i\lambda_n^{-1})=\\&u^2+uv\left(\frac{\lambda_1}{\lambda_n}+\frac{\lambda_n}{\lambda_1}\right)+v^2=\\&(u+v)^2+\frac{uv(\lambda_1-\lambda_n)^2}{\lambda_1\lambda_n}\leqslant\\&(u+v)^2+\frac{(u+v)^2}{4}\cdot\frac{(\lambda_1-\lambda_n)^2}{\lambda_1\lambda_n}\leqslant\\&\frac{(\lambda_1+\lambda_n)^2}{4\lambda_1\lambda_n}\end{aligned}$$

证毕.

**注** 由上述证明过程可得到下面的不等式:

设 $0<a\leqslant a_j\leqslant A, 0<b\leqslant b_i\leqslant B, p_i>0, \alpha$ 为正实数, $i=1,2,\cdots,n$,则有

$$1\leqslant\frac{\sum p_ia_i^\alpha\sum p_ib_i^\alpha}{\left[\sum p_i(a_ib_i)^{\frac{\alpha}{2}}\right]^2}\leqslant\frac{1}{4}\left[\left(\frac{AB}{ab}\right)^{\frac{\alpha}{4}}+\left(\frac{ab}{AB}\right)^{\frac{\alpha}{4}}\right]^2$$

事实上,左边的不等号由 Cauchy 不等式易知,右边的不等号只要设 $p_ia_i^\alpha=u_ia^\alpha+v_iA^\alpha, p_ib_i^\alpha=u_iB^\alpha+v_ib^\alpha$,再重复上述证法即可.

而且,我们取 $p_i = 1, a_i = i, b_i = \frac{1}{i}$,则易知

$$n^2 \leqslant \sum i^\alpha \sum i^{-\alpha} \leqslant \frac{n^2}{4}(n^{\frac{\alpha}{2}} + n^{-\frac{\alpha}{2}})^2$$

再取 $\alpha = 1$,有

$$n^2 \leqslant \sum i \sum \frac{1}{i} \leqslant \frac{n}{4}(n+1)^2$$

# 关于变分不等式的 Kantorovič 定理

附录Ⅳ

南京大学数学系的王征宇、沈祖和两位教授 2004 年将 Kantorovič 定理推广到变分不等式，从而使得 Newton 迭代的收敛性、问题解的存在唯一性均可通过初始点处的可计算的条件来判断.

**1. 引言及问题的提出**

设 $f:\Omega\subseteq\mathbf{R}^n\to\mathbf{R}^n$，变分不等式即是寻求向量 $\boldsymbol{x}^*\in\Omega$ 满足

$$(\boldsymbol{y}-\boldsymbol{x}^*)^{\mathrm{T}}f(\boldsymbol{x}^*)\geqslant 0\quad(\forall\,\boldsymbol{y}\in\Omega)\tag{1}$$

我们记条件(1) 为 $\mathrm{VI}(\Omega,f)$. 对于变分不等式 Newton 迭代法产生向量序列 $\{\boldsymbol{x}^k\}$ 使得 $\boldsymbol{x}^{k+1}$ 是第 $k$ 个线性化问题 $\mathrm{VI}(\Omega,f^k)$ 的解，其中

$$f^k(\boldsymbol{x})=f(\boldsymbol{x}^k)+f'(\boldsymbol{x}^k)(\boldsymbol{x}-\boldsymbol{x}^k)$$

$$(f'(\boldsymbol{x}))_{ij}=(\partial f_i(\boldsymbol{x})/\partial x_j)$$

正如我们所熟知,若初始点 $\boldsymbol{x}^0$ 与(1) 的解 $\boldsymbol{x}^*$ 充分接近,则 Newton 序列收敛到 $\boldsymbol{x}^*$;进一步,若 $f'$ 在 $\boldsymbol{x}^*$ 附近 Lipschitz 连续,则 Newton 序列平方收敛. 我们可以在文献中看到许多关于求解变分不等式的 Newton 迭代的局部或者全局的收敛性结果,这些结果本质上差异不大,其条件很难验证,所以在实践中无法应用. 下面将 Kantorovič 定理推广到变分不等式上,结论的条件均可通过计算得到验证.

**2. 理论准备**

**引理 1**　令 $\boldsymbol{B} \in \mathbf{R}^{n\times n}$ 对称,则 $\boldsymbol{B}$ 正定当且仅当存在正定矩阵 $\boldsymbol{A}$ 满足

$$\|\boldsymbol{A}-\boldsymbol{B}\| < \frac{1}{\|\boldsymbol{A}^{-1}\|} \tag{2}$$

若 $\boldsymbol{B}^{-1}$ 存在,则

$$\|\boldsymbol{B}^{-1}\| \leqslant \frac{\|\boldsymbol{A}^{-1}\|}{1-\|\boldsymbol{I}-\boldsymbol{A}^{-1}\boldsymbol{B}\|} \leqslant \frac{\|\boldsymbol{A}^{-1}\|}{1-\|\boldsymbol{A}^{-1}\|\,\|\boldsymbol{A}-\boldsymbol{B}\|} \tag{3}$$

**注**　此处的矩阵范数从属于某个向量范数.

**证明**　必要性是明显的,我们证明充分性. 由于 $\boldsymbol{A}$ 对称正定,设 $\lambda_1 \leqslant \lambda_2 \leqslant \cdots \leqslant \lambda_n$ 为其特征值,显然 $\boldsymbol{A}^{-1}$ 的特征为 $\lambda_1^{-1} \geqslant \lambda_2^{-1} \geqslant \cdots \geqslant \lambda_n^{-1}$. 由条件(2) 可得

$$\rho(\boldsymbol{A}-\boldsymbol{B}) \leqslant \|\boldsymbol{A}-\boldsymbol{B}\| < \frac{1}{\|\boldsymbol{A}^{-1}\|} \leqslant \frac{1}{\rho(\boldsymbol{A}^{-1})} = \lambda_1$$

此处 $\rho(*)$ 表示矩阵的谱半径. 由 $\boldsymbol{A}-\boldsymbol{B}$ 对称可知

$$|\boldsymbol{x}^{\mathrm{T}}(\boldsymbol{A}-\boldsymbol{B})\boldsymbol{x}| \leqslant \rho(\boldsymbol{A}-\boldsymbol{B})\boldsymbol{x}^{\mathrm{T}}\boldsymbol{x}$$

故对于任意非零向量 $\boldsymbol{x}$ 有

$$|\boldsymbol{x}^{\mathrm{T}}(\boldsymbol{A}-\boldsymbol{B})\boldsymbol{x}|<\lambda_1\boldsymbol{x}^{\mathrm{T}}\boldsymbol{x}$$

所以 $$\boldsymbol{x}^{\mathrm{T}}\boldsymbol{B}\boldsymbol{x}>\boldsymbol{x}^{\mathrm{T}}\boldsymbol{A}\boldsymbol{x}-\lambda_1\boldsymbol{x}^{\mathrm{T}}\boldsymbol{x}\geqslant 0$$

充分性成立. 不等式(3) 可由 Banach 引理直接得到.

**引理 2** 令 $\Omega\subseteq\mathbf{R}^n$ 非空闭凸,若 $f$ 在 $\Omega$ 中严格单调,则变分不等式 Ⅵ$(\Omega,f)$ 最多有一解;若 $f$ 在 $\Omega$ 中连续且强单调,则 Ⅵ$(\Omega,f)$ 有唯一解.

**3. 半局部收敛性分析**

对于任意的实方阵 $\mathbf{A}$,记 $\widetilde{\mathbf{A}}=\dfrac{\mathbf{A}+\mathbf{A}^{\mathrm{T}}}{2}$,将 $\|\cdot\|_2$ 简记为 $\|\cdot\|$,分别记 $S(\boldsymbol{x},t)$ 与 $\overline{S}(\boldsymbol{x},t)$ 为在 $\|\cdot\|$ 下,球心为 $\boldsymbol{x}\in\mathbf{R}^n$,半径为 $t\geqslant 0$ 的开球与闭球.

**定理 1** 令 $f:\Omega\subset\mathbf{R}^n\to\mathbf{R}^n$,$\Omega$ 非空闭凸,$\boldsymbol{x}^0\in\Omega$,$f'(\boldsymbol{x}^0)$ 正定,$\boldsymbol{x}^1$ 为子问题 Ⅵ$(\Omega,f^0)$ 的唯一解,满足

$$\|f'(\boldsymbol{x}^0)^{-1}\|\leqslant\beta_0,\ \|\boldsymbol{x}^1-\boldsymbol{x}^0\|\leqslant\eta_0$$

如果

$$\|f''(\boldsymbol{x})\|\leqslant\gamma\quad(\forall\,\boldsymbol{x}\in\overline{S}(\boldsymbol{x}^0,t))\tag{4}$$

此处

$$t\geqslant t_0=\frac{1-\sqrt{1-\dfrac{h_0}{\alpha}}}{h_0}\eta_0$$

且

$$h_0=\beta_0\gamma\eta_0\leqslant\alpha=\frac{7-\sqrt{33}}{4}\approx 0.313\ 86\tag{5}$$

那么以 $\boldsymbol{x}^0$ 为起点,Newton 序列$\{\boldsymbol{x}^m\}\subseteq\overline{S}(\boldsymbol{x}^0,t_0)$ 收敛到 Ⅵ$(\Omega,f)$ 在 $\overline{S}(\boldsymbol{x}^0,t_0)$ 中的一个解 $\boldsymbol{x}^*$.

**注** 由于 $f'(\boldsymbol{x}^0)$ 正定,故 $f^0(\boldsymbol{x})$ 强单调,由引理 2 可知 Ⅵ$(\Omega,f^0)$ 有唯一解,即 $\boldsymbol{x}^1$ 有定义.

**证明**　如果 $\gamma=0$，那么对于任意的 $\boldsymbol{x}\in\bar{S}(\boldsymbol{x}^0,t)$ 有 $f'(\boldsymbol{x})=f'(\boldsymbol{x}^0)$，故由中值定理可知 $f(\boldsymbol{x})=f^0(\boldsymbol{x})$，此时 $\boldsymbol{x}^1$ 就是 $\mathrm{VI}(\Omega,f)$ 的解，Newton 迭代终止. 如果 $\boldsymbol{x}^1=\boldsymbol{x}^0$，由于 $\boldsymbol{x}^1$ 是 $\mathrm{VI}(\Omega,f^0)$ 的解，故

$$
\begin{aligned}
&(\boldsymbol{y}-\boldsymbol{x}^0)^{\mathrm{T}}f(\boldsymbol{x}^0)=\\
&(\boldsymbol{y}-\boldsymbol{x}^1)^{\mathrm{T}}[f(\boldsymbol{x}^0)+f'(\boldsymbol{x}^0)(\boldsymbol{x}^1-\boldsymbol{x}^0)]\geqslant\\
&0\quad(\forall\,\boldsymbol{y}\in\Omega)
\end{aligned}
$$

这表明 $\boldsymbol{x}^0$ 就是 $\mathrm{VI}(\Omega,f)$ 的解，此时 Newton 迭代终止. 由于 $\beta_0\neq 0$，故不失一般性假设 $h_0\neq 0$. 我们分为四步证明定理.

(1) 首先我们证明 $\boldsymbol{x}^2$ 有定义. 由等价性

$$
\eta_0\leqslant t_0\Leftrightarrow\sqrt{1-\frac{h_0}{\alpha}}\leqslant 1-h_0\Leftrightarrow
$$

$$
h_0\geqslant 2-\frac{1}{\alpha}
$$

以及 $2-\dfrac{1}{\alpha}=\dfrac{1-\sqrt{33}}{4}<0$ 可知 $\eta_0\leqslant t_0$ 成立，故 $\boldsymbol{x}^1\in\bar{S}(\boldsymbol{x}^0,t_0)$. 因为

$$
\begin{aligned}
&\|f'(\boldsymbol{x}^1)-f'(\boldsymbol{x}^0)\|=\\
&\left\|\frac{f'(\boldsymbol{x}^1)+f'(\boldsymbol{x}^1)^{\mathrm{T}}}{2}-\frac{f'(\boldsymbol{x}^0)+f'(\boldsymbol{x}^0)^{\mathrm{T}}}{2}\right\|\leqslant\\
&\|f'(\boldsymbol{x}^1)-f'(\boldsymbol{x}^0)\|\leqslant\\
&\gamma\|\boldsymbol{x}^1-\boldsymbol{x}^0\|\leqslant\gamma\eta_0=\\
&\frac{h_0}{\beta_0}\leqslant\frac{\alpha}{\beta_0}<\frac{1}{\beta_0}
\end{aligned}
$$

我们有 $\|f'(\boldsymbol{x}^1)-f'(\boldsymbol{x}^0)\|<\dfrac{1}{\|f'(\boldsymbol{x}^0)^{-1}\|}$

故由引理 1 可知 $f'(\boldsymbol{x}^1)$ 正定，所以 $f'(\boldsymbol{x}^1)$ 也正定. 由引理 2 可知 $\mathrm{VI}(\Omega,f^1)$ 有唯一解，因此 $\boldsymbol{x}^2$ 有定义.

(2) 我们估计 $\| \boldsymbol{x}^2 - \boldsymbol{x}^1 \|$ 并证明 $\boldsymbol{x}^0$ 被 $\boldsymbol{x}^1$ 替换后，条件(5)仍然成立. 由不等式(3)我们得到

$$\| f'(\boldsymbol{x}^1)^{-1} \| \leqslant \frac{\beta_0}{1-\beta_0\eta_0\gamma} = \frac{\beta_0}{1-h_0} = \beta_1$$

因为 $\boldsymbol{x}^1, \boldsymbol{x}^2 \in \Omega$，$\boldsymbol{x}^1$ 是 $\mathrm{VI}(\Omega, f^0)$ 的解，$\boldsymbol{x}^2$ 是 $\mathrm{VI}(\Omega, f^1)$ 的解，所以

$$\begin{aligned}
&(\boldsymbol{x}^2 - \boldsymbol{x}^1)^{\mathrm{T}} f^0(\boldsymbol{x}^1) = \\
&(\boldsymbol{x}^2 - \boldsymbol{x}^1)^{\mathrm{T}} [f(\boldsymbol{x}^0) + f'(\boldsymbol{x}^0)(\boldsymbol{x}^1 - \boldsymbol{x}^0)] \geqslant 0 \\
&(\boldsymbol{x}^1 - \boldsymbol{x}^2)^{\mathrm{T}} f^1(\boldsymbol{x}^2) = \\
&(\boldsymbol{x}^1 - \boldsymbol{x}^2)^{\mathrm{T}} [f(\boldsymbol{x}^1) + f'(\boldsymbol{x}^1)(\boldsymbol{x}^2 - \boldsymbol{x}^1)] \geqslant 0
\end{aligned}$$

将这两个不等式相加并整理，我们得到

$$\begin{aligned}
&(\boldsymbol{x}^1 - \boldsymbol{x}^2)^{\mathrm{T}} f'(\boldsymbol{x}^0)(\boldsymbol{x}^1 - \boldsymbol{x}^2) \leqslant \\
&(\boldsymbol{x}^1 - \boldsymbol{x}^2)^{\mathrm{T}} [f(\boldsymbol{x}^1) - f(\boldsymbol{x}^0) + \\
&f'(\boldsymbol{x}^1)(\boldsymbol{x}^2 - \boldsymbol{x}^1) - f'(\boldsymbol{x}^0)(\boldsymbol{x}^2 - \boldsymbol{x}^0)] = \\
&(\boldsymbol{x}^1 - \boldsymbol{x}^2)^{\mathrm{T}} [(f'(\boldsymbol{x}^1) - f'(\boldsymbol{x}^0))(\boldsymbol{x}^2 - \boldsymbol{x}^0) - \\
&(f(\boldsymbol{x}^0) - f(\boldsymbol{x}^1) - f'(\boldsymbol{x}^1)(\boldsymbol{x}^0 - \boldsymbol{x}^1))] \leqslant \\
&\| \boldsymbol{x}^1 - \boldsymbol{x}^2 \| [\| f'(\boldsymbol{x}^1) - f'(\boldsymbol{x}^0) \| \, \| \boldsymbol{x}^2 - \boldsymbol{x}^0 \| + \\
&\| f(\boldsymbol{x}^0) - f(\boldsymbol{x}^1) - f'(\boldsymbol{x}^1)(\boldsymbol{x}^0 - \boldsymbol{x}^1) \| ]
\end{aligned}$$

因为 $\boldsymbol{x}^1 \in \overline{S}(\boldsymbol{x}^0, t_0)$，所以由 Taylor 定理我们知道

$$\begin{aligned}
&\| f(\boldsymbol{x}^0) - f(\boldsymbol{x}^1) - f'(\boldsymbol{x}^1)(\boldsymbol{x}^0 - \boldsymbol{x}^1) \| \leqslant \\
&\frac{\gamma \| \boldsymbol{x}^1 - \boldsymbol{x}^0 \|^2}{2}
\end{aligned}$$

由于

$$\begin{aligned}
&(\boldsymbol{x}^1 - \boldsymbol{x}^2)^{\mathrm{T}} f'(\boldsymbol{x}^0)(\boldsymbol{x}^1 - \boldsymbol{x}^2) = \\
&(\boldsymbol{x}^1 - \boldsymbol{x}^2)^{\mathrm{T}} f'(\boldsymbol{x}^0)(\boldsymbol{x}^1 - \boldsymbol{x}^0) \geqslant \\
&\frac{\| \boldsymbol{x}^1 - \boldsymbol{x}^2 \|^2}{\| f'(\boldsymbol{x}^0)^{-1} \|} \geqslant \frac{\| \boldsymbol{x}^1 - \boldsymbol{x}^2 \|^2}{\beta_0}
\end{aligned}$$

我们有

$$\frac{\| \boldsymbol{x}^1 - \boldsymbol{x}^2 \|^2}{\beta_0} \leqslant$$

$$\| \boldsymbol{x}^1 - \boldsymbol{x}^2 \| \left( \frac{\gamma}{2} \| \boldsymbol{x}^1 - \boldsymbol{x}^0 \|^2 + \right.$$

$$\left. \gamma \| \boldsymbol{x}^1 - \boldsymbol{x}^0 \| + \| \boldsymbol{x}^2 - \boldsymbol{x}^0 \| \right) \leqslant$$

$$\gamma \| \boldsymbol{x}^1 - \boldsymbol{x}^2 \| \| \boldsymbol{x}^1 - \boldsymbol{x}^0 \| \cdot$$

$$\left( \frac{1}{2} \| \boldsymbol{x}^1 - \boldsymbol{x}^0 \| + \| \boldsymbol{x}^2 - \boldsymbol{x}^0 \| \right) \leqslant$$

$$\gamma \| \boldsymbol{x}^1 - \boldsymbol{x}^2 \| \| \boldsymbol{x}^1 - \boldsymbol{x}^0 \| \left( \frac{1}{2} \| \boldsymbol{x}^1 - \boldsymbol{x}^0 \| + \right.$$

$$\left. \| \boldsymbol{x}^2 - \boldsymbol{x}^1 \| + \| \boldsymbol{x}^1 - \boldsymbol{x}^0 \| \right) \leqslant$$

$$\gamma \| \boldsymbol{x}^1 - \boldsymbol{x}^2 \| \eta_0 \left( \frac{3}{2} \eta_0 + \| \boldsymbol{x}^2 - \boldsymbol{x}^1 \| \right)$$

整理得　$\| \boldsymbol{x}^2 - \boldsymbol{x}^1 \| \leqslant \dfrac{3h_0 \eta_0}{2(1 - h_0)} = \eta_1$

注意到

$$\rho = \frac{3}{2(1-\alpha)} = \frac{1-\alpha}{\alpha}$$

$$\sigma = \frac{3}{2(1-\alpha)^2} = \frac{1}{\alpha}$$

显然有 $\eta_1 \leqslant \rho h_0 \eta_0$. 因此由假设 $h_0 \leqslant \alpha$ 我们可以得到

$$h_1 = \beta_1 \eta_1 \gamma = \frac{\beta_0}{1-h_0} \frac{3}{2} \frac{h_0 \eta_0}{1-h_0} \gamma =$$

$$\frac{3}{2} \frac{h_0^2}{(1-h_0)^2} \leqslant \frac{3\alpha^2}{2(1-\alpha)^2} = \alpha$$

即当 $\boldsymbol{x}^0$ 被替换成 $\boldsymbol{x}^1$ 后，条件(5) 仍然成立.

(3) 在此我们证明 $\bar{S}(\boldsymbol{x}^1, t_1) \subseteq \bar{S}(\boldsymbol{x}^0, t_0)$，这一事实将保证当 $\boldsymbol{x}^0$ 被替换成 $\boldsymbol{x}^1$ 后，条件(4) 仍然成立，此处

$$t_1=\frac{1-\sqrt{1-\frac{h_1}{\alpha}}}{h_1}\eta_1=$$

$$\frac{\sqrt{2\alpha}-\sqrt{(2\alpha-3)h_0^2-4\alpha h_0+2\alpha}}{\sqrt{2\alpha}h_0}\eta_0-\eta_0$$

由于

$$t_1\leqslant t_0-\eta_0\Leftrightarrow$$

$$\frac{\sqrt{2\alpha}-\sqrt{(2\alpha-3)h_0^2-4\alpha h_0+2\alpha}}{\sqrt{2\alpha}h_0}\eta_0\leqslant$$

$$\frac{1-\sqrt{1-\frac{h_0}{\alpha}}}{h_0}\eta_0\Leftrightarrow$$

$$\sqrt{(2\alpha-3)h_0^2-4\alpha h_0+2\alpha}\geqslant\sqrt{2\alpha-2h_0}\Leftrightarrow$$

$$(3-2\alpha)h_0^2+(4\alpha-2)h_0\leqslant 0\Leftrightarrow$$

$$0\leqslant h_0\leqslant\frac{2-4\alpha}{3-2\alpha}=\alpha \tag{6}$$

故 $t_1\leqslant t_0-\eta_0$. 所以对于任意 $\boldsymbol{x}\in\overline{S}(\boldsymbol{x}^1,t_1)$ 有

$$\|\boldsymbol{x}-\boldsymbol{x}^0\|\leqslant\|\boldsymbol{x}-\boldsymbol{x}^1\|+\|\boldsymbol{x}^1-\boldsymbol{x}^0\|\leqslant$$

$$t_1+\eta_0\leqslant t_0$$

即 $\overline{S}(\boldsymbol{x}^1,t_1)\subseteq\overline{S}(\boldsymbol{x}^0,t_0)$.

(4) 我们证明 Newton 序列收敛到 Ⅵ$(\Omega,f)$ 的一个解,此解存在于 $\overline{S}(\boldsymbol{x}^0,t_0)$. 由数学归纳法,我们知道以 $\boldsymbol{x}^0$ 为初始点,Newton 序列 $\{\boldsymbol{x}^m\}\subseteq\overline{S}(\boldsymbol{x}^0,t_0)$ 有定义,并满足

$$\beta_m=\frac{\beta_{m-1}}{1-h_{m-1}}$$

$$\eta_m=\frac{3}{2}\frac{h_{m-1}\eta_{m-1}}{1-h_{m-1}}$$

$$h_m=\frac{3}{2}\frac{h_{m-1}^2}{(1-h_{m-1})^2}$$

此处 $m=1,2,\cdots$. 我们有 $h_m \leqslant \sigma h_{m-1}^2$，即 $\sigma h_{m-1} \leqslant (\sigma h_{m-1})^2$，这表明 $\sigma h_m \leqslant (\sigma h_0)^{2^m}$，即

$$h_m \leqslant \frac{1}{\sigma}(\sigma h_0)^{2^m} \tag{7}$$

重复使用不等式 $\eta_m \leqslant \rho h_{m-1}\eta_{m-1}$，我们有

$$\eta_m \leqslant \rho h_{m-1}\eta_{m-1} \leqslant \rho^2 h_{m-1}h_{m-2}\eta_{m-2} \leqslant \cdots \leqslant \rho^m h_{m-1}h_{m-2}\cdots h_0\eta_0$$

由式(7)可得

$$\begin{aligned}\eta_m &\leqslant \rho^m h_{m-1}h_{m-2}\cdots h_0\eta_0 \leqslant \\ &\frac{\rho^m}{\sigma^m}(\rho h_{m-1})(\sigma h_{m-2})\cdots(\sigma h_0)\eta_0 \leqslant \\ &\left(\frac{\rho}{\sigma}\right)^m (\sigma h_0)^{2^{m-1}}(\sigma h_0)^{2^{m-2}}\cdots(\sigma h_0)\eta_0 = \\ &\left(\frac{\rho}{\sigma}\right)^m (\sigma h_0)^{2^m-1}\eta_0\end{aligned} \tag{8}$$

由归纳法可知 $\overline{S}(\boldsymbol{x}^m,t_m) \subseteq \overline{S}(\boldsymbol{x}^{m-1},t_{m-1})$，此处 $m=1,2,\cdots$，且

$$t_m = \frac{1-\sqrt{1-\frac{h_m}{\alpha}}}{h_m}\eta_m$$

很明显 $\forall p \in \mathbf{N}, \boldsymbol{x}^{m+p} \in \overline{S}(\boldsymbol{x}^m,t_m)$，所以

$$\|\boldsymbol{x}^{m+p}-\boldsymbol{x}^m\| \leqslant t_m = \frac{1-\sqrt{1-\frac{h_m}{\alpha}}}{h_m}\eta_m \leqslant \frac{\eta_m}{\alpha}$$

故

$$\|\boldsymbol{x}^{m+p}-\boldsymbol{x}^m\| \leqslant \frac{1}{\alpha}\left(\frac{\rho}{\sigma}\right)^m (\sigma h_0)^{2^m-1}\eta_0 \tag{9}$$

此处 $\sigma h_0 = \frac{h_0}{\alpha} \leqslant 1$，$\frac{\rho}{\sigma} = 1-\alpha < 1$，所以 $\{\boldsymbol{x}^m\}$ 是 Cauchy 序列，其极限 $\boldsymbol{x}^*$ 包含于 $\overline{S}(\boldsymbol{x}^m,t_m)$，此处 $m=0,1,\cdots$.

由于

$$(\boldsymbol{y}-\boldsymbol{x}^{m+1})^{\mathrm{T}}[f(\boldsymbol{x}^{m})+f'(\boldsymbol{x}^{m})(\boldsymbol{x}^{m+1}-\boldsymbol{x}^{m})]\geqslant 0 \quad (\forall \boldsymbol{y}\in\Omega)$$

且 $f$ 与 $f'$ 是连续的，故当 $m\to\infty$ 时我们得到

$$(\boldsymbol{y}-\boldsymbol{x}^{*})^{\mathrm{T}}f(\boldsymbol{x}^{*})\geqslant 0 \quad (\forall \boldsymbol{y}\in\Omega)$$

即 $\boldsymbol{x}^{*}$ 为 $\mathrm{VI}(\Omega,f)$ 的解.

关于 Newton 迭代我们有以下进一步的结论.

**定理 2** 若定理 1 的条件满足，则以任意的 $\boldsymbol{y}^{0}\in\bar{S}(\boldsymbol{x}^{0},\eta_{0})\cap\Omega$ 为初始向量，Newton 序列 $\{\boldsymbol{y}^{m}\}$ 将收敛到 $\mathrm{VI}(\Omega,f)$ 在 $\bar{S}(\boldsymbol{x}^{0},t^{*})\cap\Omega$ 中的解 $\boldsymbol{x}^{*}$.

**证明** 由定理 3 的证明部分(1) 可知 $f'(\boldsymbol{y}^{0})$ 正定，所以子问题 $\mathrm{VI}(\Omega,f^{0})$ 有唯一解，此处

$$f^{0}(\boldsymbol{x})=f(\boldsymbol{y}^{0})+f'(\boldsymbol{y}^{0})(\boldsymbol{x}-\boldsymbol{y}^{0})$$

令 $\boldsymbol{y}^{1}$ 表示 $\mathrm{VI}(\Omega,f^{0})$ 的唯一解，因为 $\boldsymbol{y}^{1}\in\Omega$，所以

$$(\boldsymbol{y}^{1}-\boldsymbol{x}^{1})^{\mathrm{T}}[f(\boldsymbol{x}^{0})]+f'(\boldsymbol{x}^{0})(\boldsymbol{x}^{1}-\boldsymbol{x}^{0})\geqslant 0$$

$$(\boldsymbol{x}^{1}-\boldsymbol{y}^{1})^{\mathrm{T}}[f(\boldsymbol{y}^{0})]+f'(\boldsymbol{y}^{0})(\boldsymbol{y}^{1}-\boldsymbol{y}^{0})\geqslant 0$$

使用与定理 1 的证明部分(2) 类似的方法可以得到

$$\begin{aligned}&(\boldsymbol{y}^{1}-\boldsymbol{x}^{1})^{\mathrm{T}}f'(\boldsymbol{x}^{0})(\boldsymbol{y}^{1}-\boldsymbol{x}^{1})\leqslant\\&(\boldsymbol{y}^{1}-\boldsymbol{x}^{1})^{\mathrm{T}}[f(\boldsymbol{x}^{0})-f(\boldsymbol{y}^{0})-\\&f'(\boldsymbol{y}^{0})(\boldsymbol{x}^{0}-\boldsymbol{y}^{0})+(f'(\boldsymbol{x}^{0})-\\&f'(\boldsymbol{y}^{0}))(\boldsymbol{y}^{1}-\boldsymbol{x}^{0})]\end{aligned}$$

以及

$$\|\boldsymbol{y}^{1}-\boldsymbol{x}^{1}\|\leqslant\frac{3}{2}\,\frac{\beta_{0}\gamma\eta_{0}^{2}}{1-\beta_{0}\gamma\eta_{0}}=\eta_{1}$$

即 $\boldsymbol{y}^{1}\in\bar{S}(\boldsymbol{x}^{1},\eta_{1})$. 由数学归纳法可知对于任意的 $m=0,1,\cdots$ 有 $\boldsymbol{y}^{m}\in\bar{S}(\boldsymbol{x}^{m},\eta_{m})$. 不等式(8) 表明 $\eta_{m}\to 0$，此时显然有 $\{\boldsymbol{y}^{m}\}\to\boldsymbol{x}^{*}$.

由不等式(9) 我们立即得到以下的误差估计式.

**定理 3** 若定理 1 的条件成立，则

$$\| \boldsymbol{x}^m - \boldsymbol{x}^* \| \leqslant \frac{1}{\alpha}\left(\frac{\rho}{\sigma}\right)^m (\sigma h_0)^{2^m-1}\eta_0$$

**证明**　在式(9)中令 $p \to \infty$ 即可得证.

**定理 4**　若定理 1 的条件成立,且 Newton 序列 $\{\boldsymbol{x}^m\}$ 的极限存在于开球 $S(\boldsymbol{x}^0, t_0)$ 中,则 $\boldsymbol{x}^*$ 是变分不等式 $\mathrm{VI}(\Omega, f)$ 在 $S(\boldsymbol{x}^0, t_0)$ 中的唯一解.

**证明**　注意到

$$\| f'(\boldsymbol{x}^0) - f'(\boldsymbol{y}) \| \leqslant \gamma \| \boldsymbol{y} - \boldsymbol{x}^0 \|$$

以及

$$\gamma t_0 = \frac{1 - \sqrt{1 - \dfrac{h_0}{\alpha}}}{h_0}\gamma\eta_0 \leqslant \frac{\eta_0}{\beta_0 \alpha} \leqslant \frac{1}{\beta_0}$$

故对于任意向量 $\boldsymbol{y} \in S(\boldsymbol{x}^0, t_0)$ 我们有

$$\| f'(\boldsymbol{x}^0) - f'(\boldsymbol{y}) \| < \gamma t_0 \leqslant \frac{1}{\| f'(\boldsymbol{x}^0)^{-1} \|}$$

由引理 1 可知 $f'(\boldsymbol{y})$ 正定,所以 $f$ 在 $S(\boldsymbol{x}^0, t_0)$ 中严格单调,故由引理 2 可知不等式在 $S(\boldsymbol{x}^0, t_0)$ 中的解唯一.

**定理 5**　若定理 1 的条件成立且 $h_0 < \alpha$,则 $\boldsymbol{x}^*$ 是 $\mathrm{VI}(\Omega, f)$ 在 $S(\boldsymbol{x}^0, t_0)$ 中的唯一解.

**证明**　若 $h_0 < \alpha$,则由等价关系(6)可知 $t_1 < t_0 - \eta_0$ 以及 $\bar{S}(\boldsymbol{x}^1, t_1) \subseteq S(\boldsymbol{x}^0, t_0)$. 由

$$\{\boldsymbol{x}^m, \boldsymbol{x}^{m+1}, \cdots\} \subseteq \bar{S}(\boldsymbol{x}^m, t_m)$$

可知 $\boldsymbol{x}^* \in \bar{S}(\boldsymbol{x}^1, t_1)$,故 $\boldsymbol{x}^* \in S(\boldsymbol{x}^0, t_0)$. 由定理 4 我们知道 $\boldsymbol{x}^*$ 是 $\mathrm{VI}(\Omega, f)$ 在 $S(\boldsymbol{x}^0, t_0)$ 中的唯一解.

**定理 6**　若定理 1 的条件成立且 $h_0 < \alpha$,则以 $\bar{S}(\boldsymbol{x}^0, \eta_0)$ 中任意向量为初始点的 Newton 序列 $\{\boldsymbol{y}^m\}$ 平方收敛.

**证明**　对于任意初始向量 $\boldsymbol{y}^0 \in \bar{S}(\boldsymbol{x}^0, \eta_0)$,由定理 2 可知 Newton 序列 $\{\boldsymbol{y}^m\}$ 收敛到 $\mathrm{VI}(\Omega, f)$ 的解 $\boldsymbol{x}^*$. 由于 $\boldsymbol{x}^* \in \Omega$,$\boldsymbol{y}^{m+1}$ 是 $\mathrm{VI}(\Omega, f^m)$ 的解,此处

$$f^m(\boldsymbol{x})=f(\boldsymbol{y}^m)+f'(\boldsymbol{y}^m)(\boldsymbol{x}-\boldsymbol{y}^m)$$

所以

$$(\boldsymbol{y}^{m+1}-\boldsymbol{x}^*)^{\mathrm{T}}f(\boldsymbol{x}^*)\geqslant 0$$

$$(\boldsymbol{x}^*-\boldsymbol{y}^{m+1})^{\mathrm{T}}[f(\boldsymbol{y}^m)+f'(\boldsymbol{y}^m)(\boldsymbol{y}^{m+1}-\boldsymbol{y}^m)]\geqslant 0$$

将以上两式相加,使用与定理1的证明部分(2)类似的方法可以得到

$$\begin{aligned}&(\boldsymbol{y}^{m+1}-\boldsymbol{x}^*)^{\mathrm{T}}f'(\boldsymbol{y}^m)(\boldsymbol{y}^{m+1}-\boldsymbol{x}^*)\leqslant\\&(\boldsymbol{y}^{m+1}-\boldsymbol{x}^*)^{\mathrm{T}}[f(\boldsymbol{x}^*)-f(\boldsymbol{y}^m)-\\&f'(\boldsymbol{y}^m)(\boldsymbol{x}^*-\boldsymbol{y}^m)]\end{aligned}$$

所以

$$\begin{aligned}&\|\boldsymbol{y}^{m+1}-\boldsymbol{x}^*\|\leqslant\\&\|f'(\boldsymbol{y}^m)^{-1}\|\ \frac{\gamma}{2}\|\boldsymbol{y}^m-\boldsymbol{x}^*\|^2\end{aligned}$$

如果 $h_0<\alpha$,由定理2的证明过程可以看出 $\boldsymbol{y}^m\subset S(\boldsymbol{x}^m,t_m)$,所以必存在常数 $M$ 满足 $\|f'(\boldsymbol{y}^m)^{-1}\|\leqslant M$. 设 $K=\frac{\gamma M}{2}$,我们有

$$\|\boldsymbol{y}^{m+1}-\boldsymbol{x}^*\|\leqslant K\|\boldsymbol{y}^m-\boldsymbol{x}^*\|^2$$

即 Newton 序列是平方收敛的.

使用自动微分技术与区间计算技术,上文所给出的收敛性条件可以完全通过计算得到验证,所以在实践中易于使用.由于非线性互补问题、广义互补问题、凸规划等问题均可归结为变分不等式,故文中结论对于这些数学规划问题也是适用的.

# Kantorovič不等式的又一个应用

附录V

郑铁武汉职工中等专业学校的简超教授考虑了 Kantorovič 不等式的应用.先列出这个不等式的便于使用的形式:

**定理** 设 $p_i > 0, 0 < m \leqslant \lambda_i \leqslant M (i=1,2,\cdots,n)$,则有

$$\left(\sum_{i=1}^{n} p_i\lambda_i\right)\left(\sum_{i=1}^{n} \frac{p_i}{\lambda_i}\right) \leqslant \frac{(m+M)^2}{4mM}\left(\sum_{i=1}^{n} p_i\right)^2 \tag{1}$$

**证明** 对每一 $i(1 \leqslant i \leqslant n)$,由题设显然有

$$p_i(\lambda_i - m)(\lambda_i - M) \leqslant 0$$

从而

$$p_i\lambda_i^2 + p_i mM - p_i\lambda_i(m+M) \leqslant 0$$

所以

$$p_i\lambda_i + mM \cdot \frac{p_i}{\lambda_i} \leqslant (m+M)p_i$$

令上式中 $i=1,2,\cdots,n$,再将诸式相加可得

$$\sum_{i=1}^{n} p_i\lambda_i + mM\sum_{i=1}^{n}\frac{p_i}{\lambda_i} \leqslant (m+M)\sum_{i=1}^{n} p_i$$

因此,利用基本不等式 $ab \leqslant \frac{1}{4}(a+b)^2$ 便有

$$\left(\sum_{i=1}^{n} p_i\lambda_i\right)\left(mM\sum_{i=1}^{n}\frac{p_i}{\lambda_i}\right) \leqslant$$

$$\frac{1}{4}\left(\sum_{i=1}^{n} p_i\lambda_i + mM\sum_{i=1}^{n}\frac{p_i}{\lambda_i}\right)^2 \leqslant$$

$$\frac{1}{4}\left[(m+M)\sum_{i=1}^{n} p_i\right]^2 =$$

$$\frac{(m+M)^2}{4}\left(\sum_{i=1}^{n} p_i\right)^2$$

用$\frac{1}{mM}$乘上式两端便得(1).

下面应用(1)导出几个有趣的公式,它们都是对一些著名不等式的补充或逆转.

Ⅰ.设 $q_i > 0, 0 < a \leqslant a_i \leqslant A, 0 < b \leqslant b_i \leqslant B(i=1,2,\cdots,n)$,则有

$$\left(\sum_{i=1}^{n} q_i a_i^2\right)\left(\sum_{i=1}^{n} q_i b_i^2\right) \leqslant \frac{(ab+AB)^2}{4abAB}\left(\sum_{i=1}^{n} q_i a_i b_i\right)^2 \tag{2}$$

**证明**　在定理中取 $p_i = q_i a_i b_i, \lambda_i = \frac{a_i}{b_i}$,则

$$p_i\lambda_i = q_i a_i^2, \frac{p_i}{\lambda_i} = q_i b_i^2$$

现在　$$m = \frac{a}{B} \leqslant \lambda_i \leqslant \frac{A}{b} = M$$

代入(1),由

$$\frac{(m+M)^2}{4mM}=\frac{\left(\frac{a}{B}+\frac{A}{b}\right)^2}{4\cdot\frac{a}{B}\cdot\frac{A}{b}}=\frac{(ab+AB)^2}{4abAB}$$

便得(2).

当 $q_i=1$ 时,式(2) 便是 Pólya-Szegö 不等式.

现在将(2) 与著名的 Cauchy 不等式统一写成

$$1\leqslant\frac{\left(\sum_{i=1}^{n}q_ia_i^2\right)\left(\sum_{i=1}^{n}q_ib_i^2\right)}{\left(\sum_{i=1}^{n}q_ia_ib_i\right)^2}\leqslant\frac{(ab+AB)^2}{4abAB}\qquad(2')$$

上式左半式即 Cauchy 不等式,右半式即(2).

Ⅱ. 设 $q_i>0,0<a\leqslant a_i\leqslant A,0<b\leqslant b_i\leqslant B(i=1,2,\cdots,n)$, 则有

$$\frac{4\sqrt{abAB}}{(a+A)(b+B)}\leqslant\frac{\left(\sum_{i=1}^{n}q_ia_i\right)\left(\sum_{i=1}^{n}q_ib_i\right)}{\left(\sum_{i=1}^{n}q_i\right)\left(\sum_{i=1}^{n}q_ia_ib_i\right)}\leqslant\frac{ab+AB}{2\sqrt{abAB}}\qquad(3)$$

**证明**　在 Ⅰ 中令 $b=b_i=B=1$. 由(2′) 可得

$$1\leqslant\frac{\left(\sum_{i=1}^{n}q_ia_i^2\right)\left(\sum_{i=1}^{n}q_i\right)}{\left(\sum_{i=1}^{n}q_ia_i\right)^2}\leqslant\frac{(a+A)^2}{4aA}$$

同理

$$1\leqslant\frac{\left(\sum_{i=1}^{n}q_i\right)\left(\sum_{i=1}^{n}q_ib_i^2\right)}{\left(\sum_{i=1}^{n}q_ib_i\right)^2}\leqslant\frac{(b+B)^2}{4bB}$$

上两式相乘后,取倒数便得

$$\frac{16abAB}{(a+A)^2(b+B)^2}\leqslant$$

$$\frac{\left(\sum_{i=1}^{n} q_i a_i\right)^2 \left(\sum_{i=1}^{n} q_i b_i\right)^2}{\left(\sum_{i=1}^{n} q_i\right)^2 \left(\sum_{i=1}^{n} q_i a_i^2\right)\left(\sum_{i=1}^{n} q_i b_i^2\right)} \leqslant 1$$

将上式与(2′)相乘,则有

$$\frac{16abAB}{(a+A)^2(b+B)^2} \leqslant \frac{\left(\sum_{i=1}^{n} q_i a_i\right)^2 \left(\sum_{i=1}^{n} q_i b_i\right)^2}{\left(\sum_{i=1}^{n} q_i\right)^2 \left(\sum_{i=1}^{n} q_i a_i b_i\right)^2} \leqslant \frac{(ab+AB)^2}{4abAB}$$

对上式取算术平方根便得(3).

我们知道,Chebyshev 不等式是:

设 $a_1 \geqslant a_2 \geqslant \cdots \geqslant a_n$,若 $b_1 \geqslant b_2 \geqslant \cdots \geqslant b_n$,则有

$$\left(\sum_{i=1}^{n} a_i\right)\left(\sum_{i=1}^{n} b_i\right) \leqslant n \sum_{i=1}^{n} a_i b_i$$

若 $b_1 \leqslant b_2 \leqslant \cdots \leqslant b_n$,则上式中不等号反向.

Chebyshev 不等式在 $a_i, b_i$ 成似序或反序时给出比值 $\left(\sum_{i=1}^{n} a_i\right)\left(\sum_{i=1}^{n} b_i\right) : n\sum_{i=1}^{n} a_i b_i$ 的上界或下界. 当 $q_i=1$ 时(3)给出上述比值在一般情形的上界及下界,不要求 $a_i, b_i$ 成似序或反序.

Ⅲ. 设 $0 < m \leqslant a_i, b_i, \cdots, c_i \leqslant M, q_i > 0 (i=1, 2, \cdots, n)$,则有

$$\sqrt{\sum_{i=1}^{n} q_i a_i^2} + \sqrt{\sum_{i=1}^{n} q_i b_i^2} + \cdots + \sqrt{\sum_{i=1}^{n} q_i c_i^2} \leqslant \frac{m^2+M^2}{2mM}\sqrt{\sum_{i=1}^{n} q_i (a_i + b_i + \cdots + c_i)^2} \tag{4}$$

**证明** 记 $s_i = \overbrace{a_i + b_i + \cdots + c_i}^{k\text{个}} (i=1, 2, \cdots, n)$,则

$km \leqslant s_i \leqslant kM$. 由(2) 可得

$$\left(\sum_{i=1}^{n} q_i s_i^2\right)\left(\sum_{i=1}^{n} q_i a_i^2\right) \leqslant \frac{(km^2 + kM^2)^2}{4k^2 m^2 M^2}\left(\sum_{i=1}^{n} q_i s_i a_i\right)^2$$

即
$$\sqrt{\sum_{i=1}^{n} q_i s_i^2}\sqrt{\sum_{i=1}^{n} q_i a_i^2} \leqslant \frac{m^2 + M^2}{2mM}\sum_{i=1}^{n} q_i s_i a_i$$

同理,对于 $b_i,\cdots,c_i$ 也有类似不等式,因而

$$\sqrt{\sum_{i=1}^{n} q_i s_i^2}\left(\sqrt{\sum_{i=1}^{n} q_i a_i^2} + \sqrt{\sum_{i=1}^{n} q_i b_i^2} + \cdots + \sqrt{\sum_{i=1}^{n} q_i c_i^2}\right) \leqslant$$

$$\frac{m^2 + M^2}{2mM}\left(\sum_{i=1}^{n} q_i s_i a_i + \sum_{i=1}^{n} q_i s_i b_i + \cdots + \sum_{i=1}^{n} q_i s_i c_i\right) =$$

$$\frac{m^2 + M^2}{2mM}\sum_{i=1}^{n} q_i s_i (a_i + b_i + \cdots + c_i) =$$

$$\frac{m^2 + M^2}{2mM}\sum_{i=1}^{n} q_i s_i^2$$

上式两端乘上$\left(\sum_{i=1}^{n} q_i s_i^2\right)^{-\frac{1}{2}}$便得(4).

于(4) 中取 $n = 2, q_i = 1$ 可得

$$\sqrt{a_1^2 + a_2^2} + \sqrt{b_1^2 + b_2^2} + \cdots + \sqrt{c_1^2 + c_2^2} \leqslant$$

$$\frac{m^2 + M^2}{2mM}\sqrt{(a_1 + b_1 + \cdots + c_1)^2 + (a_2 + b_2 + \cdots + c_2)^2} \tag{5}$$

这是三角不等式的逆转.(5) 的复数形式是:

设复数 $z_i$ 满足 $0 < m \leqslant \mathrm{Re}\ z_i \leqslant M$ 及 $m \leqslant \mathrm{Im}\ z_i \leqslant M (i = 1, 2, \cdots, m)$,则有

$$|z_1| + |z_2| + \cdots + |z_n| \leqslant \frac{m^2 + M^2}{2mM}|z_1 + z_2 + \cdots + z_n| \tag{5'}$$

这是复数绝对值(模) 不等式的逆转.

# 参考文献


[1] JOHNSON C R. Positive definite matrix[J]. Amer. Math. Monthly, 1970,77:259-264.

[2] 屠伯埙. 亚正定理论(Ⅰ)[J]. 数学学报,1990,33(4):462-471.

[3] 屠伯埙. 亚正定理论(Ⅱ)[J]. 数学学报,1991,34(1):91-102.

[4] MARSHALL A W, OLKIN I. Matrix versions of Cauchy and Kantorovich inequalities[J]. Aequations Math., 1990,40(1):89-93.

[5] WANG S G, IP W C. A Matrix version of the Wielandt inequality and its application to statistics[J]. Linear Algebra and Its Applications, 1999, 296:171-181.

[6] 彭秀平. 亚正定矩阵及康托洛维奇不等式[J]. 湘潭大学自然科学学报,1999,21(3):17-20.

[7] 王松桂,贾忠贞. 矩阵论中不等式[M]. 合肥:安徽教育出版社,1994.

[8] BLOOMFIELD P, WATSON G S. The inefficiency of least squares[J]. Biometrika, 1975(62):121-128.

[9] KNOTT M. On the minimum efficiency of least squares[J]. Biometrika, 1975(62):129-132.

[10] 王松桂.线性模型的理论及其应用[M].合肥:安徽教育出版社,1987.

[11] 刘爱义,王松桂.线性模型中最小二乘估计的一种新的相对效率[J].应用概率统计,1989,5(2):97-104.

[12] HOTELLING H. Relations between two sets of variates[J]. Biometrika, 1936(28):321-377.

[13] 王松桂.广义相关系数与估计效率[J].科学通报,1985(19):1521-1524.

[14] STRANG W G. On the Kantorovich inequality[J]. Proc. Amer. Math. Soc., 1960(11):468.

[15] RAO C R. The inefficiency of least squares: extension of the Kantorovich inequality[J]. Linear Algebra and Its Applications, 1985(70):249-255.

[16] 高道德,王静龙.广义最小二乘估计的效率[J].系统科学与数学,1990,10(2):125-130.

[17] 张尧庭.广义相关系数及其应用[J].应用数学学报,1978,1(4):312-320.

[18] 张尧庭,方开泰.多元统计分析引论[M].北京:科学出版社,1982.

# 编辑手记

由于诗词大赛而又重新大火了一次的著名央视主持人董卿曾说:“该用什么方式让自己能有一个恒久的创造力呢?我觉得学习是唯一的途径.”

这句话不仅对媒体从业人员来说是正确的,它几乎适用于一些需要以智力为基础的工作.对于中学教师这个职业尤为正确,特别是中学数学教师,到底应该掌握数学到什么程度?是仅仅能将课本讲清楚,还是应该能够解决数学竞赛中的难题,更进一步是否还能就某一题目的背景及数学史、数学文化有点了解则是更加理想了.

著名画家陈丹青曾说:我从未读完一册艺术史论专著——不论中外抑或古今——也许读完了吧,我不记得了.但我记得尽可能挑选一流著作,然后铆足气力,狠狠地读,一路画线,为日后复习(虽然从未复习),此刻细想,却是一丁点儿不记得了,包括书名与作者.

艺术家大抵不擅读书.而史论理应是艰深的、专门的,处处为难智力.但我的记性竟是这般糟糕么?除非史论专家,我猜,所有敬畏史论的读者都会私下期待稍稍易懂而有趣的写作.

艺术史如此,数学史更是如此,现实情况是搞数学专业的人认为了解数学史对研究没太大帮助,不如直接读论文,而业余的人士对此很感兴趣但又缺乏专业知识迈不过由数学符号构成的阅读门槛而无法卒读.回顾历史还真就是20世纪80年代人们对这些东西有点兴趣.

所谓时光,就是下一代人在做梦,我们开始回想做梦时的情景.

本书编者开始是对一道全国高中联赛的试题解法感兴趣.在搜罗各种不同解法的过程中又意外地发现它竟然与以前苏联著名数学家Kantorovič命名的不等式有关.

不论是自然界还是人类社会,等量关系是极少的,而不等量关系是大量的.也就是说相等是相对的,而不等则是绝对的,所以不等式语言也被广泛地应用于社会科学之中.如前西德著名核物理学家威廉·富克斯(Wilhelm Fuchs)① 曾于1966年发表《强国的公式》一书,引起了世界上较大的反响.他根据数字与资料分析

① 富克斯为亚亨技术大学和柏林技术大学物理学教授,亚亨技术大学第一物理学院院长兼实验物理学教授,曾任于利希核子物理研究所所长(1958 ~ 1970),亚亨技术大学校长(1950 ~ 1952),为技术研究学会名誉会员,莱茵威斯特华伦科学院院士,于利希核子研究设备名誉会员.著有气体电子学、物理学方面的著作和《从原子核中获得能量》(1944)、《强国的公式》(1966)、《按照艺术的一切规律》(1968)等书.

了世界的主要力量从西欧转移到美国和苏联的原因，及以后力量对比发展的趋势，指出下一个世纪中国作为一个大国可能超过上述两个大国. 1978 年 3 月底，他根据以上观点以及对世界未来的预测发表了《明天的强国》一书（*Mächte von Morgen*. 副题书：力量范围、趋势、结论，由前西德斯图亚特出版社出版），进一步论证了下一个世纪将是中国的世纪的预测. 全书二十余万字，共分十二章（1. 导言；2. 实际力量对比的转移对东方和远东有利；3. 对预测学的一些解释；4. 人口众多国家的人口发展和 1975 ～ 2000 年地球上的人口；5 ～ 7. 1975 ～ 2000 年之间能量的消费，钢铁生产比率的转变，地球上强国关系）.

根据他们的考虑和计算，自第二次世界大战结束以来，美国、苏联和中国的实际力量的对比发展到下一个世纪的情况如下表：

| |
|---|
| A) 美国 ＞ 苏联 ＋ 中国；苏联 ＞ 中国 |
| B) 美国 ≈ 苏联 ＞ 中国 |
| C) 美国 ≈ 苏联 ≈ 中国 |
| D) 中国 ＞ 苏联 ≈ 美国 |
| E) 中国 ＞ 苏联 ＋ 美国 |

符号说明：＞ 力量大于

≈ 力量大约相等于

＋ 力量加在一起

读者可能对上表 D 和 E 项有不同意见或完全反对，那么对下表的 F 和 G 的现实情况任何人也不能怀疑：

| |
|---|
| F) 人口（中国）＞ 人口（美国）＋ 人口（苏联） |
| 再过不了几年可能达到： |
| G) 人口（中国）＞ 2·[人口（美国）＋ 人口（苏联）] |

符号说明：＞人口多于

其实,相比简单地使用不等符号,更为复杂的应用是不等式思想的广泛应用.比如在法学中,以往在我们的观念中,法律问题属于道德和正义范畴.一是一,二是二,不容置疑.但自从数学家介入后却变得一切皆源于算,一切好商量.将严肃的法律问题转化成为一个复杂而又有趣的比较大小问题.这也是数学对法学的一个入侵.

美国的托德·布赫霍尔茨曾写过一篇文章介绍这个方面的发展.当有人在超市地板上因香蕉皮而滑倒时,律师就希望以过失为由打官司."超市不应当将香蕉皮扔在地板上",一个穿花呢服的诉讼律师会如此争辩,并很有可能会打赢官司.

是不是总要有人或者企业,对发生在其经营场所的每一个事故负法律责任呢?我们试看另外一个例子.

一场风暴毁坏了船只,把米诺号船上的乘客和船长留在了有很多棕榈树的荒岛上.虽然只有两个人生活在该岛上,但他们却与200只猴子共同分享着这个岛屿.这202个"居民"生产香蕉利口酒,用来出口.猴子负责剥香蕉皮并榨取香蕉汁.在加工过程中,猴子将香蕉皮扔得满岛都是.假定盖里甘在岛上四处闲逛,并且踩到香蕉皮滑倒了,这个香蕉酒厂有过失吗?大多数法庭都会说没有.

超市和荒岛的主要区别在哪里?首先,一个人走过超市中水果区过道的可能性大,而一个船难幸存者在岛上到处转悠的机会小.其次,监控超市的成本低,而监控岛上猴子的成本高.

利用这些概念，在 1947 年的一个案子中，勒尼德·汉德法官针对过失赔偿法提出了一个精彩的经济学分析方法.

汉德法官确认了三个关键因素：受伤的可能性($P$)、伤害或损失的程度($L$)和预防意外事故的成本($C$). 根据汉德法官的说法，若受害者可能受到的伤害大于避免此类事故的成本，则有人存在过失. 用代数式来表示的话，若 $P \times L > C$，则被告有过失.

在超市里，有人踩到地板上的香蕉皮滑倒的可能性大，比如说 20%. 这个人伤势严重，比如说医药费、误工费和生活不便带来的损失共计 20 000 美元. 那么，$P \times L = 4\,000$ 美元. 如果超市以低于 4 000 美元的成本就可以防止此类事故的发生，那么超市有过失. 一个管货品陈列的小伙子手中的一把价值 3 美元的扫帚就能完成这个任务.

在温和怡人的荒岛上，一个遇到海难幸存的闲逛之人踩到香蕉皮滑倒的可能性不大，或许只有 1%. 即使伤害造成的损失为 20 000 美元，则可能的损失或预期损失只有 200 美元($0.01 \times 20\,000 = 200$). 如果利口酒生产商花费不到 200 美元就能防止事故的发生，他们才算有过失. 当然，他们可以采用在整个岛上筑篱笆、安放警告标识和架设安全监控设备来预防事故的发生. 但这样做，成本很高. 而且，猴子可能会因为篱笆而伤到自己.

按照汉德法官的意见，生产商不应该在防止一个极不可能发生的事故上浪费钱. 如果法官宣布他们有过失，他就是在鼓励他们浪费有价值的资源.

为了让社会福利最大化，只有当边际收益超过边际成本时,法庭才应鼓励人们在安全保障上投资.

我们可以试着避免所有意外事故.如我们可以把自己包裹在泡沫里,从不离开家门,或者从不点燃炉灶.但我们中多数人同意冒一点风险.汉德法官帮助我们认识到风险何时高得离谱,或何时低得无关紧要.

在听从汉德法官意见之后的50年里,律师和经济学家改进了他们那个原始的公式.尽管如此,那个最初的公式仍然正确地传达着现代过失赔偿法的立法精神.

Kantorovič 首先是一位职业数学家.值得一提的是:Kantorovič 对我国数学的发展还有一些直接的贡献.据2009年出版的《徐利治访谈录》(徐利治口述,袁向东、郭金海访问整理.湖南教育出版社,2009年)中的一段访谈内容我们得知:当年东北数学重镇——东北人民大学(今吉林大学)计算数学专业的发展与规划与Kantorovič 关系密切.如书中第136~137页所载:

**访:**您1956年一二月间,到苏联莫斯科参加了由苏联莫斯科数学会组织的"全苏泛函分析及其应用会议".曾跟Kantorovič 见面,据说您向他征询了发展计算数学专业的建议.您能谈谈会议的大致情况吗?这跟学习苏联有关.

**徐利治:**据我所知,当时苏联数学会给中国科学院寄发了这次会议通知,中国科学院又将会议通知转发给国内的大学.那时咱们国家关于泛函分析的研究非常薄弱,只能说是刚刚起步.经教育部与中国科学院商量后,决定以中国科学院的名义派一个由三个人组成的代表团.这三个人是:曾远荣,田方增,还有我.曾先生是领队.他是最早将泛函分析引入国内的学者,20世纪30年代在清华数学系讲授过泛函分析课程,对Hilbert空间算子和广义逆等领域做出过贡献.

Kantorovič是线性规划的创始人之一,虽然当时他还没有获得诺贝尔经济学奖,但已经很有名气了.他以泛函分析的观点研究近似计算,已经发表过几篇计算数学方面的论文,主要是把Newton求根方法推广到泛函方程,即所谓的广义Newton法.他撰写的《半序空间泛函分析》后来有中译本.参加"全苏泛函分析及其应用会议"期间,我向Kantorovič特别请教了泛函分析在计算数学中应用的许多新问题,并代表东北人民大学向他提出了进行学术交流与合作的希望.Kantorovič很热情,并推荐他的学生梅索夫斯奇赫到东北人民大学来帮助我们创办计算数学专业.

**访**:梅索夫斯奇赫的工作是否与Kantorovič的一致?

**徐利治**:梅索夫斯奇赫虽然是Kantorovič的弟子,但实际上他的工作并不是现代意义上的计算数学.他主要搞数值分析的计算方法.

后来东北人民大学计算数学专业培养出李岳生、伍卓群等著名数学家.

中国读者对他的熟知最早是通过他的那部名著《半序空间泛函分析》(上、下卷)(有中译本,是由胡金昌、卢文和郑曾同译的,1958年出版.近60年过去了,本工作室有意将其再版).这本书是1950年在苏联出版的,是世界上第一本叙述线性半序空间及其中的算子理论的专著.这本书原有三位作者,他们都是苏联著名数学家菲赫金哥尔茨的学生.其他两位不为大众所知，原因是他们的工作只有数学圈里的人才感兴趣．而 Kantorovič 就不一样了，他曾获得过诺贝尔经济学奖．经济学是数学应用的一个成功典范．Kantorovič 的成功让人们将数学的边界无限扩大．比如清华博士生王召健就用数学语言搭建了一个谈恋爱的目标函数：假设 $a$ 为男生，$b$ 为女生．$a$ 在 $t_1$ 时间段喜欢 $b$，$b$ 在 $T_1$ 时间段喜欢 $a$．若 $t_1 \cap T_1 \neq \varnothing$（$t_1$ 交 $T_1$ 不为空集），则 $a$ 和 $b$ 可能发展成为男女朋友，反之则不能．其实这个公式的意思是：在对的时间和对的地点遇见对的人．

将一切都数学化和将一切都经济化是现代社会的一种倾向．适度则有益，极端则会导致灾难．

从学术研究角度看，现代的物理学、经济学、生物学、金融学都过于数学化了，甚至这些学科的顶尖杂志非职业数学家很难看懂，因为数学工具用得太高深了．

而在社会生活层面，感到不幸福的人越来越多的一个原因是，与资本合谋的工具技术理性将智慧工具化，其目的是与机器化大生产相配合，使复杂事物简单化，使多样形态标准化，其在意识形态上的反映就是使实证和数学式的精确化成为“魔鬼之床”（西方神话中有一张魔鬼之床，每一个人都要被放到床上量一量，比床长的要截短，比床短的要被抻长）．在现实中人被“表格化”“零件化”“器官化”就是这种思维统治现实的表现．对此，一百多年前的马克思就已经有了深刻的描述：“随着劳动过程本身的协作性质的发展，生产劳动和它的承担者，即生产工人的概念也就必然扩大，为了从事生产劳动；现在不一定要亲自动手，只要成为总体工人的一个器官，完成他所需要的某一种职能就够了”．“不仅各种局部劳动分配给不同的个体，而且个体本身也被分割开来，成为某种局部劳动的自动工具”．“工厂手工业把工人变成畸形物，它压抑了工人的多种多样的生产志趣和生产才能，人为地培植工人片面的技巧”．

托克维尔说过：“如果我们追问美国人的民族性，我们会发现，美国人探寻这个世界上的每个事物的价值，只为回答一个简单的问题：能挣多少钱？”托克维尔认为，这是一种殚精竭虑的生活，人们追逐着一种永远躲避他们的成功．他们的目标是一种捉摸不定的物质成就：在最短的时间中获取最大的回报．他们是一群动荡的灵魂；在他们的生活中充斥着无休止的贪婪．他的结论是：“据我所知，美国可能是最没有独立心灵和自由言论的国家”．“可以说，美国心灵的风格和模式全都是一样的，他们模仿得如此精确”．

还是要像中国人那样的思维：不要那么多，只要一点点！

孔子曾曰：“富而可求也，虽执鞭之士，吾亦为之；如不可求，从吾所好．”意思大概是说只要能够挣钱致富，当快车司机也行，如不能发财，就要遵从内心所好，干点喜欢干的事了．

几十年弹指一挥间，真应了孔老夫子所云，经历了和大多数国人相同的致富梦之后，内心果然泛起“如不可求，从吾所好”之念．

其实现在回想起那个全社会狂热追逐财富时，加缪的《局外人》也一时走热，究其原因：是在那个时代，“局外人”不单单是艺术家对个人存在状态的反思，也是所有人内心的共鸣．人们每天重复相同的事情，这些由社会强加给他们的事情大多与他们的生命无关，徒然耗费人们的时间,所以从那之后社会的某些角落中又重新兴起了干点自己喜欢的事,不论功利的活法.

写书、编书、出版书经过媒介泛滥及数字化洗礼早已"祛魅",变成微利行业.从业人员一定要靠情怀来支撑才干得下去,我们这个数学工作室正是这样一群人.

我们图书的定价是偏高的,因为我们的目标读者是中产阶级.至于什么是中产阶级众说纷纭,没有量化指标.梨视频创始人邱兵有一个粗糙标准挺简单:花1 000块钱不心疼的就是"中产".按这个说法我们这套丛书还真是按中产标准订制的.但现在遇到的问题是,许多我们心目中的读者花1 000元买包吃饭不心疼,但花500元买书就心疼,这就是我们生存的大环境.

最后让我们一起重温苏轼的名句:盖将自其变者而观之,则天地曾不能以一瞬;自其不变者而观之,则物与我皆无尽也.不论大环境怎么变都只是天地一瞬,而不变的是人类对数学的需要与热爱!

刘培杰

**2017年5月2日**

**于哈工大**